Spannbeton

Grundlagen – Berechnungsverfahren – Beispiele

Von Prof. Dipl.-Ing. Martin Thomsing
Fachhochschule Darmstadt

2., neubearbeitete und erweiterte Auflage
Mit 214 Bildern, 11 Tafeln und 33 Tabellen

 B.G. Teubner Stuttgart · Leipzig 1998

Die Deutsche Bibliothek – CIP-Einheitsaufnahme

Thomsing, Martin:
Spannbeton : Grundlagen – Berechnungsverfahren – Beispiele ; mit 33 Tabellen / Martin Thomsing. – 2., neubearb. und erw. Aufl. – Stuttgart; Leipzig : Teubner, 1998
 ISBN 3-519-15230-4

Das Werk einschließlich aller seiner Teile ist urheberrechtlich geschützt. Jede Verwertung außerhalb der engen Grenzen des Urheberrechtsgesetzes ist ohne Zustimmung des Verlages unzulässig und strafbar. Das gilt besonders für Vervielfältigungen, Übersetzungen, Mikroverfilmungen und die Einspeicherung und Verarbeitung in elektronischen Systemen.
© 1998 B. G. Teubner Stuttgart · Leipzig
Printed in Germany
Gesamtherstellung: Druckhaus Beltz, Hemsbach
Umschlaggestaltung: Peter Pfitz, Stuttgart

Aus dem Vorwort zur ersten Auflage

Die Spannbetonbauweise ist heute weit verbreitet.
Der Bauingenieur wird deshalb bei der Angebotsbearbeitung, bei der Tragwerksplanung, beim Prüfen von Tragwerken und in der Bauleitung mit der Spannbetonbauweise konfrontiert.
Deshalb sollen in der Hochschulausbildung die grundlegenden Fragen dieser Bauweise in anschaulicher Weise dargestellt und der Zusammenhang zwischen den Grundlagen und den Berechnungs- und Konstruktionsmethoden verdeutlicht werden.
Das Buch soll dazu beitragen, die Problemstellungen transparent zu machen und den Weg von den Grundlagen zur Anwendung zu erleichtern.
Aus diesem Anliegen erwächst die Forderung, sich weder in Einzelproblemen zu verlieren, noch zur reinen Rezeptur und Faktenanhäufung zu greifen.
Es werden die mechanischen Zusammenhänge veranschaulicht, die Berechnungsmethoden erläutert und deren Anwendung in Beispielen gezeigt. Ein komplettes Berechnungsbeispiel einer vorgespannten TT-Platte soll zum selbständigen Arbeiten anleiten.
Das Buch will Basis sein für das Studium und die Berufspraxis.

Vorwort zur zweiten Auflage

Das Anliegen, den Zusammenhang zwischen den Grundlagen und den Berechnungs- und Konstruktionsmethoden zu verdeutlichen, ist auch Leitgedanke für die zweite Auflage. Die Neuerungen in den Bereichen Rissebeschränkung, insbesondere im Vergleich mit Abschnitt 17.6 DIN 1045, Juli 1988, die Erweiterung der Definition der Vorspanngrade einschließlich teilweiser Vorspannung, sowie Ausführungen über den Einfluß von Verkehrslastschwankungen auf vorgespannte Träger, haben den Themenkreis erweitert. Neue, ausführliche Beispiele zur Vorbemessung, Querschnittswahl, Rissebeschränkung, Schubsicherung und besonders ein komplettes Berechnungsbeispiel für eine Fußgängerbrücke, haben den Umfang des Buches erheblich anwachsen lassen.

Zur Zeit ist ein neuer deutscher Normentwurf, DIN 1045, Tragwerke aus Beton, Stahlbeton und Spannbeton in Bearbeitung. DIN 1045-1 (Bemessung und Konstruktion) liegt im Entwurf vor; die Teile DIN 1045-2 (Betontechnik) und DIN 1045-3 (Ausführung) sind in Vorbereitung. Für den Fall, daß ENV 1992-1-1 nicht zum geplanten Zeitpunkt in eine Europäische Norm überführt wird, soll der nationale Norm-Entwurf, angelehnt an DIN V ENV 1992-1-1, zur Verfügung stehen. Es wäre nicht sinnvoll, dem Buch ein noch nicht eingeführtes Normenwerk zugrunde zu legen. Sollte die Einführung von DIN 1045 oder ENV 1992-1-1 in den nächsten Jahren erfolgen, so endet die Übergangszeit für DIN 4227 frühestens im Jahr 2003.

In dieser Neubearbeitung auf dem heutigen Stand der Normung will das Buch eine Hilfe sein für Studium und Praxis.

Für die ansprechende Bild- und Textgestaltung danke ich Herrn Dipl.-Ing. Rainer Böhler.

Darmstadt, im Frühjahr 1998   M. Thomsing

Inhalt

1 **Allgemeines über Spannbeton** 1
    1.1   Warum Vorspannung 1
    1.2   Grenzen für den Einsatz höherer Stahlfestigkeiten bei schlaffer Bewehrung 1
    1.3   Notwendigkeit hochfester Stähle für den Spannbeton 2
    1.4   Arten des Vorspannens 2
    1.5   Bemerkungen zur Verankerung 7
    1.6   Vorspanngrade und Vorteile der Vorspannung 8

2 **Vorspannung mit sofortigem Verbund** 12
    2.1   Der Lastfall Vorspannung bei Spannbettvorspannung 13
            2.1.1 Mittige Vorspannung – 2.1.2 Ausmittige Vorspannung
            2.1.3 Mehrsträngige Vorspannung
    2.2   Gebrauchszustand, Lastfälle, Nachweise 26
    2.3   Beispiel zur Berechnung der Längsspannungen 31
    2.4   Der Einfluß von Verkehrslastschwankungen auf vorgespannte Träger 38
    2.5   Vorschläge zur Vorbemessung 40
    2.6   Übungen zur Wahl der Vorspannung und des Trägerquerschnitts 47

3 **Vorspannung mit nachträglichem Verbund** 51
    3.1   Lastfälle Vorspannung und äußere Lasten bei gerader Spanngliedführung 51
            3.1.1 Die Spannkraft Z_v – 3.1.2 Spannweg und Stahldehnung bei mittiger Spanngliedlage – 3.1.3 Spannweg und Stahldehnung bei ausmittiger Spanngliedlage
    3.2   Schnittgrößen N_{bv}, Q_{bv} und M_{bv} des Lastfalles Vorspannung bei beliebiger Spanngliedführung in statisch bestimmten Systemen 57
            3.2.1 Ermittlung von N_{bv}, Q_{bv} und M_{bv} über die Umlenkkräfte und über den Eigenspannungszustand – 3.2.2 Bemerkungen zur Spanngliedführung
    3.3   Der Spannweg bei beliebiger Spanngliedführung 65

3.4 Schnittgrößen N_{bv}, Q_{bv} und M_{bv} des Lastfalles Vorspannung bei statisch unbestimmten Systemen 68
    3.4.1 Ermittlung der Zwängungsschnittgrößen; Kraftgrößenverfahren – 3.4.2 Besonderheiten am Zweifeldträger – 3.4.3 Berechnung über die Umlenkkräfte – 3.4.4 Auswerten von Einflußlinien

4 Reibungsverluste beim Vorspannen 75
    4.1 Berechnung des Spannkraftabfalls, Bestimmung der Umlenkwinkel 75
    4.2 Ungewollte Umlenkwinkel 77
    4.3 Ausgleich der Verluste durch Überspannen 78
    4.4 Ein- und zweiseitiges Vorspannen 79
    4.5 Keilschlupf 80
    4.6 Berechnungsbeispiel 81

5 Berechnung einer Fußgängerbrücke 83
    5.1 System, Belastung, Baustoffe 83
    5.2 Schnittgrößen aus äußeren Lasten 84
    5.3 Spanngliedführung 85
    5.4 Spannkraftverlauf 86
    5.5 Schnittgrößen des Lastfalles Vorspannung 89
        5.5.1 Berechnung von M_{bv} und Q_{bv} über die Umlenkkräfte – 5.5.2 Berechnung von M_{zw} und Q_{zw} nach dem Kraftgrößenverfahren
    5.6 Spannungsnachweise im Gebrauchszustand 92
    5.7 Berechnung der Spannwege 94

6 Kriechen und Schwinden 96
    6.1 Unterlagen zur Ermittlung der Kriechzahlen und der Schwindmaße 96
        6.1.1 Allgemeines – 6.1.2 Die Unterlagen nach DIN 4227, Abschn. 8
    6.2 Beispiele zur Berechnung von Kriechzahlen und Schwindmaßen ... 103
    6.3 Berechnung des Spannkraftverlustes infolge von Kriechen und Schwinden für Vorspannung mit Verbund 107
        6.3.1 Näherungslösung für einsträngige Vorspannung über die mittlere kriecherzeugende Spannung – 6.3.2 Berechnung des Spannkraftverlustes für einsträngige Vorspannung nach Dischinger – 6.3.3 Beispiel zur Berechnung des Spannkraft- bzw. Spannungsverlustes infolge von Kriechen und Schwinden – 6.3.4 Iterationsverfahren für ein- und zweisträngige Vorspannung

7	**Nachweise zur Rissebeschränkung und Rißbreitenbeschränkung**	122
	7.1 Rissebeschränkung	122
	7.2 Rißbreitenbeschränkung	122
	7.3 Berechnungsbeispiel zur Rißbreitenbeschränkung	127
8	**Nachweis der Biegebruchsicherheit**	135
	8.1 Sicherheit und rechnerische Bruchlast	135
	8.2 Berücksichtigung der Vorspannung unter rechnerischer Bruchlast	137
	8.3 Brucharten bei verschiedenen Bewehrungsgraden	142
	8.4 Grundlagen zur Ermittlung des inneren Momentes M_{ui} im rechnerischen Bruchzustand	145
	8.5 Ermittlung des rechnerischen Bruchmomentes M_{ui}	148

8.5.1 M_{ui} für rechteckige Druckzone – 8.5.2 M_{ui} für beliebige Form der Druckzone

	8.6 Bemessung des erforderlichen Spannstahlquerschnittes für rechnerische Bruchlast	156

8.6.1 Einfach bewehrte Querschnitte mit rechteckiger Druckzone – 8.6.2 Einfach bewehrte Querschnitte mit annähernd rechteckiger Druckzone – 8.6.3 Einfach bewehrte Querschnitte mit beliebiger Form der Druckzone – 8.6.4 Doppelt bewehrte Querschnitte mit beliebiger Form der Druckzone – 8.6.5 Näherung für schlanke Plattenbalken

	8.7 Berechnungsbeispiele zur Biegebruchsicherheit	165

8.7.1 Pfette mit Rechteckquerschnitt – 8.7.2 Querschnitt mit beliebiger Form der Druckzone – 8.7.3 Plattenbalken

9	**Schubsicherung und schiefe Hauptspannungen im Gebrauchszustand**	178
	9.1 Allgemeines	178
	9.2 Ermittlung der Hauptspannungen im Zustand I	180
	9.3 Spannungsnachweise im Gebrauchszustand	181
	9.4 Spannungsnachweise im rechnerischen Bruchzustand	187

9.4.1 Nachweis der schiefen Hauptdruckspannung in Zone a – 9.4.2 Nachweis in Zone b – 9.4.3 Bemessung der Schubbewehrung – 9.4.4 Beispiel zum Nachweis der schiefen Hauptspannungen und der Schubsicherung

9.4.4.1 Nachweis der schiefen Hauptzugspannungen im Gebrauchszustand – 9.4.4.2 Spannungsnachweise im rechnerischen Bruchzustand – 9.4.4.3 Bemessung der Schubbewehrung

10	Eintragung der Spannkräfte und Verankerung	199
	10.1 Krafteintragung durch Ankerkörper	199
	10.2 Krafteintragung durch Verbund	206
	10.3 Beispiel zur Ermittlung der Spaltzugbewehrung	208
	10.4 Nachweis der Verankerung durch Verbund	209
11	Berechnungsbeispiel einer TT-Deckenplatte eines Bürogebäudes	212
	11.1 Allgemeine Daten	213
	11.2 Vorbemessung des Spannstahlquerschnitts	213
	11.2.1 Für den Gebrauchszustand – 11.2.2 Für den rechnerischen Bruchzustand	
	11.3 Nachweis der Längsspannungen im Gebrauchszustand	216
	11.3.1 Ideelle Querschnittswerte – 11.3.2 Vorspannung – 11.3.3 Nachweise im Schnitt m-m – 11.3.4 Nachweise im Schnitt a-a	
	11.4 Beschränkung der Rißbreite	225
	11.4.1 Nachweis im Gebrauchszustand –	
	11.4.2 Nachweis im Beförderungszustand	
	11.4.2.1 Im Gebrauchszustand – 11.4.2.2 Im rechnerischen Bruchzustand	
	11.5 Mindestbewehrung	231
	11.6 Nachweis der Biegebruchsicherheit	232
	11.7 Nachweis der schiefen Hauptspannungen und Schubbemessung	235
	11.7.1 Nachweis der schiefen Hauptzugspannungen im Gebrauchszustand – 11.7.2 Nachweis der schiefen Hauptdruckspannung im rechnerischen Bruchzustand – 11.7.3 Bemessung der Schubbewehrung	
	11.8 Eintragung der Spannkraft und Verankerung	240
	11.8.1 Krafteintragung durch Verbund – 11.8.2 Nachweis der Verankerung durch Verbund	
12	Lösungen zu den Übungen gemäß Abschnitt 2.6	243
	12.1 Aufgabe 1	243
	12.2 Aufgabe 2	248
	12.3 Aufgabe 3	253

1 Allgemeines über Spannbeton

1.1 Warum Vorspannung ?

Die Vorspannung dient der Erzeugung von Betonspannungen, die denen aus äußeren Lasten so entgegenwirken, daß Betonzugspannungen im Gebrauchszustand entweder ausgeschaltet, oder unterhalb einer vertretbaren Grenze gehalten werden.

Schon in den Anfängen des Stahlbetonbaus hatte man versucht, Risse im Beton durch Vorspannung zu vermeiden. Nach dem ersten Versuch des Berliner Ingenieurs DOEHRING im Jahre 1888 wurden im Laufe der Entwicklung des Stahlbetonbaus weitere Vorspannversuche von anderen Ingenieuren unternommen. Sie blieben jedoch ohne Erfolg, weil die seinerzeit zur Verfügung stehenden Eisenfestigkeiten nur geringe Dehnungen im elastischen Bereich zur Erzeugung der Vorspannkraft erlaubten. Durch das Kriechen und Schwinden des Betons wurden diese Dehnungen jedoch wieder abgebaut, so daß die Vorspannkraft mit der Zeit verloren ging. Erst mit der Entwicklung hochfester Stähle und höherer Betonfestigkeiten, sowie mit dem wachsenden Kenntnisstand über die plastischen Betonverkürzungen infolge Kriechen und Schwinden, konnte sich der vorgespannte Beton entwickeln.

1.2 Grenzen für den Einsatz höherer Stahlfestigkeiten bei schlaffer Bewehrung

Ein Stahlbetonbauteil befindet sich bei Belastung im Zustand I bis die Zugfestigkeit bzw. die Bruchdehnung des Betons auf Zug erreicht ist. Die Bruchdehnung des Betons liegt bei etwa 0,15‰ bis 0,25‰. Wollte man – um Risse zu vermeiden – diese Dehnungen unter Gebrauchslast nicht überschreiten, so betrüge die Stahlspannung im Verbundbaustoff Stahlbeton wegen $\varepsilon_b = \varepsilon_s$ mit $E_S = 210000$ MN/m² nur $\sigma_S \approx 0,15 \cdot 10^{-3} \cdot 210000 = 31,5$ MN/m² bis $\sigma_S \approx 0,25 \cdot 10^{-3} \cdot 210000 = 52,5$ MN/m². Damit wäre die zulässige Stahlspannung des heute gebräuchlichen BSt 500 S, zul $\sigma_S = 286$ MN/m², nur zu $\approx 11\%$ bis $\approx 18\%$ genutzt!

Wirtschaftlicher Stahlbetonbau ist nur im Zustand II, also bei auftretenden Rissen in der Zugzone möglich. Bei Einhaltung der Konstruktionsregeln für die Rißbreitenbeschränkung werden die Rißbreiten je nach der Nutzungsart jedoch so klein gehalten, daß die volle Gebrauchstauglichkeit und Dauerhaftigkeit gewährleistet ist.

Legt man im Gebrauchszustand die für Zustand II ermittelte Stahlspannung $\sigma_S = 286$ MN/m² zugrunde, so beträgt die Stahldehnung $\varepsilon_S = \frac{286}{210000} = 1{,}36‰$, d.h. 1,36 mm Rißbreite pro Meter. Durch konstruktive Maßnahmen muß also die Rißbreite pro Meter auf mehrere Risse von vertretbarer Einzelbreite verteilt werden.

Den Konstruktionsregeln für die Rißbreitenbeschränkung gem. DIN 1045, Abschn. 17.6 liegt z.B. für Bauteile im Freien ein Rechenwert für die Einzelrißbreite von $w_{k,cal} = 0{,}25$ mm zugrunde. Demzufolge muß die Dehnung von 1,36 mm/m auf etwa 5 bis 6 Einzelrisse von vertretbarer Rißbreite verteilt werden.

Man erkennt, daß der Ausnutzung höherer Stahlspannungen im Zustand II durch die vertretbaren Rißbreiten Grenzen gesetzt sind.

1.3 Notwendigkeit hochfester Stähle für den Spannbeton

Spannstähle müssen beim Vorspannen große Dehnwege im elastischen Bereich haben, weil durch die plastische Verkürzung des Betons infolge Kriechen und Schwinden ein Teil der Stahldehnung wieder abgebaut wird.

Man kann für diese plastische Verkürzung des Betons im Mittel eine Dehnung von $-0{,}55$ ‰ bis $-0{,}85$ ‰ annehmen. Soll der Dehnungs- bzw. Spannkraftverlust des Spannstahls aus wirtschaftlichen Gründen etwa bei 15 % liegen, so bedarf es einer Vordehnung von $\approx 3{,}7$ ‰ bis $\approx 5{,}7$ ‰ bzw. einer Vorspannung von ≈ 722 MN/m^2 bis ≈ 1112 MN/m^2. Das sind für die heute im allgemeinen verwendeten Spannstahllitzen St 1570/1770 übliche Werte.

1.4 Arten des Vorspannens

Abgesehen von speziellen Vorspannarten wie z.B. für zylindrische Behälter und Rohre (Wickelverfahren), haben sich in Abhängigkeit von der Bauweise (Ortbeton / Fertigteil) zwei Arten des Vorspannens mit Spanngliedern (das sind Zugglieder aus Spannstahl wie Einzeldrähte, Litzen oder Fertigspannglieder, die zur Erzeugung der Vorspannung dienen) durchgesetzt:

1. Spannen *nach* dem Erhärten des Betons gegen den Beton – meist mit nachträglichem Verbund

2. Spannen *vor* dem Erhärten des Betons mit sofortigem Verbund – Spannbettvorspannung

Das Spannen gegen den erhärteten Beton mit Hilfe von Spannpressen eignet sich besonders für Ortbeton-Bauwerke. Im Brückenbau ist diese Vorspannart dominierend. Nach dem Vorspannen wird in den meisten Fällen Verbund zwischen den Spanngliedern und dem Beton hergestellt.

1.4 Arten des Vorspannens

Die Bilder 1.1 bis 1.4 (Werkfotos der SUSPA Spannbeton GmbH) zeigen Arbeitsvorgänge bei Vorspannung mit nachträglichem Verbund. Es ergibt sich folgender Arbeitsablauf:

- Einbau der schlaffen Bewehrung
- Einbau der in Hüllrohren beweglich liegenden und mit Ankerkörpern versehenen Spannglieder (meist werksmäßig hergestellt)
- Betonieren
- Vorspannen gegen den erhärteten Beton
- Einpressen von Zementmörtel in die Hüllrohre (Herstellen der Verbundwirkung und Korrosionsschutz)

Die Vorspannung gegen den erhärteten Beton ohne Verbund kann im Hochbau z.B. für Deckensysteme angewandt werden. Die Vorspannung erfolgt im allgemeinen mit Litzen, die im Herstellerwerk des Spannstahls mit Korrosionsschutz und Kunststoffmantel versehen werden.

Bild 1.1   Verlegte schlaffe Bewehrung und Einbau der Fertigspannglieder

Bild 1.2 Verlegte Spannglieder

Bild 1.3 Spannanker mit Entlüftungs- bzw. Einpreßrohren

1.4 Arten des Vorspannens

Bild 1.4   Vorspannen der Spannglieder gegen den erhärteten Beton

Auf die Vorspannung ohne Verbund wird hier nicht näher eingegangen. Weitere Angaben hierzu, sowie zu Spannverfahren und Verankerungen siehe z.B. H. KUPFER und H. HOCHREITHER: Anwendung des Spannbetons, Betonkalender Teil II, 1993.

Für die Serienfabrikation von Spannbetonfertigteilen in Betonwerken hat sich die Vorspannung im Spannbett, s. Bilder 1.5 bis 1.7 (Werkfotos der HOCHTIEF AG), als wirtschaftlich erwiesen. Hier stehen an den Enden einer Schalungsbahn Ankerböcke. Zwischen diesen werden die Spanndrähte oder Litzen frei über den Schalungsboden gespannt. Nach dem Verlegen der schlaffen Bewehrung wird die Seitenschalung aufgestellt. Je nach der Länge der Spannbetten werden ein oder mehrere Fertigteile betoniert. Man betoniert die Spannstähle also im gespannten Zustand ein; der Verbund zwischen Spannstahl und Beton ist damit sofort hergestellt. Sobald der Beton ausreichende Festigkeit besitzt, wird die Verankerung der Spannstähle gelöst; damit wirkt die Vorspannkraft auf den Beton.

Bild 1.5 Lange Spannbetten mit Ankerböcken und fertigen Bindern

Bild 1.6 Binder mit Spanndrähten und Schalungselementen

1.4 Arten des Vorspannens

Bild 1.7 Spannbett für Hyperboloidschalen

1.5 Bemerkungen zur Verankerung

Beim Vorspannen gegen den erhärteten Beton besteht der Spannanker aus dem Ankerkopf und der im Bauwerk einbetonierten Ankerplatte. Die Spannpresse stützt sich gegen die Ankerplatte und zieht den Ankerkopf, in dem die Spanndrähte oder Litzen verankert sind, um den vorberechneten Dehnweg aus. Die Vorspannkraft wird vom Ankerkörper auf die Ankerplatte übertragen. Die festen Anker, an denen nicht vorgespannt wird, können ebenfalls aus Ankerkörper und Ankerplatte bestehen, oder die Spanndrähte bzw. Litzen werden mit den erforderlichen Übertragungslängen durch Verbund verankert.

Beim Vorspannen mit sofortigem Verbund (Spannbettvorspannung) erfolgt die Verankerung bei profilierten Drähten oder bei Litzen durch Haftung, Reibung und Scherverbund. Nach dem Lösen der Verankerung von den Ankerböcken ist der Spannstahl am Balkenende spannungsfrei und seine Längsdehnung wird dort wieder zu Null, wodurch eine Querdehnung eintritt. Infolge der Querdehnung wirken erhebliche Querpressungen auf den Beton. Damit ist eine gute Verbundwirkung gewährleistet.

1.6 Vorspanngrade und Vorteile der Vorspannung

Vorspannen heißt: Betondruckspannungen zu erzeugen, die den Rechenwerten der Betonzugspannungen aus äußeren Lasten (Gebrauchslasten) entgegenwirken.

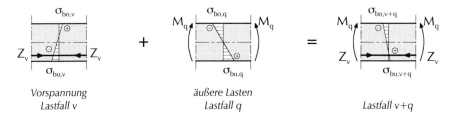

Bild 1.8 Wirkung der Vorspannung

Die durch Vorspannung erzeugten Betondruckspannungen können vom Betrag her im Verhältnis zu den Rechenwerten der Betonzugspannungen aus äußeren Lasten verschieden hoch sein. Nach Bild 1.8 kann man den Vorspanngrad allgemein ausdrücken durch das Verhältnis

$$\frac{|\sigma_{bu,v}|}{\sigma_{bu,q}} \qquad (1.1)$$

Es ist üblich, $-\sigma_{bu,v} \cdot W_{iu} = M_D$ als Dekompressionsmoment zu bezeichnen und den Vorspanngrad durch das Verhältnis

$$\frac{-\sigma_{bu,v} \cdot W_{iu}}{\sigma_{bu,q} \cdot W_{iu}} = \frac{M_D}{M_q} \qquad (1.2)$$

Unter der Wirkung des fiktiven äußeren Momentes M_D ist $\sigma_{bu,v} + M_D / W_{iu} = 0$, d.h. die Randspannung in der vorgedrückten Zugzone ist gleich Null (Zustand der Dekompression).

In Abschn. 1.2.2, DIN 4227 Teil 1 (Spannbeton; Bauteile aus Normalbeton mit beschränkter oder voller Vorspannung) sind folgende Vorspanngrade definiert

- volle Vorspannung

  Hier treten rechnerisch im Gebrauchszustand (bis auf Sonderfälle) keine Betonzugspannungen infolge von Längskraft und Biegemoment auf.

1.6 Vorspanngrade und Vorteile der Vorspannung

- beschränkte Vorspannung

Hier können rechnerisch im Gebrauchszustand Betonzugspannungen infolge von Längskraft und Biegemoment bis zu angegebenen, zulässigen Grenzen auftreten.

In Abschn. 1, DIN 4227 Teil 2 (Spannbeton; Bauteile mit teilweiser Vorspannung) wird festgelegt

- teilweise Vorspannung

Bei teilweise vorgespannten Bauteilen sind Betonzugspannungen in der vorgedrückten Zugzone und in der Druckzone infolge von Biegung, Biegung mit Längskraft und Längskraft nicht begrenzt.

Bauteile, die mit weniger als 10 % der maximalen Gebrauchslast belastet sind dürfen jedoch in der vorgedrückten Zugzone rechnerisch keine Zugspannungen aufweisen.

Die vorgenannten Definitionen können auch durch folgende Vorspanngrade ausgedrückt werden:

- volle Vorspannung

Hier ist im Grenzfall $\sigma_{bu,v+q} = 0$ (vgl. Bild 1.8). Das bedeutet $M_D \geq M_q$, womit der Vorspanngrad $\frac{M_D}{M_q} \geq 1$.

- beschränkte Vorspannung

Hier können am Rande der vorgedrückten Zugzone nach DIN 4227 Teil 1, Tab. 9, Zeile 19 Betonzugspannungen auftreten. Unter Berücksichtigung von Kriechen und Schwinden ist einzuhalten

$$\sigma_{bu,v+k+s} + \sigma_{bu,q} = zul\ \sigma_{b,Zug} \tag{1.3}$$

Wegen $M_D = -\sigma_{bu,v+k+s} \cdot W_u$ gilt

$$-\sigma_{bu,v+k+s} - \sigma_{bu,q} = -zul\ \sigma_{b,Zug} \tag{1.4}$$

Damit erhält man den Vorspanngrad

$$\frac{M_D}{M_q} = \frac{-\sigma_{bu,v+ks}}{\sigma_{bu,q}} = 1 - \frac{zul\ \sigma_{b,Zug}}{\sigma_{bu,q}} \tag{1.5}$$

Nach Gl. 1.3 ist $\sigma_{bu,q} = -\sigma_{bu,v+k+s} + zul\ \sigma_{b,Zug}$.

Bei einer wirtschaftlichen Vorspannung kann man für $\sigma_{bu,v}$ die Werte der Betondruckspannungen für die vorgedrückte Zugzone (Tab. 9, Zeile 6, DIN 4227 Teil 1) wählen. Setzt man für den Spannungsverlust infolge Kriechen und Schwinden (k+s) ca. 15 % an, wird $\sigma_{bu,v+k+s} \approx 0{,}85 \cdot \sigma_{bu,v}$. Mit diesen Annahmen ergeben sich bei beschränkter Vorspannung folgende Vorspanngrade

für einen B 45:

Mit $\sigma_{bu,v+k+s} \approx 0{,}85 \cdot (-19) =$
$-16{,}15$ MN/m², $\sigma_{b,Zug} = 4{,}0$ MN/m²
und $\sigma_{bu,q} = -(-16{,}15)+4{,}0 =$
20,15 MN/m², wird
$$\frac{M_D}{M_q} = 1 - \frac{4{,}0}{20{,}15} = 0{,}8\,.$$

für einen B 55:

Mit $\sigma_{bu,v+k+s} \approx 0{,}85 \cdot (-21) =$
$-18{,}85$ MN/m², $\sigma_{b,Zug} = 4{,}5$ MN/m²
und $\sigma_{bu,q} = -(-17{,}85)+4{,}5 =$
22,35 MN/m², wird
$$\frac{M_D}{M_q} = 1 - \frac{4{,}5}{22{,}35} = 0{,}8\,.$$

- teilweise Vorspannung

Durch die Festlegung, daß bei Bauteilen, die mit weniger als 10 % der maximalen Gebrauchslast belastet sind, in der vorgedrückten Zugzone rechnerisch keine Zugspannungen auftreten dürfen, ist $M_D \geq 0{,}1 \cdot M_q$ vorgegeben.

Der Vorspanngrad ist damit $\frac{M_D}{M_q} \geq 0{,}1$.

Wie eingangs erwähnt, war es das ursprüngliche Ziel des Vorspannens, Risse im Beton zu vermeiden. Die weitgehende Rissefreiheit von Spannbetonbaukörpern ist besonders für wasserundurchlässige Behälter von Bedeutung. Behälter sind gebrauchstauglich, solange unter Gebrauchslasten eine ausreichend dicke Druckzone vorhanden ist. Bei vorwiegend, oder voll auf Zug beanspruchten Stahlbetonbauteilen muß jedoch mit über den ganzen Betonquerschnitt laufenden Trennrissen gerechnet werden. Diese Beanspruchung tritt bei kreiszylindrischen und allgemein rotationssymmetrischen Behältern auf. Zur Vermeidung von Trennrissen sollten derartige Baukörper vorgespannt werden.

Ferner kann durch die Vorspannung auch die Verformung im Gebrauchszustand erheblich verringert werden, weil in weiten Bereichen der durch die Rißbildung bedingte Übergang vom Zustand I in den Zustand II – wie für Stahlbetonbauteile üblich – vermieden wird. Infolgedessen ist die Steifigkeit von Spannbetonbauteilen etwa 1,5 bis 2,5 mal größer als die von Stahlbetonbauteilen mittleren bis höheren Bewehrungsgrades. Die Durchbiegung von Spannbetonbauteilen beträgt also nur ca. 40 bis 70 % der Durchbiegung von Stahlbetonbauteilen, was besonders bei höheren Anteilen nicht vorwiegend ruhender Verkehrslasten von Vorteil ist.

1.6 Vorspanngrade und Vorteile der Vorspannung

Durch die Verwendung hochfester Stähle ist der Platzbedarf für den Stahl gering. Höhere Betonfestigkeiten und die dem Spannungszustand aus äußeren Lasten entgegenwirkende Vorspannung ermöglichen kleinere Druckzonen. In Bereichen größerer Querkräfte werden durch die Längsdruckspannung die schrägen Hauptzugspannungen verringert, was zu einer Einsparung an Schubbewehrung beiträgt. Die Querschnittsabmessungen von Spannbetonbauteilen können kleiner gehalten werden, als die von Stahlbetonbauteilen.

Bei hohen Verkehrslastschwankungen und geringer Eigenlast und bei Vorzeichenwechsel der Lastmomente kann bei voller und auch bei beschränkter Vorspannung nur noch mit einer geringen Exzentrizität der Vorspannkraft gerechnet werden.

Dadurch ergeben sich zu große, unwirtschaftliche Spannkräfte und zu hohe Betondruckspannungen an den Rändern. Durch teilweise Vorspannung kann die Wirtschaftlichkeit verbessert werden.

2 Vorspannung mit sofortigem Verbund

Wie in Abschn. 1 dargestellt, dient die Vorspannung der Erzeugung gewünschter Spannungen im Beton, die denjenigen aus äußeren Lasten so entgegenwirken, daß Betonzugspannungen im Gebrauchszustand entweder ausgeschaltet oder unterhalb einer vertretbaren Grenze gehalten werden.

Hier werden zunächst nur die Längs- bzw. die Normalspannungen σ_b betrachtet, also die Biegespannungen aus äußeren Lasten sowie die Spannungen aus Biegung mit Längskraft infolge der Vorspannkraft Z_v (Bild 2.1).

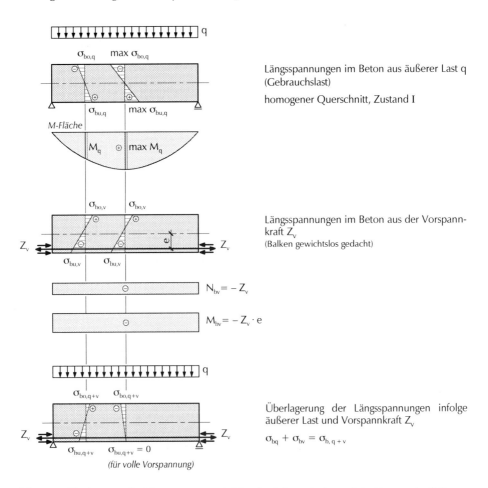

Längsspannungen im Beton aus äußerer Last q (Gebrauchslast)

homogener Querschnitt, Zustand I

Längsspannungen im Beton aus der Vorspannkraft Z_v
(Balken gewichtslos gedacht)

Überlagerung der Längsspannungen infolge äußerer Last und Vorspannkraft Z_v

$\sigma_{bq} + \sigma_{bv} = \sigma_{b,q+v}$

Bild 2.1 Überlagerung der Längsspannungen infolge der äußeren Last q und der Vorspannkraft Z_v

Bei Spannbettbalken werden die Spanndrähte vorwiegend gerade geführt, weil die Umlenkung herstellungstechnisch einen zu hohen Aufwand erfordern würde. Man kann aber aus Bild 2.1 ersehen, daß es besser wäre, z. B. in den Auflagerquerschnitten A und B die Spannglieder in die Schwerlinie zu verlegen. Damit bekäme man im Endbereich des Trägers gleichmäßig über den Querschnitt verteilte Druckspannungen aus der dann mittig wirkenden Vorspannkraft Z_v, weil die Biegespannungen aus der äußeren Last q dort zu Null werden.
Die Wirkung des umgelenkten Spanngliedes wird in Abschn. 3 bei der Vorspannung mit nachträglichem Verbund behandelt.

2.1 Der Lastfall Vorspannung bei Spannbettvorspannung

Bei der Spannbettvorspannung ist zwischen zwei Spannkraftzuständen zu unterscheiden:

1. Vorspannkraft $Z_v^{(0)}$ im Spannbett vor dem Lösen der Verankerung (noch keine Kraftübertragung auf den Beton, die Kraft $Z_v^{(0)}$ wird von den Ankerböcken aufgenommen, der Beton ist noch spannungsfrei)
2. Vorspannkraft Z_v nach dem Lösen der Verankerung (die Vorspannkraft Z_v wirkt jetzt auf den Beton und erzeugt im Beton die gewünschten Spannungen).

Der Balken verformt sich im Lastfall Vorspannung unter der Wirkung der Vorspannkraft Z_v nach Maßgabe seiner Dehn- und Biegesteifigkeit, wobei er als gewichtslos zu betrachten ist. Gemäß Bild 2.2 erfährt er unter der Wirkung von Z_v eine elastische Längsverkürzung und Krümmung.

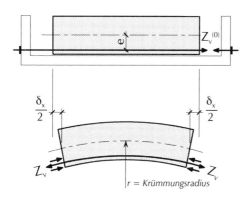

Vorspannkraft $Z_v^{(0)}$ vor dem Lösen der Verankerung

$Z_v^{(0)}$ wirkt auf die Ankerböcke, der Beton ist noch spannungsfrei

Vorspannkraft Z_v nach dem Lösen der Verankerung

Z_v wirkt auf den Beton und bewirkt eine Verkürzung δ_x und eine Krümmung $1/r$

(Balken gewichtslos gedacht)

Bild 2.2 Die Spannkraft im Spannbett $Z_v^{(0)}$ und die Spannkraft Z_v nach dem Lösen der Verankerung

Bild 2.2 zeigt, wie sich der Spannstahl nach dem Lösen der Verankerung gegenüber dem Spannbettzustand verkürzt, so daß die Spannkraft Z_v kleiner werden muß als die Spannbettkraft $Z_v^{(0)}$. Die Ermittlung von Z_v aus dem gegebenen $Z_v^{(0)}$ wird der einfacheren Ableitung wegen zunächst für den Sonderfall des in der Schwerachse liegenden Spannstahls durchgeführt. Hierbei tritt als elastische Verformung nur die Längsverkürzung δ_x auf.

2.1.1 Mittige Vorspannung

Bild 2.3 ist zu entnehmen, daß zunächst der Spannstahl von der Länge l unter der Kraft $Z_v^{(0)}$ um das Maß $\delta_{zv}^{(0)}$ vorgedehnt wird. Vordehnung heißt also Dehnwegdifferenz zwischen vorgespanntem Stahl und dem spannungsfreien, unverformten Beton.

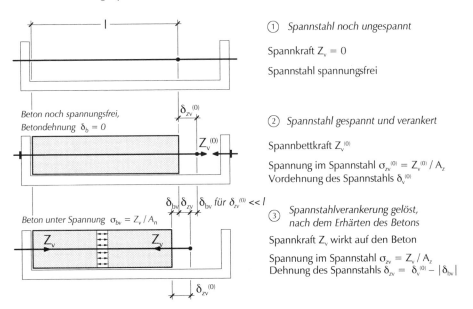

Bild 2.3 Die Verformungen von Stahl und Beton vor und nach dem Lösen der Verankerung

Die Kraft $Z_v^{(0)}$ wirkt dabei auf den Ankerbock des Spannbettes. Der Beton ist nach dem Betonieren zunächst spannungsfrei. Beim Erhärten entsteht der sofortige Verbund. Nach Erreichen der erforderlichen Betonfestigkeit ($\geq 80\%$ der Serienfestigkeit β_{W5}) löst man die Verankerung und die Kraft wird infolge des Verbundes auf den Beton übertragen, der dabei um das Maß $\delta_{bv} = \delta_x$ gestaucht wird.

2.1 Der Lastfall Vorspannung bei Spannbettvorspannung

Die Stahlvordehnung $\delta_{zv}^{(0)}$ verringert sich um das Maß δ_{bv} auf δ_{zv}. Die Verträglichkeitsbedingung lautet somit

$$\delta_{zv} = \delta_{zv}^{(0)} + \delta_{bv} \qquad (2.1)$$

δ_{bv} *ist hierin als Stauchung negativ einzusetzen*

Für elastische Dehnungen gilt das HOOKE'sche Gesetz:

$$\delta_{zv}^{(0)} = \frac{Z_v^{(0)} \cdot l}{E_z \cdot A_z} \; ; \; \delta_{bv} = -\frac{Z_v \cdot l}{E_b \cdot A_n} \; ; \; \delta_{zv} = \frac{Z_v \cdot l}{E_z \cdot A_z}.$$

Eingesetzt in Gl. 2.1 wird $\frac{Z_v \cdot l}{E_z \cdot A_z} = \frac{Z_v^{(0)} \cdot l}{E_z \cdot A_z} - \frac{Z_v \cdot l}{E_b \cdot A_n}$, damit $Z_v \cdot \left(1 + \frac{E_z \cdot A_z}{E_b \cdot A_n}\right) = Z_v^{(0)}$ und

$$Z_v = Z_v^{(0)} \cdot \frac{A_n \cdot E_b}{A_n \cdot E_b + A_z \cdot E_z} = Z_v^{(0)} \cdot \frac{A_n}{A_n + n \cdot A_z} = Z_v^{(0)} \cdot \frac{A_n}{A_i} \qquad (2.2)$$

mit den Baustoffkennwerten:

E_z = E-Modul des Spannstahls
E_b = E-Modul des Betons
$n = E_z / E_b$

und den Querschnittswerten (s. Bild 2.4):

A_z = Spannstahlquerschnitt
A_n = Nettoquerschnitt
A_b = Bruttoquerschnitt
A_i = ideelle Querschnittsfläche

Spannstahlquerschnitt
A_z

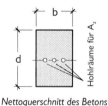

Nettoquerschnitt des Betons
$A_n = A_b - A_z = b \cdot d - A_z$

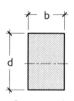

Bruttoquerschnitt
$A_b = b \cdot d$

ideelle Querschnittsfläche
$A_i = A_n + n \cdot A_z =$
$= A_b + (n-1) \cdot A_z$

Bild 2.4 Querschnittswerte für den Sonderfall Spannstahl in der Schwerachse

Für Gl. 2.2 kann man schreiben

$$\frac{Z_v}{A_n} = \frac{Z_v^{(0)}}{A_i} = -\sigma_{bv} \qquad (2.3)$$

Gl. 2.3 besagt, daß die Betonspannung bei Spannbettvorspannung sowohl aus dem gegebenen $Z_v^{(0)}$ mit Hilfe der ideellen Querschnittswerte als auch aus dem errechneten Z_v mit Hilfe der Nettoquerschnittswerte berechnet werden kann. Bei sofortigem Verbund geht man immer von der Spannbettkraft $Z_v^{(0)}$ aus, die man als „äußere Kraft", auf den ideellen Querschnitt wirkend, betrachtet.

Der Berechnungsvorgang wird an einem Beispiel nach Bild 2.5 erläutert.

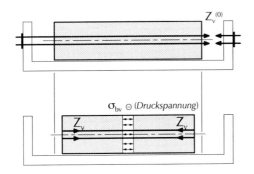

Beton B45, E_b = 37000 MN/m²

Spannstahl St 1420/1570 gerippt
E_z = 210000 MN/m²
Einzelquerschnitt 0,4 cm²
$A_z = 6 \cdot 0,4 = 2,4$ cm²

Bild 2.5 Beispiel zur Ermittlung der Beton- und Stahlspannung nach dem Lösen der Verankerung bei mittiger Spanngliedlage; beachte Haft- und Scherverbund an den Balkenenden (s. Abschn. 1)

Man spannt den Stahl in einem Spannbett mit einer Spannung von $\sigma_{zv}^{(0)}$ = 900 MN/m² vor. Damit beträgt die Spannkraft $Z_v^{(0)} = \sigma_{zv}^{(0)} \cdot A_z$ = 90 kN/cm² · 2,4 cm² = 216 kN.

Zur Berechnung der Druckspannung im Beton $\sigma_{bv} = -\frac{Z_v^{(0)}}{A_i}$ wird der ideelle Querschnittswert $A_i = A_b + (n-1) \cdot A_z$ mit $n = E_z / E_b$ benötigt. Nach der Zulassung für den Spannstahl ist $E_z = 2,1 \cdot 10^5$ MN/m². Für den Beton B45 ist nach DIN 4227 Teil 1 (Juli 1988), Tab. 6 $E_b = 3,7 \cdot 10^4$ MN/m². Damit wird $n = \frac{2,1 \cdot 10^5}{3,7 \cdot 10^4} = 5,68$. Der ideelle Querschnitt ist $A_i = 15 \cdot 25 + (5,68 - 1) \cdot 2,4 = 375 + 11,23 = 386,23$ cm². Die Betonspannung wird $\sigma_{bv} = \frac{Z_v^{(0)}}{A_i} = -\frac{216}{386,23} = -0,5593$ kN/cm².

Zur Ermittlung der Stahlspannung σ_{zv} (nach Lösen der Verankerung) kann $Z_v = Z_v^{(0)} \cdot \frac{A_n}{A_i}$ (Gl. 2.2) und $\sigma_{zv} = \frac{Z_v}{A_z}$ herangezogen werden. In der Praxis wird bei Vorspannung mit sofortigem Verbund Z_v i. allg. nicht benötigt. Die für den Spannungsnachweis erforderliche Stahlspannung σ_{zv} ermittelt man aus

$$\sigma_{zv} = \sigma_{zv}^{(0)} + n \cdot \sigma_{bz,v} \qquad (2.4)$$

In Gl. 2.4 ist $\sigma_{bz,v}$ die Betondruckspannung in Schwerpunkthöhe des Spannstranges. Im Beispiel ist $\sigma_{bv} = \sigma_{bz,v}$, weil infolge der zentrischen Vorspannung σ_{bv} über den Querschnitt konstant ist. σ_{bv} ist als Druckspannung mit negativem Vorzeichen einzusetzen. Gl. 2.4 ergibt sich aus Bild 2.3 unter Beachtung des sofortigen Verbundes, wodurch die Betonstauchung δ_{bv} bzw. ε_{bv} gleich der Stahlverkürzung $\Delta\varepsilon_{zv}$ ist.

2.1 Der Lastfall Vorspannung bei Spannbettvorspannung

Mit $\varepsilon_{bz,v} = \frac{\sigma_{bz,v}}{E_b} = \Delta\varepsilon_{zv}$ wird die Spannungsabnahme im Spannstahl beim Lösen der Verankerung $\Delta\sigma_{zv} = \Delta\varepsilon_{zv} \cdot E_z = \frac{\sigma_{bz,v}}{E_b} \cdot E_z = n \cdot \sigma_{bz,v}$.

Es ist zu beachten, daß Druckspannungen und Verkürzungen ein negatives Vorzeichen erhalten.

Nach Gl. 2.4 errechnet sich die Stahlspannung zu $\sigma_{zv} = 900{,}0 + 5{,}68 \cdot (-5{,}593) = 900{,}0 - 31{,}77 = 868{,}23$ MN/m². Die Spannbettspannung $\sigma_{zv}^{(0)} = 900$ MN/m² verringert sich infolge der elastischen Verkürzung des Betons um $\Delta\sigma_{zv} = 31{,}77$ MN/m². Der Spannungs- bzw. Kraftverlust beträgt somit 3,53 % der Spannbettspannung bzw. der Spannbettkraft.

In der Praxis wird dieser Verlust häufig mit Hilfe des sogenannten Steifigkeitsbeiwertes α ermittelt. Danach ist

$$\alpha = \frac{\Delta\sigma_{zv}}{\sigma_{zv}^{(0)}} \quad \text{und} \quad \Delta\sigma_{zv} = \sigma_{zv}^{(0)} \cdot \alpha \quad \text{bzw.} \quad \Delta Z_v = Z_v^{(0)} \cdot \alpha \qquad (2.5)$$

oder die verbleibende Spannung ist

$$\sigma_{zv} = \sigma_{zv}^{(0)} - \Delta\sigma_{zv} = \sigma_{zv}^{(0)} \cdot (1-\alpha) \quad \text{bzw.} \quad Z_v = Z_v^{(0)} \cdot (1-\alpha) \qquad (2.6)$$

Je größer also der Steifigkeitsbeiwert α wird, desto größer ist der Spannungs- bzw. Spannkraftabfall infolge der elastischen Verkürzung des Betons im Schwerpunkt des Spannstranges.

Nach Gl. 2.4 ist $n \cdot |\sigma_{bz,v}| = \Delta\sigma_{zv}$. Mit $|\sigma_{bz,v}| = |\sigma_{bv}| = \frac{Z_v^{(0)}}{A_i}$ wird für $Z_v^{(0)} = \sigma_{zv}^{(0)} \cdot A_z$

$$\alpha = \frac{\Delta\sigma_{zv}}{\sigma_{zv}^{(0)}} = n \cdot \frac{\sigma_{zv}^{(0)} \cdot A_z}{A_i \cdot \sigma_{zv}^{(0)}} = n \cdot \frac{A_z}{A_i} \qquad (2.7)$$

Nimmt der Stahlquerschnitt im Verhältnis zum Betonquerschnitt zu, dann wachsen α bzw. die elastische Verkürzung des Betons und damit der Spannungs- bzw. Spannkraftabfall. Man kann sich merken, daß $\alpha \cdot 100$ der Spannungsabfall im Spannstahl in % ist. Die Gl. 2.7 gilt aber nur für mittige Vorspannung, die in der Praxis nur geringe Bedeutung hat.

2.1.2 Ausmittige Vorspannung

Die mittige Vorspannung ist für den Biegebalken unwirtschaftlich und wenig sinnvoll. Der Spannungsverlauf infolge reiner Biegung aus äußeren Lasten ist linear (s. Bild 2.1) in der Zug- und Druckzone. Man muß nun mit möglichst geringem Spannkraftaufwand einen entgegengesetzten Spannungszustand im Beton erzeugen.

Aus Bild 2.6 ist ersichtlich, daß bei mittiger Vorspannung die untere Randspannung nur aus dem Anteil $\sigma_{bu,v} = -\frac{Z_v^{(0)}}{A_i}$ besteht, während sie sich bei ausmittiger Vorspannung aus den beiden Anteilen $\sigma_{bu,v} = -\frac{Z_v^{(0)}}{A_i} + \frac{-Z_v^{(0)} \cdot z_{iu}}{W_{iu}}$ zusammensetzt. Die Vorspannkraft $Z_v^{(0)}$ kann bei ausmittiger Lage also kleiner sein als bei mittiger Lage. Ferner werden bei ausmittiger Vorspannung die Randspannungen in der Druckzone verkleinert.

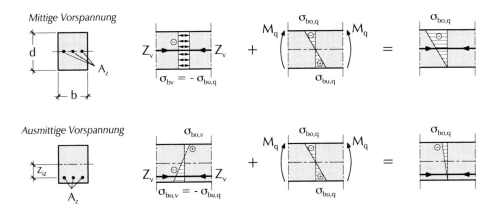

Bild 2.6 Mittige und ausmittige Vorspannung beim Biegebalken (volle Vorspannung)

Bei ausmittig gelegenem Spannglied wirken entsprechend der Erkenntnis aus Gl. 2.3 die Spannkraft $Z_v^{(0)}$ und das Ausmittenmoment $M_{bv}^{(0)} = Z_v^{(0)} \cdot z_{iz}$ als „äußere Belastung" auf den ideellen Querschnitt.

In Anlehnung an Gl. 2.3 und nach Bild 2.7 wird die Betonspannung im beliebigen Abstand z_i von der ideellen Schwerlinie

$$\sigma_{bv}(z_i) = -\frac{Z_v^{(0)}}{A_i} \pm \frac{M_{bv}^{(0)}}{I_i} \cdot z_i \qquad (2.8)$$

2.1 Der Lastfall Vorspannung bei Spannbettvorspannung

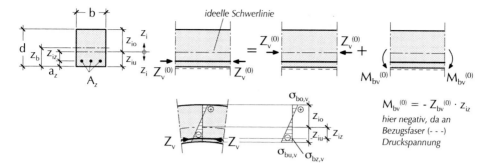

Bild 2.7 Spannungsermittlung bei ausmittiger Lage des Spannstranges mit Hilfe der ideellen Querschnittswerte

Die Betonrandspannungen ergeben sich mit den Momentenvorzeichen nach Bild 2.7 nach den Regeln der Festigkeitslehre zu

$$\sigma_{bo,v} = -\frac{Z_v^{(0)}}{A_i} - \frac{M_{bv}^{(0)}}{I_i} \cdot z_{io}$$

$$\sigma_{bu,v} = -\frac{Z_v^{(0)}}{A_i} + \frac{M_{bv}^{(0)}}{I_i} \cdot z_{iu}$$

(2.9)

Die Betonspannung in Höhe des Schwerpunktes des Spannstranges wird

$$\sigma_{bz,v} = -\frac{Z_v^{(0)}}{A_i} + \frac{M_{bv}^{(0)}}{I_i} \cdot z_{iz}$$

(2.10)

Entsprechend Gl. 2.4 wird die Spannung im Spannstahl nach dem Lösen der Verankerung $\sigma_{zv} = \sigma_{zv}^{(0)} + n \cdot \sigma_{bz,v}$.

Der Spannungsabfall im Spannstrang infolge der elastischen Betonverkürzung $\varepsilon_{bz,v}$ kann auch wieder durch den Steifigkeitsbeiwert α ausgedrückt werden. Es gelten hier ebenfalls die Gln. 2.5 und 2.6, wonach

$\Delta\sigma_{zv} = \sigma_{zv}^{(0)} \cdot \alpha$ bzw. $\Delta Z_v = Z_v^{(0)} \cdot \alpha$ und

$\sigma_{zv} = \sigma_{zv}^{(0)} \cdot (1-\alpha)$ bzw. $Z_v = Z_v^{(0)} \cdot (1-\alpha)$

Ausgehend von $\Delta\sigma_{zv} = n \cdot |\sigma_{bz,v}|$ in Verbindung mit Gl. 2.10 kann man schreiben

$$\Delta\sigma_{zv} = n \cdot |\sigma_{bz,v}| = n \cdot \left(\frac{Z_v^{(0)}}{A_i} + \frac{Z_v^{(0)}}{I_i} \cdot z_{iz}^2\right).$$

Mit $Z_v^{(0)} = \sigma_{zv}^{(0)} \cdot A_z$ erhält man aus $\alpha = \dfrac{\Delta\sigma_{zv}}{\sigma_{zv}^{(0)}}$ (Gl. 2.4)

$$\alpha = n \cdot \left(\frac{A_z}{A_i} + \frac{A_z}{I_i} \cdot z_{iz}^2 \right) = n \cdot \frac{A_z}{A_i} \cdot \left(1 + \frac{A_i}{I_i} \cdot z_{iz}^2 \right) \qquad (2.11)$$

Bei mittiger Vorspannung ist $z_{iz} = 0$. Damit ergibt sich nach Gl. 2.11 $\alpha = n \cdot \dfrac{A_z}{A_i}$. Dies stimmt mit Gl. 2.7 überein. Gl. 2.7 ist also ein Sonderfall der Gl. 2.11.

Tafel 2.1 Querschnittswerte für ausmittige Vorspannung (s. Bild 2.7)

Unterer Randabstand der ideellen Schwerlinie $$z_{iu} = \frac{A_b \cdot z_{bu} + (n-1) \cdot A_z \cdot a_z}{A_i}$$ Oberer Randabstand der ideellen Schwerlinie $$z_{io} = d - z_{iu}$$ Abstand des Spannstrangschwerpunkts von der ideellen Schwerlinie $$z_{iz} = z_{iu} - a_z$$	Ideelles Trägheitsmoment (bezogen auf die ideelle Schwerlinie) $$I_i = I_b + A_b \cdot (z_{bu} - z_{iu})^2 +$$ $$+ (n-1) \cdot A_z \cdot z_{iz}^2$$ (I_b = Trägheitsmoment des Bruttoquerschnitts) Ideelles Widerstandsmoment (unten bzw. oben) $$W_{iu} = \frac{I_i}{z_{iu}} \quad \text{bzw.} \quad W_{io} = \frac{I_i}{z_{io}}$$

Berechnungsbeispiel nach Bild 2.5, jedoch mit ausmittiger Lage des Spannstranges (Bild 2.8)

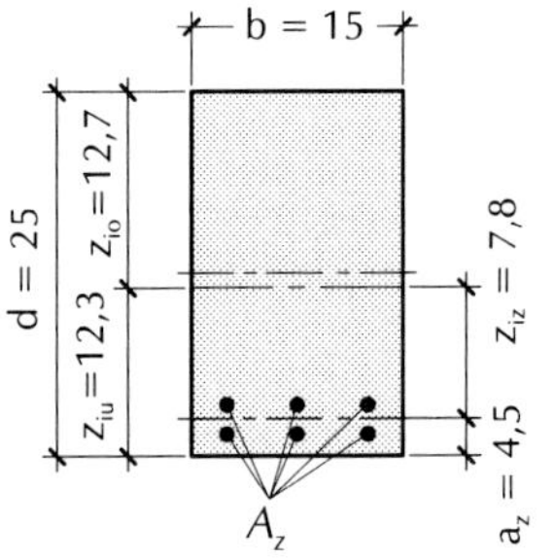

Die erforderlichen Querschnittswerte

$A_b = 15 \cdot 25 = 375 \text{ cm}^2$

$A_i = 375 + (5{,}68 - 1) \cdot 2{,}4 = 386{,}23 \text{ cm}^2$

$z_{iu} = \dfrac{375 \cdot 12{,}5 + (5{,}68 - 1) \cdot 2{,}4 \cdot 4{,}5}{386{,}23} = \dfrac{4687{,}5 + 50{,}5}{386{,}23} = 12{,}3 \text{ cm}$

Beton B45
$n = 5{,}68 = E_z / E_b$

Spannstahl
St 1420/1576
$A_z = 6 \cdot 0{,}4 = 2{,}4 \text{ cm}^2$
$\sigma_{zv}^{(0)} = 900 \text{ MN/m}^2$

Bild 2.8
Querschnitt für Berechnungsbeispiel nach Bild 2.5, jedoch mit ausmittiger Spanngliedlage

$z_{io} = 25 - 12{,}3 = 12{,}7 \text{ cm}$; $z_{iz} = 12{,}3 - 4{,}5 = 7{,}8 \text{ cm}$

$I_i = \dfrac{15 \cdot 25^3}{12} + 375 \cdot (12{,}5 - 12{,}3)^2 + (5{,}68 - 1) \cdot 2{,}4 \cdot 7{,}8^2 = 19531 + 15 + 683 = 20229 \text{ cm}^4$

$W_{iu} = \dfrac{20229}{12{,}3} = 1645 \text{ cm}^3$; $W_{io} = \dfrac{20229}{12{,}7} = 1593 \text{ cm}^3$

2.1 Der Lastfall Vorspannung bei Spannbettvorspannung

Die Betonrandspannungen nach Gl. 2.9 für die Spannbettkraft $Z_v^{(0)} = \sigma_{zv}^{(0)} \cdot A_z = 90 \cdot 2{,}4 = 216$ kN

$$\sigma_{bo,v} = -\frac{216{,}00}{386{,}23} + \frac{216{,}00 \cdot 7{,}8}{1593} = = -0{,}5593 + 1{,}0576 = 0{,}498 \text{ kN/cm}^2 = 4{,}98 \text{ MN/m}^2$$

$$\sigma_{bu,v} = -\frac{216{,}00}{386{,}23} - \frac{216{,}00 \cdot 7{,}8}{1645} = -0{,}5593 - 1{,}0242 = -1{,}584 \text{ kN/cm}^2 = 15{,}84 \text{ MN/m}^2$$

Die Betonspannung in Höhe des Spannstrangschwerpunktes (Gl. 2.10)

$$\sigma_{bz,v} = -\frac{216{,}00}{286{,}23} - \frac{216{,}00}{20229} \cdot 7{,}8^2 = -0{,}5593 - 0{,}6496 = -1{,}209 \text{ kN/cm}^2 = -12{,}09 \text{ MN/m}^2$$

Die Spannung im Spannstrang nach Lösen der Verankerung (Gl. 2.4)

$$\sigma_{zv} = \sigma_{zv}^{(0)} + n \cdot \sigma_{bz,v} = 900{,}0 + 5{,}68 \cdot (-12{,}09) = 900{,}0 - 68{,}67 = 831{,}33 \text{ MN/m}^2$$

Der Spannungsabfall $\Delta\sigma_{zv} = \alpha \cdot \sigma_{zv}^{(0)}$ wird mit Hilfe des Steifigkeitsbeiwertes (nach Gl. 2.11) $\alpha = 5{,}68 \cdot \frac{2{,}4}{386{,}23} \cdot \left(1 + \frac{386{,}23}{20229} \cdot 7{,}8^2\right) = \frac{13{,}63}{386{,}23} \cdot (1 + 1{,}162) = 0{,}0763$

$$\Delta\sigma_{zv} = \alpha \cdot \sigma_{zv}^{(0)} = 900{,}0 \cdot 0{,}0763 = 68{,}67 \text{ MN/m}^2$$

Als Spannungsabfall bekommt $\Delta\sigma_{zv}$ stets negatives Vorzeichen.

Die verbleibende Spannung beträgt

$$\sigma_{zv} = \sigma_{zv}^{(0)} - \alpha \cdot \sigma_{zv}^{(0)} = \sigma_{zv}^{(0)} \cdot (1-\alpha) = 900{,}0 \cdot (1 - 0{,}0763) = 831{,}33 \text{ MN/m}^2$$

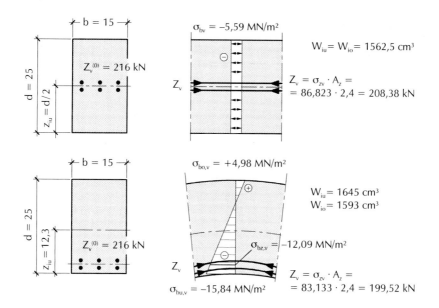

Bild 2.9 Vergleich der Betonspannungen bei mittiger und ausmittiger Vorspannung

Der Rechteckbalkenquerschnitt b/d = 15 cm / 25 cm in B45 mit A_z = 2,4 cm² und $\sigma_v^{(0)}$ = 900 MN/m² wurde mit der Spannbettkraft von $Z_v^{(0)}$ = 216 kN zur Erzeugung der Betondruckvorspannung einmal mittig (Bild 2.5) und einmal ausmittig (Bild 2.8) vorgespannt. In Bild 2.9 sind die Spannungsbilder verglichen. Man erkennt, daß bei ausmittiger Vorspannung ein wesentlich höheres Lastmoment M_q aufgenommen werden kann als bei mittiger Vorspannung unter sonst gleichen Bedingungen.

Setzt man volle Vorspannung voraus, so muß sein $\sigma_{bu,v+q} = \sigma_{bu,v} + \sigma_{bu,q} = 0$. Das Lastmoment M_q darf nach Bild 2.9 dann nur eine Spannung von $\sigma_{bu,q} = \frac{M_q}{W_{iu}} =$ 5,59 MN/m² erzeugen, während im Falle der ausmittigen Vorspannung durch das Lastmoment M_q eine Betonspannung $\sigma_{bu,q} = \frac{M_q}{W_{iu}} = 15{,}84$ MN/m² hervorgerufen werden kann. Die Dekompressionsmomente (s. Abschn. 1.6) betragen demnach $M_{D,mittig} = -(-0{,}559) \cdot 1562{,}5 = 873{,}4$ kNcm und $M_{D,ausmittig} = -(-1{,}584) \cdot 1645 = 2605{,}7$ kNcm. Das heißt für $M_D = M_q \, \frac{M_{q,ausmittig}}{M_{q,mittig}} = \frac{2605{,}7}{873{,}4} = 2{,}98$, also $M_{q,ausmittig} = 2{,}98 \cdot M_{q,mittig}$. Die Druckspannungen am oberen Rand sind in beiden Fällen praktisch gleich groß.

2.1.3 Mehrsträngige Vorspannung

Bei der üblichen, ausmittigen Vorspannung mit geraden Spannsträngen kann in Auflagernähe oben eine unerwünscht hohe Zugspannung auftreten, weil in diesen Bereichen die Lastmomente sehr klein sind (Bild 2.1). Man hilft sich bei Spannbettbalken dann durch eine kleine obere Vorspannung, die etwa aus zwei bis vier oben liegenden Spanndrähten besteht. In diesem Fall liegt eine zweisträngige Vorspannung vor (Bild 2.10).

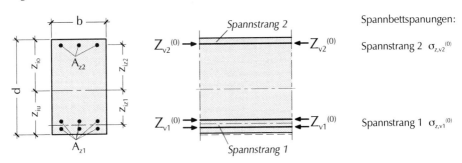

Bild 2.10 Zweisträngige Vorspannung

2.1 Der Lastfall Vorspannung bei Spannbettvorspannung

Zunächst werden wie im vorigen Beispiel wieder die ideellen Querschnittswerte ermittelt, wobei die Stahlquerschnitte beider Spannstränge zu berücksichtigen sind. Die Spannbettkräfte werden $Z_{v1}^{(0)} = \sigma_{zv1}^{(0)} \cdot A_{z1}$ und $Z_{v2}^{(0)} = \sigma_{zv2}^{(0)} \cdot A_{z2}$. Damit ergeben sich die Ausmittenmomente, die als „äußere Momente" zu betrachten sind, zu $M_{bv1}^{(0)} = -Z_{v1}^{(0)} \cdot z_{iz1}$ und $M_{bv2}^{(0)} = +Z_{v2}^{(0)} \cdot z_{iz2}$. Die Vorzeichen richten sich nach der bekannten Regel, nach welcher Biegemomente dann positiv sind, wenn sie an der gestrichelten Balkenfaser Zug erzeugen (Bild 2.11).

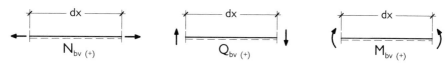

Bild 2.11 Vorzeichenregel für Schnittgrößen

Nach Gl. 2.8 und 2.9 können nun die Beton- und Stahlspannungen für den Lastfall Vorspannung errechnet werden.

$$\sigma_{bo,v} = -\frac{Z_{v1}^{(0)} + Z_{v2}^{(0)}}{A_i} - \frac{M_{bv1}^{(0)}}{W_{io}} - \frac{M_{bv2}^{(0)}}{W_{io}}$$

$$\sigma_{bu,v} = -\frac{Z_{v1}^{(0)} + Z_{v2}^{(0)}}{A_i} + \frac{M_{bv1}^{(0)}}{W_{iu}} + \frac{M_{bv2}^{(0)}}{W_{iu}}$$

$$\sigma_{bz1,v} = -\frac{Z_{v1}^{(0)} + Z_{v2}^{(0)}}{A_i} + \frac{M_{bv1}^{(0)}}{I_i} \cdot z_{iz1} + \frac{M_{bv2}^{(0)}}{I_i} \cdot z_{iz1}$$

$$\sigma_{bz2,v} = -\frac{Z_{v1}^{(0)} + Z_{v2}^{(0)}}{A_i} - \frac{M_{bv1}^{(0)}}{I_i} \cdot z_{iz2} - \frac{M_{bv2}^{(0)}}{I_i} \cdot z_{iz2}$$

Die Stahlspannungen der Spannstränge werden $\sigma_{z1,v} = \sigma_{z,v1}^{(0)} + n \cdot \sigma_{bz1,v}$ und $\sigma_{z2,v} = \sigma_{z,v2}^{(0)} + n \cdot \sigma_{bz2,v}$ wobei zu beachten ist, daß $\sigma_{bz,v}$ als Druckspannung ein negatives Vorzeichen erhält.

Die Veränderung der Stahlspannungen $\Delta\sigma_{zv}$ bzw. die Betonspannungen σ_{bzv} in den Spannstrangschwerpunkten können mit Hilfe der Steifigkeitsbeiwerte nach Bild 2.10 wie folgt berechnet werden:

Löst man Strang 1 von der Verankerung, so verändert sich die Stahlspannung

im Strang 1 um $\Delta\sigma_{z1,v1} = n \cdot |\sigma_{bz1,v1}| = \sigma_{z,v1}^{(0)} \cdot \alpha_{11}$

im Strang 2 um $\Delta\sigma_{z2,v1} = n \cdot |\sigma_{bz2,v1}| = \sigma_{z,v1}^{(0)} \cdot \alpha_{21}$

Entsprechend ist beim Lösen des Stranges 2 von der Verankerung
im Strang 2 $\quad \Delta\sigma_{z2,v2} = n \cdot |\sigma_{bz2,v2}| = \sigma_{z,v2}^{(0)} \cdot \alpha_{22}$
im Strang 1 $\quad \Delta\sigma_{z1,v2} = n \cdot |\sigma_{bz1,v2}| = \sigma_{z,v2}^{(0)} \cdot \alpha_{12}$

Mit den α-Werten wird per Definition von $\Delta\sigma_{zv} = \sigma_{zv}^{(0)} \cdot \alpha$ als Spannungsverlust:

$\Delta\sigma_{z1,v} = \Delta\sigma_{z1,v1} + \Delta\sigma_{z1,v2} = -(\sigma_{z,v1}^{(0)} \cdot \alpha_{11} + \sigma_{z,v2}^{(0)} \cdot \alpha_{12})$ und

$\Delta\sigma_{z2,v} = -(\sigma_{z,v2}^{(0)} \cdot \alpha_{22} + \sigma_{z,v1}^{(0)} \cdot \alpha_{21})$ bzw.

$\sigma_{bz1,v} = -\frac{1}{n} \cdot (\sigma_{z,v1}^{(0)} \cdot \alpha_{11} + \sigma_{z,v2}^{(0)} \cdot \alpha_{12})$ und

$\sigma_{bz2,v} = -\frac{1}{n} \cdot (\sigma_{z,v2}^{(0)} \cdot \alpha_{22} + \sigma_{z,v1}^{(0)} \cdot \alpha_{21})$

Mit $\Delta\sigma_{z1,v1} = n \cdot \sigma_{bz1,v1} = n \cdot \left(\frac{Z_{v1}^{(0)}}{A_i} + \frac{Z_{v1}^{(0)} \cdot z_{iz1}^2}{I_i} \right)$ und $\alpha_{11} = \frac{\Delta\sigma_{z1,v1}}{\sigma_{zv1}^{(0)}}$ wird nach Gl. 2.11

$$\alpha_{11} = n \cdot \frac{A_{z1}}{A_i} \cdot \left(1 + \frac{A_i}{I_i} \cdot z_{iz1}^2\right)$$

entsprechend

$$\alpha_{22} = n \cdot \frac{A_{z2}}{A_i} \cdot \left(1 + \frac{A_i}{I_i} \cdot z_{iz2}^2\right)$$

$$\alpha_{12} = n \cdot \frac{A_{z2}}{A_i} \cdot \left(1 + \frac{A_i}{I_i} \cdot z_{iz1} \cdot z_{iz2}\right)$$

$$\alpha_{21} = n \cdot \frac{A_{z1}}{A_i} \cdot \left(1 + \frac{A_i}{I_i} \cdot z_{iz1} \cdot z_{iz2}\right)$$

Für die Werte α_{12} und α_{21} ist zu beachten, daß das Produkt $z_{iz1} \cdot z_{iz2}$ negativ wird, wenn die Stränge 1 und 2 auf entgegengesetzten Seiten der ideellen Schwerlinie liegen.

Die Werte α_{11} und α_{22} sind immer positiv, so daß $\Delta\sigma_{z1,v1} = -(\sigma_{z,v1}^{(0)} \cdot \alpha_{11})$ bzw. $\Delta\sigma_{z2,v2} = -(\sigma_{z,v2}^{(0)} \cdot \alpha_{22})$ immer negativ werden.
Die Werte α_{12} und α_{21} sind i. allg. negativ, so daß $\Delta\sigma_{z1,v2} = -(\sigma_{z,v2}^{(0)} \cdot \alpha_{12})$ bzw. $\Delta\sigma_{z2,v1} = -(\sigma_{z,v1}^{(0)} \cdot \alpha_{21})$ i. allg. positiv werden.

2.1 Der Lastfall Vorspannung bei Spannbettvorspannung

Ein Rechenbeispiel

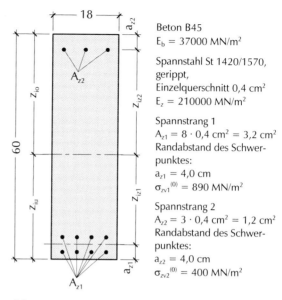

Bild 2.12 Querschnitt für das Berechnungsbeispiel

Beton B45
$E_b = 37000$ MN/m²

Spannstahl St 1420/1570,
gerippt,
Einzelquerschnitt 0,4 cm²
$E_z = 210000$ MN/m²

Spannstrang 1
$A_{z1} = 8 \cdot 0{,}4$ cm² $= 3{,}2$ cm²
Randabstand des Schwerpunktes:
$a_{z1} = 4{,}0$ cm
$\sigma_{zv1}^{(0)} = 890$ MN/m²

Spannstrang 2
$A_{z2} = 3 \cdot 0{,}4$ cm² $= 1{,}2$ cm²
Randabstand des Schwerpunktes:
$a_{z2} = 4{,}0$ cm
$\sigma_{zv2}^{(0)} = 400$ MN/m²

Mit den Querschnittswerten
$A_i = 1101$ cm²,
$z_{iu} = 29{,}8$ cm,
$z_{io} = 30{,}2$ cm,
$I_i = 337857$ cm⁴,
$z_{iz1} = 29{,}8$ cm $- 4{,}0$ cm $=$
$= 25{,}8$ cm,
$z_{iz2} = 30{,}2$ cm $- 4{,}0$ cm $=$
$= 26{,}2$ cm und
$n = \frac{E_z}{E_b} = 5{,}676$ wird

$$\alpha_{11} = 5{,}676 \cdot \frac{3{,}2}{1101} \cdot \left[1 + \frac{1101}{337857} \cdot 25{,}8^2\right] = 0{,}0523$$

$$\alpha_{22} = 5{,}676 \cdot \frac{1{,}2}{1101} \cdot \left[1 + \frac{1101}{337857} \cdot 26{,}2^2\right] = 0{,}0200$$

$$\alpha_{12} = 5{,}676 \cdot \frac{1{,}2}{1101} \cdot \left[1 + \frac{1101}{337857} \cdot (-25{,}8 \cdot 26{,}2)\right] = -0{,}0074$$

$$\alpha_{21} = 5{,}676 \cdot \frac{3{,}2}{1101} \cdot \left[1 + \frac{1101}{337857} \cdot (-25{,}8 \cdot 26{,}2)\right] = -0{,}0198$$

Die Spannungsveränderungen in den Spannsträngen nach dem Lösen der Verankerung werden

$\Delta\sigma_{z1,v} = -(890 \cdot 0{,}0523 + 400 \cdot (-0{,}0074)) = -43{,}59$ MN/m²

$\Delta\sigma_{z2,v} = -(400 \cdot 0{,}200 + 890 \cdot (-0{,}0198)) = +9{,}62$ MN/m²

Die Spannungen im Spannstahl

$\sigma_{z1,v} = 890 - 43{,}59 = 846{,}41$ MN/m²

$\sigma_{z2,v} = 400 + 9{,}62 = 409{,}62$ MN/m²

Die Betonspannungen im Spannstrangschwerpunkt

$$\sigma_{bz1,v} = \frac{\Delta\sigma_{z1,v}}{n} = \frac{-43{,}59}{5{,}676} = -7{,}68 \text{ MN/m}^2$$

$$\sigma_{bz2,v} = \frac{\Delta\sigma_{z2,v}}{n} = \frac{9{,}62}{5{,}676} = 1{,}69 \text{ MN/m}^2$$

Die Betonrandspannungen

$$\sigma_{bo,v} = 1{,}69 + \frac{7{,}68 + 1{,}69}{52} \cdot 4{,}0 = 2{,}41 \text{ MN/m}^2$$

$$\sigma_{bu,v} = -7{,}68 - \frac{7{,}68 + 1{,}69}{52} \cdot 4{,}0 = -8{,}40 \text{ MN/m}^2$$

Es handelt sich bei mehrsträngiger Vorspannung also nur um eine Überlagerung der Wirkungen aus den Kräften $Z_v^{(0)}$ und den Momenten $M_{bv}^{(0)}$. Die Anzahl der Stränge kann beliebig groß sein.

Allgemein sei zu dem Lastfall Vorspannung bemerkt, daß es sich hier um einen Eigenspannungszustand handelt, bei dem im Fall der statisch bestimmten Lagerung keine äußeren Reaktionen auftreten, weil die Resultierende der Betonspannungen $\int \sigma_{bv} \, dA$ mit der Spannkraft Z_v nach dem Lösen der Verankerung im Gleichgewicht steht.

2.2 Gebrauchszustand, Lastfälle, Nachweise

In Abschnitt 9.1 DIN 4227 wird festgelegt:

„Zum Gebrauchszustand gehören alle Lastfälle, denen das Bauwerk während seiner Errichtung und Nutzung unterworfen ist."

Die Schnittgrößen sind für alle maßgebenden Lastfälle des Gebrauchszustandes zu berechnen und es ist nachzuweisen, daß die Gebrauchstauglichkeit gewährleistet ist. Diese Nachweise beinhalten:

- Die Einhaltung der hierfür zugelassenen Spannungen, wobei Linearität zwischen Spannung und Dehnung angenommen wird (Abschn. 7.1, DIN 4227)
- Die Berechnung der erforderlichen Bewehrung und deren Durchmesser zur Beschränkung der Rißbreite (Abschn. 10, DIN 4227)

Allgemein kann man sagen, daß durch Einhalten der zulässigen Spannungen unter Gebrauchslast ausreichende Sicherheit gegen zu große Verformungen und Rißbildung gegeben ist. Eine weitere Sicherung der Gebrauchstauglichkeit wird dadurch erzielt, daß die Rißbreite, der Nutzungsart entsprechend, durch geeignete Wahl von

2.2 Lastfälle im Gebrauchszustand

Bewehrungsgrad, Stahlspannung und Stabdurchmesser beschränkt wird. Für die Gebrauchslastfälle ist ferner an Stellen maximaler Beanspruchung nachzuweisen, daß ein ausreichender Sicherheitsabstand gegen Versagen (rechnerische Bruchlast) vorhanden ist. Bemerkenswert ist, daß für schlaff bewehrten Beton nach DIN 1045 kein Nachweis zulässiger Spannungen unter Gebrauchslast geführt wird. Die Gebrauchstauglichkeit wird hier durch den Nachweis der Rißbreitenbeschränkung und durch Begrenzung der Verformungen (i. allg. Nachweis der Einhaltung von Grenzschlankheiten) sichergestellt.

Folgende Gebrauchslastfälle werden in Abschnitt 9, DIN 4227 genannt:

1. Vorspannung
2. ständige Last
3. Verkehrslast, Wind und Schnee
4. Kriechen und Schwinden
5. Wärmewirkungen
6. Zwang aus Baugrundbewegungen

Im Lastfall Vorspannung ist für den Spannungszustand nur die Vorspannkraft, sowie die Dehn- und Biegefestigkeit maßgebend. Der Balken wird hier als gewichtslos betrachtet. Beeinflußt wird dieser Spannungszustand allein durch das Kriechen und Schwinden des Betons, wodurch mit der Zeit infolge einer plastischen Verkürzung ein Abbau der anfangs eingeleiteten Vorspannkraft erfolgt und damit eine Veränderung des ursprünglich erzeugten Vorspannungszustands (s. Abschn. 6).

Die Wärmewirkungen auf das gesamte Tragwerk erzeugen nur bei statisch unbestimmter Lagerung Zwangskräfte. Bei statisch bestimmter Lagerung übt die Wärmeeinwirkung keinen Einfluß auf das Spannungsbild aus.

Äußere Lasten

Wegen des Verlustes an Vorspannkraft infolge Kriechen und Schwinden (k+s) ist es notwendig, den Zeitpunkt des Aufbringens der Lasten und deren Wirkungsdauer zu berücksichtigen. Da nur Dauerlasten (Eigenlasten) einen nennenswerten Einfluß auf den Kriechprozeß haben, werden kurzzeitig wirkende Verkehrslasten hier nicht berücksichtigt. Man beachte jedoch, daß vor allem in Gebirgsgegenden die Schneelast über längere Zeit wirken kann.

Am Beispiel eines Spannbetonbinders sind in Bild 2.13 die stufenweise aufgebrachten Lasten und ihre Bezeichnungen dargestellt.

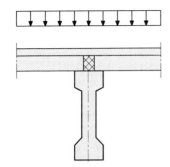

Stufe III: Verkehrslast p, Schneelast

Stufe II: Ausbaulast g_2 (Decken- oder Dachplatten und Belag)

Stufe I: Eigenlast des Binders g_1

Bild 2.13   Bezeichnungen für äußere Lasten

Wegen des Verbundes zwischen Spannstahl und Beton werden die Spannungen aus äußeren Lasten mit den ideellen Querschnittswerten berechnet.

Allgemein ist

$$\sigma_{b,g,p} = \frac{N_{g,p}}{A_i} \pm \frac{M_{g,p}}{I_i} \cdot z_i \quad (2.12)$$

Die Randspannungen sind

$$\sigma_{bo,g,p} = \frac{N_{g,p}}{A_i} - \frac{M_{g,p}}{W_{io}}$$
$$\sigma_{bu,g,p} = \frac{N_{g,p}}{A_i} + \frac{M_{g,p}}{W_{iu}} \quad (2.13)$$

Die Betonspannung in Höhe des Spannstrangschwerpunktes beträgt

$\sigma_{bz,g,p} = \frac{N_{g,p}}{A_i} \pm \frac{M_{g,p}}{I_i} \cdot z_{iz}$. Die gewählten Vorzeichen richten sich nach Bild 2.11 .

Die Spannungen im Spannstahl (hier: Spannstrangschwerpunkt) ergeben sich wegen gleicher Dehnungen von Spannstahl und Beton $\varepsilon_{bz,g,p} = \varepsilon_{z,g,p}$ aus $\frac{\sigma_{bz,g,p}}{E_b} = \frac{\sigma_{z,g,p}}{E_z}$ zu

$$\sigma_{z,g,p} = \frac{E_z}{E_b} \cdot \sigma_{bz,g,p} = n \cdot \sigma_{bz,g,p} \quad (2.14)$$

Nach den Gln. 2.12, 2.13 und 2.14 werden nun die Beton- und Stahlspannungen für die Lasten bzw. Lastfälle g_1, g_2 und p getrennt berechnet.

2.2 Lastfälle im Gebrauchszustand

Die Betonlängsspannungen infolge k+s können bei bekanntem Spannungs- bzw. Spannkraftverlust $\sigma_{z,k+s}$ bzw. Z_{k+s} proportional zum Lastfall Vorspannung ermittelt werden (s. Bild 2.14) zu

$$\sigma_{b,k+s} = \sigma_{bv} \cdot \frac{\sigma_{z,k+s}}{\sigma_{zv}} \qquad (2.15)$$

Die Spannungen sind mit Vorzeichen einzusetzen.

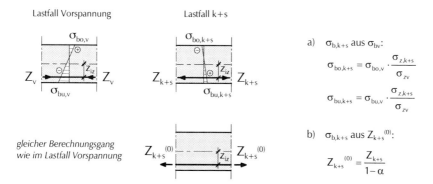

Bild 2.14 Zwei Berechnungsarten bei gegebenem Spannkraftverlust Z_{k+s} aus Kriechen und Schwinden

Sind Beton- und Spannstahlspannungen für alle Lastfälle berechnet, so können an den relevanten Stellen des Balkens die ungünstigsten Längsspannungen aus den entsprechenden Lastfallkombinationen ermittelt werden (s. Tab 2.1 und Bild 2.15).

Tab. 2.1 Beispiel für eine Überlagerungstabelle

Längsspannungen für die Stelle x = l / 2 = 9,85 m				
Lastfall	Betonspannung [MN/m²]		Stahlspannung [MN/m²]	
	unten	oben	unten	oben
Einzellastfälle				
v	-21,15	5,30	950,40	220,30
g₁	5,50	-5,88	23,15	-26,75
g₂	10,76	-11,50	45,30	-52,30
p	5,72	-6,12	24,10	27,80
max k+s	3,67	-0,52	-172,02	-180,21
Überlagerungslastfälle				
v + g₁	-15,65	-0,58	973,55	193,55
v+g₁+g₂+p+max k+s	4,50	-18,74	870,93	-66,76

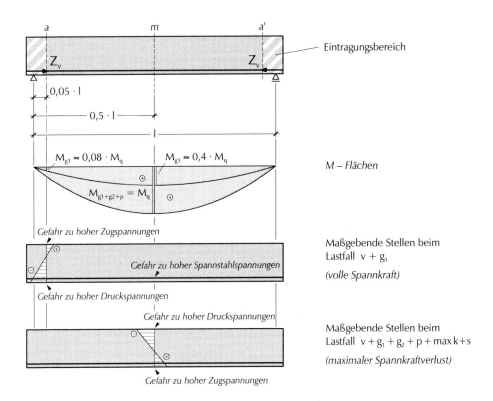

Bild 2.15 Maßgebende Stellen für den Nachweis der Längsspannungen

Da bei Spannbettbindern die Spanndrähte geradlinig, in gleichem Abstand von der ideellen Schwerlinie geführt sind und die Spannkraft $Z_v^{(0)}$ für das Vollastmoment M_q berechnet wird, ist für die Randbereiche eine zu große Vorspannkraft vorhanden.
Um hier die oberen Randbereiche im zulässigen Bereich zu halten, werden häufig zwei bis vier Spanndrähte in den Obergurt gelegt.
Man kann auch die überschüssige Vorspannkraft abbauen, indem man den Verbund einiger Spanndrähte durch abisolieren im Endbereich aufhebt.

2.3 Beispiel zur Berechnung der Längsspannungen Dachbinder einer Lagerhalle

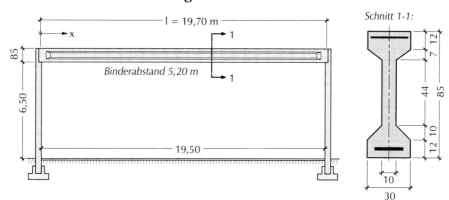

Bild 2.16 Hallen- und Binderquerschnitt

System: $l = 19{,}70$ m

Baustoffe:

Beton B55, $E_b = 39000$ MN/m²
Spannstahl, Litze St 1570/1770,
Nenndurchmesser 12,5 mm,
Querschnitt 0,93 cm²,
$E_z = 195000$ MN/m²

Belastung:

Eigenlast des Binders
$g_1 = A_b \cdot \gamma_b = 0{,}15 \cdot 25 = $ 3,75 kN/m
Dachdeckung: Gasbetonplatten
und Dichtung; $d = 15$ cm,
GB 4,4 $\quad g_2 = 1{,}41 \cdot 5{,}2 = $ 7,33 kN/m
Verkehrslast (Schnee)
$\quad\quad\quad\quad p = 0{,}75 \cdot 5{,}2 = $ 3,90 kN/m
Vollast $\quad\quad\quad\quad q = $ 14,98 kN/m

Vorspannung:

Beschränkte Vorspannung

Nach einer Vorbemessung wird gewählt für
Strang 1 $\quad A_{z1} = 13 \cdot 0{,}93 = 12{,}09$ cm²; $\quad \sigma_{zv1}^{(0)} = 1046$ MN/m²
Strang 2 $\quad A_{z2} = 2 \cdot 0{,}93 = 1{,}86$ cm²; $\quad \sigma_{zv2}^{(0)} = 200$ MN/m²

Die Längsspannungen werden für die Schnitte in $x = l/2 = 9{,}85$ m und $x = 0{,}0416 \cdot l = 0{,}82$ m nachgewiesen (vgl. Bild 2.15).

Für $x = l/2$ wird für den Spannungs- bzw. Spannkraftverlust im Spannstahl infolge k+s, der an der Balkenunterseite erhöhte Betonzugspannungen verursacht, folgende Annahme getroffen: Verlust im Strang 1 $\sigma_{z1,k+s} = 18{,}1\,\%$ von $\sigma_{z1,v}$
im Strang 2 $\sigma_{z2,k+s} = 81{,}8\,\%$ von $\sigma_{z2,v}$

Berechnung

Ermittlung der Querschnittswerte

$$n = \frac{E_z}{E_b} = \frac{195000}{39000} = 5{,}0$$

$$A_i = A_b + (n-1) \cdot (A_{z1} + A_{z2}) =$$
$$= 1500 + (5{,}0 - 1) \cdot (12{,}09 + 1{,}86) = 1555{,}8 \text{ cm}^2$$

$$z_{iu} = \frac{A_b \cdot z_{bu} + (n-1) \cdot (a_{z1} \cdot A_{z1} + (d - a_{z2}) \cdot A_{z2})}{A_i} =$$
$$= \frac{1500 \cdot 42{,}0 + (5{,}0 - 1) \cdot (6{,}5 \cdot 12{,}09 + 81 \cdot 1{,}86)}{1555{,}8} =$$
$$= 41{,}08 \text{ cm}$$

$z_{io} = 85 - 41{,}08 = 43{,}92$ cm

$z_{iz1} = z_{iu} - a_{z1} = 41{,}08 - 6{,}5 = 34{,}58$ cm

$z_{iz2} = z_{io} - a_{z2} = 43{,}92 - 4{,}0 = 39{,}92$ cm

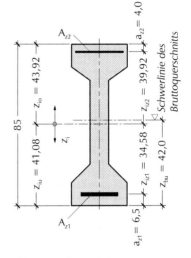

Bild 2.17 Querschnittswerte

$$I_i = I_b + A_b \cdot (z_{bu} - z_{iu})^2 + (n-1) \cdot (A_{z1} \cdot z_{iz1}^2 + A_{z2} \cdot z_{iz2}^2) =$$
$$= 1286725 + 1500 \cdot (42{,}0 - 41{,}08)^2 + (5{,}0 - 1) \cdot (12{,}09 \cdot 34{,}58^2 + 1{,}86 \cdot 39{,}92^2) =$$
$$= 1286725 + 1269{,}6 + 69684{,}2 = 1357678{,}8 \text{ cm}^4$$

$$W_{io} = \frac{I_i}{z_{io}} = \frac{1357678{,}8}{43{,}92} = 30912{,}5 \text{ cm}^3 \; ; \quad W_{iu} = \frac{I_i}{z_{iu}} = \frac{1357678{,}8}{41{,}08} = 33049{,}6 \text{ cm}^3$$

$$W_{iz1} = \frac{I_i}{z_{iz1}} = \frac{1357678{,}8}{34{,}58} = 39262 \text{ cm}^3 \; ; \quad W_{iz2} = \frac{I_i}{z_{iz2}} = \frac{1357678{,}8}{39{,}92} = 34010 \text{ cm}^3$$

Vorspannkräfte und Vorspannmomente (Spannbettzustand)
mit den Vorzeichen gemäß Bild 2.11 ist

$$Z_{v1}^{(0)} = A_{z1} \cdot \sigma_{zv1}^{(0)} = 12{,}09 \cdot 104{,}6 = 1264{,}6 \text{ kN}$$

$$Z_{v2}^{(0)} = A_{z2} \cdot \sigma_{zv2}^{(0)} = 1{,}86 \cdot 20 = 37{,}2 \text{ kN}$$

$$M_{bv1}^{(0)} = -Z_{v1}^{(0)} \cdot z_{iz1} = -1264{,}6 \cdot 0{,}3458 = -437{,}3 \text{ kNm}$$

$$M_{bv2}^{(0)} = +Z_{v2}^{(0)} \cdot z_{iz2} = 37{,}2 \cdot 0{,}3992 = 14{,}9 \text{ kNm}$$

2.3 Beispiel zur Berechnung der Längsspannungen

Lastfall Vorspannung (Balken gewichtslos gedacht)

$Z_v^{(0)} = Z_{v1}^{(0)} + Z_{v2}^{(0)} = 1264{,}6 + 37{,}2 = 1301{,}8 \text{ kN}$

$M_{bv}^{(0)} = -437{,}3 + 14{,}9 = -422{,}4 \text{ kN}$

$\sigma_{bo,v} = -\dfrac{1301{,}8}{1555{,}8} - \dfrac{-42240}{30912{,}5} = -0{,}837 + 1{,}366 = 0{,}530 \text{ kN/cm}^2 = 5{,}30 \text{ MN/m}^2$

$\sigma_{bu,v} = -\dfrac{1301{,}8}{1555{,}8} + \dfrac{-42240}{33049{,}6} = -0{,}837 - 1{,}278 = -2{,}115 \text{ kN/cm}^2 = -21{,}15 \text{ MN/m}^2$

$\sigma_{bz1,v} = -\dfrac{1301{,}8}{1555{,}8} + \dfrac{-42240}{39262} = -0{,}837 - 1{,}076 = 1{,}913 \text{ kN/cm}^2 = -19{,}13 \text{ MN/m}^2$

$\sigma_{bz2,v} = -\dfrac{1301{,}8}{1555{,}8} - \dfrac{-42240}{34010} = -0{,}837 + 1{,}242 = 0{,}405 \text{ kN/cm}^2 = 4{,}05 \text{ MN/m}^2$

Stahlspannung nach dem Lösen der Verankerung

$\sigma_{z1,v} = \sigma_{z1,v}^{(0)} + n \cdot \sigma_{bz1,v} = 1046 + 5 \cdot (-19{,}13) = -950{,}4 \text{ MN/m}^2$

$\sigma_{z2,v} = \sigma_{z2,v}^{(0)} + n \cdot \sigma_{bz2,v} = 200 + 5 \cdot 4{,}05 = 220{,}3 \text{ MN/m}^2$

Schnitt x = l/2 = 9,85 m

Lastfall g_1

$M_{g1} = 3{,}75 \cdot \dfrac{19{,}7^2}{8} = 181{,}92 \text{ kNm}$

$\sigma_{bo,g1} = -\dfrac{18192}{30912{,}5} = -0{,}588 \text{ kN/cm}^2 = -5{,}88 \text{ MN/m}^2$

$\sigma_{bu,g1} = \dfrac{18192}{33049{,}6} = 0{,}550 \text{ kN/cm}^2 = 5{,}50 \text{ MN/m}^2$

$\sigma_{bz1,g1} = \dfrac{18192}{39262} = 0{,}463 \text{ kN/cm}^2 = 4{,}63 \text{ MN/m}^2$

$\sigma_{bz2,g1} = -\dfrac{18192}{34010} = -0{,}535 \text{ kN/cm}^2 = -5{,}35 \text{ MN/m}^2$

$\sigma_{z1,g1} = n \cdot \sigma_{bz1,g1} = 5 \cdot 4{,}63 = 23{,}15 \text{ MN/m}^2$

$\sigma_{z2,g1} = n \cdot \sigma_{bz2,g1} = 5 \cdot (-5{,}35) = -26{,}75 \text{ MN/m}^2$

Lastfall g_2

$M_{g2} = 7{,}33 \cdot \dfrac{19{,}7^2}{8} = 355{,}59 \text{ kNm}$

$$\sigma_{bo,g2} = -\frac{35559}{30912,5} = -1{,}150 \text{ kN}/\text{cm}^2 = -11{,}50 \text{ MN}/\text{m}^2$$

$$\sigma_{bu,g2} = \frac{35559}{33049,6} = 1{,}076 \text{ kN}/\text{cm}^2 = 10{,}76 \text{ MN}/\text{m}^2$$

$$\sigma_{bz1,g2} = \frac{35559}{39262} = 0{,}906 \text{ kN}/\text{cm}^2 = 9{,}06 \text{ MN}/\text{m}^2$$

$$\sigma_{bz2,g2} = -\frac{35559}{34010} = -1{,}046 \text{ kN}/\text{cm}^2 = -10{,}46 \text{ MN}/\text{m}^2$$

$$\sigma_{z1,g2} = n \cdot \sigma_{bz1,g2} = 5 \cdot 9{,}06 = 45{,}30 \text{ MN}/\text{m}^2$$

$$\sigma_{z2,g2} = n \cdot \sigma_{bz2,g2} = 5 \cdot (-10{,}46) = -52{,}30 \text{ MN}/\text{m}^2$$

Lastfall p

$$M_p = 3{,}9 \cdot \frac{19{,}7^2}{8} = 189{,}19 \text{ kNm}$$

$$\sigma_{bo,p} = -\frac{18919}{30912,5} = -0{,}612 \text{ kN}/\text{cm}^2 = -6{,}12 \text{ MN}/\text{m}^2$$

$$\sigma_{bu,p} = \frac{18919}{33049,6} = 0{,}572 \text{ kN}/\text{cm}^2 = 5{,}72 \text{ MN}/\text{m}^2$$

$$\sigma_{bz1,p} = \frac{18919}{39262} = 0{,}482 \text{ kN}/\text{cm}^2 = 4{,}82 \text{ MN}/\text{m}^2$$

$$\sigma_{bz2,p} = -\frac{18919}{34010} = -0{,}556 \text{ kN}/\text{cm}^2 = -5{,}56 \text{ MN}/\text{m}^2$$

$$\sigma_{z1,p} = n \cdot \sigma_{bz1,p} = 5 \cdot 4{,}82 = 24{,}10 \text{ MN}/\text{m}^2$$

$$\sigma_{z2,p} = n \cdot \sigma_{bz2,p} = 5 \cdot (-5{,}56) = -27{,}80 \text{ MN}/\text{m}^2$$

Lastfall k+s

Nach der Annahme ist der Spannungsverlust
Strang 1 $\sigma_{z1,k+s} = -0{,}181 \cdot 950{,}4 = -172{,}02 \text{ MN}/\text{m}^2$
Strang 2 $\sigma_{z2,k+s} = -0{,}818 \cdot 220{,}3 = -180{,}21 \text{ MN}/\text{m}^2$

Man beachte: Die Bezugsgrößen für $\sigma_{z1,k+s}$ und $\sigma_{z2,k+s}$ sind hier $\sigma_{z1,v}$ und $\sigma_{z2,v}$ anstatt $\sigma_{z1,v1}$ und $\sigma_{z2,v2}$. Die Abweichungen sind gering.

Nach Bild 2.14 ist

$$\sigma_{bo,k+s} = \sigma_{bo,v1} \cdot \frac{\sigma_{z1,k+s}}{\sigma_{z1,v}} + \sigma_{bo,v2} \cdot \frac{\sigma_{z2,k+s}}{\sigma_{z2,v}} \quad \text{und} \quad \sigma_{bu,k+s} = \sigma_{bu,v1} \cdot \frac{\sigma_{z1,k+s}}{\sigma_{z1,v}} + \sigma_{bu,v2} \cdot \frac{\sigma_{z2,k+s}}{\sigma_{z2,v}}$$

2.3 Beispiel zur Berechnung der Längsspannungen

mit

$$\sigma_{bu,v1} = -\frac{1246{,}6}{1555{,}8} + \frac{-43730}{33049{,}6} = -2{,}124\,\text{kN}/\text{cm}^2 = -21{,}24\,\text{MN}/\text{m}^2$$

$$\sigma_{bo,v1} = -\frac{1246{,}6}{1555{,}8} - \frac{-43730}{30912{,}5} = 0{,}613\,\text{kN}/\text{cm}^2 = 6{,}13\,\text{MN}/\text{m}^2$$

$$\sigma_{bu,v2} = -\frac{37{,}2}{1555{,}8} + \frac{1490}{33049{,}6} = 0{,}021\,\text{kN}/\text{cm}^2 = 0{,}21\,\text{MN}/\text{m}^2$$

$$\sigma_{bo,v2} = -\frac{37{,}2}{1555{,}8} - \frac{1490}{30912{,}5} = -0{,}072\,\text{kN}/\text{cm}^2 = -0{,}72\,\text{MN}/\text{m}^2$$

wird

$$\sigma_{bo,k+s} = 6{,}13 \cdot \frac{-172{,}02}{950{,}4} + (-0{,}72) \cdot \frac{-180{,}21}{220{,}3} = -1{,}11 + 0{,}59 = -0{,}52\,\text{MN}/\text{m}^2$$

$$\sigma_{bu,k+s} = -21{,}24 \cdot \frac{-172{,}02}{950{,}4} + 0{,}21 \cdot \frac{-180{,}21}{220{,}3} = 3{,}84 - 0{,}17 = 3{,}67\,\text{MN}/\text{m}^2$$

Schnitt x = 0,0416 · l = 0,82 m

Lastfall g_1

$M_{g1} = 29{,}12\,\text{kNm}$

$$\sigma_{bo,g1} = -\frac{2912}{30912{,}5} = -0{,}094\,\text{kN}/\text{cm}^2 = -0{,}94\,\text{MN}/\text{m}^2$$

$$\sigma_{bu,g1} = \frac{2912}{33049{,}6} = 0{,}088\,\text{kN}/\text{cm}^2 = 0{,}88\,\text{MN}/\text{m}^2$$

$$\sigma_{bz1,g1} = \frac{2912}{39262} = 0{,}074\,\text{kN}/\text{cm}^2 = 0{,}74\,\text{MN}/\text{m}^2$$

$$\sigma_{bz2,g1} = -\frac{2912}{34010} = -0{,}086\,\text{kN}/\text{cm}^2 = -0{,}86\,\text{MN}/\text{m}^2$$

$$\sigma_{z1,g1} = n \cdot \sigma_{bz1,g1} = 5 \cdot 0{,}74 = 3{,}7\,\text{MN}/\text{m}^2$$

$$\sigma_{z2,g1} = n \cdot \sigma_{bz2,g1} = 5 \cdot (-0{,}86) = -4{,}3\,\text{MN}/\text{m}^2$$

Lastfall g_2

$M_{g2} = 56{,}92\,\text{kNm}$

$$\sigma_{bo,g2} = -\frac{5692}{30912{,}5} = -0{,}184\,\text{kN}/\text{cm}^2 = -1{,}84\,\text{MN}/\text{m}^2$$

$$\sigma_{bu,g2} = \frac{5692}{33049{,}6} = 0{,}172\,\text{kN}/\text{cm}^2 = 1{,}72\,\text{MN}/\text{m}^2$$

$$\sigma_{bz1,g2} = \frac{5692}{39262} = 0{,}145 \, kN/cm^2 = 1{,}45 \, MN/m^2$$

$$\sigma_{bz2,g2} = -\frac{5692}{34010} = -0{,}167 \, kN/cm^2 = -1{,}67 \, MN/m^2$$

$$\sigma_{z1,g2} = n \cdot \sigma_{bz1,g2} = 5 \cdot 1{,}45 = 7{,}25 \, MN/m^2$$

$$\sigma_{z2,g2} = n \cdot \sigma_{bz2,g1} = 5 \cdot (-1{,}67) = -8{,}35 \, MN/m^2$$

Lastfall p

$M_p = 30{,}29 \, kNm$

$$\sigma_{bo,p} = -\frac{3029}{30912{,}5} = -0{,}098 \, kN/cm^2 = -0{,}98 \, MN/m^2$$

$$\sigma_{bu,p} = \frac{3029}{33049{,}6} = 0{,}092 \, kN/cm^2 = 0{,}92 \, MN/m^2$$

$$\sigma_{bz1,p} = \frac{3029}{39262} = 0{,}077 \, kN/cm^2 = 0{,}77 \, MN/m^2$$

$$\sigma_{bz2,p} = -\frac{3029}{34010} = -0{,}089 \, kN/cm^2 = -0{,}89 \, MN/m^2$$

$$\sigma_{z1,p} = n \cdot \sigma_{bz1,p} = 5 \cdot 0{,}77 = 3{,}85 \, MN/m^2$$

$$\sigma_{z2,g2} = n \cdot \sigma_{bz2,p} = 5 \cdot (-0{,}89) = -4{,}45 \, MN/m^2$$

Überlagerung in Tabellenform (Tab. 2.2 und Tab. 2.3)

Tab. 2.2 Überlagerung

Längsspannungen für die Stelle x = l / 2 = 9,85 m				
Lastfall	Betonspannung [MN/m²]		Stahlspannung [MN/m²]	
	unten	oben	unten	oben
v	-21,15	5,30	950,40	220,30
g_1	5,50	-5,88	23,15	-26,75
g_2	10,76	-11,50	45,30	-52,30
p	5,72	-6,12	24,10	-27,80
max k+s	3,67	-0,52	-172,02	-180,21
v + g_1	-15,65	-0,58	973,55	193,55
v+g_1+g_2+ p+max k+s	4,50	-18,72	870,93	-66,76

Tab. 2.3 Überlagerung

Längsspannungen für die Stelle x = 0,0416 · l = 0,82 m				
Lastfall	Betonspannung [MN/m²]		Stahlspannung [MN/m²]	
	unten	oben	unten	oben
v	-21,15	5,30	950,40	220,30
g_1	0,88	-0,94	3,70	-4,30
g_2	1,72	-1,84	7,25	-8,35
p	0,92	-0,98	3,85	-4,45
max k+s				
v + g_1	-20,27	4,36	954,10	216,00
v+g_1+g_2+ p+max k+s	*nicht maßgebend*			

2.3 Beispiel zur Berechnung der Längsspannungen

Auswertung

Die Berechnung wurde für die maßgebenden Stellen durchgeführt. Für diese Stellen ist nachzuweisen, daß die zulässigen Spannungen für den Gebrauchszustand eingehalten sind.

Schnitt $x = l/2 = 9{,}85$ m

Kombination $v+g_1+g_2+p+$ max $k+s$

Größte Betonzugspannung unten (s. Bild 2.15)

$\sigma_{bu,Zug} = 4{,}5$ MN/m^2 = zul $\sigma_{b,Zug} = 4{,}5$ MN/m^2

zul $\sigma_{b,Zug}$ nach DIN 4227, T. 1, Tab. 9, Zeile 19 für Beton B55.

Größte Betondruckspannung oben

$\sigma_{bo,Druck} = 18{,}72$ MN/m^2 < zul $\sigma_{b,Druck} = 19{,}0$ MN/m^2

zul $\sigma_{b,Druck}$ in der Druckzone nach Tab. 9, Zeile 2

Kombination $v+g_1$

Größte Stahlspannung unten (s. Bild 2.15)

$\sigma_{z1} = 973{,}55$ MN/m^2 ≈ zul $\sigma_z = 973{,}5$ MN/m^2

zul σ_z nach Tab. 9, Zeile 65 für St 1570/1770, maßgebend ist

zul $\sigma_z = 0{,}55 \cdot \beta_z = 0{,}55 \cdot 1770 = 973{,}5$ MN/m^2 < $0{,}75 \cdot 1550 = 1177{,}5$ MN/m^2

Eine geringfügige Überschreitung der zulässigen Stahlspannung ist im Lastfall $v+g_1$ unbedenklich, da die Stahlspannung infolge Kriechen u. Schwinden umgehend abgebaut wird.

Schnitt $x = 0{,}0416 \cdot l = 0{,}82$ m

Kombination $v+g_1$

Größte Betondruckspannung unten (s. Bild 2.15)

$\sigma_{bu,Druck} = 20{,}27$ MN/m^2 < zul $\sigma_{b,Druck} = 21{,}0$ MN/m^2

zul $\sigma_{b,Druck}$ in der vorgedrückten Zugzone nach Tab. 9, Zeile 6

Größte Betonzugspannung oben

$\sigma_{bo,Zug} = 4{,}36$ MN/m^2 < zul $\sigma_{b,Zug} = 4{,}5$ MN/m^2

zul $\sigma_{b,Zug}$ nach Tab. 9, Zeile 19

Bei diesem zweisträngig vorgespannten Binder sind die zulässigen Spannungen sowohl für x = 9,85 m als auch für x = 0,82 m eingehalten.
Würde man den oberen Strang weglassen, so wäre im Schnitt x = 0,82 m im Lastfall v+g_1 die zulässige Betonzugspannung am oberen Rand überschritten (s. Tab. 2.4).

Tab. 2.4 Überlagerung

Längsspannungen für die Stelle x = 0,0416 · l = 0,82 m				
Lastfall	Betonspannung [MN/m²]		Stahlspannung [MN/m²]	
	unten	oben	unten	oben
v	-21,40	6,10	949,47	
g_1	0,88	-0,95	3,72	
g_2	1,73	-1,87	7,28	
p	0,92	-0,99	3,87	
max k+s	6,27	-1,79	-278,23	
v + g_1	-20,51	* 5,15	953,19	
v+g_1+g_2+p+max k+s	-11,59	0,50	686,12	

*) vorh $\sigma_{b,Zug}$ > zul $\sigma_{b,Zug}$ = 4,5 MN/m²
   zul $\sigma_{b,Zug}$ nach Tab. 9, Zeile 19

2.4 Der Einfluß von Verkehrslastschwankungen auf vorgespannte Träger

Die Vorspannung dient der Erzeugung von Spannungen bzw. Schnittgrößen im Beton, die denjenigen aus äußeren Lasten entgegenwirken.
Vorspannkraft und Exzentrizität werden für Vollast, d.h. maximales Moment berechnet. Für volle Vorspannung müßte dann die Betonzugspannung am unteren Querschnittsrand betragen

$$\sigma_{bu,v+q} = 0 = -\frac{Z_v}{A_n} - \frac{Z_v \cdot e_v}{W_{bu}} + \frac{M_q}{W_{bu}}.$$

Es wird hier vereinfachend mit den Bruttoquerschnittswerten gerechnet.
Für das kleinste Moment min M = M_{g1} (es wird hier noch positiv angenommen) ist die Bedingung einzuhalten

$$\sigma_{bo,v+g1} = 0 = -\frac{Z_v}{A_n} + \frac{Z_v \cdot e_v}{W_{bo}} - \frac{M_{g1}}{W_{bo}}.$$

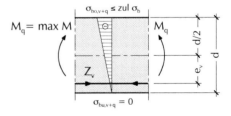

Bild 2.18 Spannungszustand für v + M_q

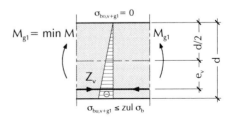

Bild 2.19 Spannungszustand für v + M_{g1}

2.4 Der Einfluß von Verkehrslastschwankungen auf vorgespannte Träger

Setzt man für $W_{bo,u} = k_{o,u} \cdot A_b$, für den Rechteckquerschnitt also $W_{bo,u} = \frac{d}{6} \cdot A_b$ und für $M_q = Z_v \cdot e_q$, sowie für $M_{g1} = Z_v \cdot e_{g1}$, so kann man schreiben

$$\sigma_{bu,v+q} = 0 = \frac{Z_v}{A_b} \cdot \left(-1 + \frac{6}{d} \cdot (e_q - e_v)\right) \qquad (2.16)$$

und

$$\sigma_{bo,v+g1} = 0 = \frac{Z_v}{A_b} \cdot \left(-1 + \frac{6}{d} \cdot (e_v - e_{g1})\right) \qquad (2.17)$$

Die Gln. 2.16 und 2.17 sind nur dann erfüllt, wenn die resultierende Druckkraft $D_{res,q} = \frac{M_v + M_q}{Z_v}$ bzw. $D_{res,g1} = \frac{M_v + M_{g1}}{Z_v}$ im Abstand $e_{res,q} = (e_q - e_v) = \frac{d}{6}$ im oberen Kernpunkt, bzw. $e_{res,g1} = (e_v - e_{g1}) = \frac{d}{6}$ im unteren Kernpunkt steht.

Um möglichst wirtschaftlich vorzuspannen müßte man das in einem Querschnitt größtmögliche $e_v = \frac{M_v}{Z_v}$ wählen, um die kleinstmögliche Spannkraft zu erzielen. Das ist aber nur für ständige Last, d.h. $M_{g1} = M_q$ möglich (Optimalbedingung für den Spannbeton).

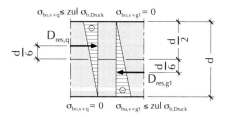

Bild 2.20 Lage der Spannungsresultierenden

Mit wachsenden Verkehrslastschwankungen muß e_v kleiner werden; bei ausschließlicher Verkehrslast (M_{g1} bzw. $e_{g1} \to 0$) wird nach Gl. 2.17 $e_v \leq \frac{d}{6}$. Das bedeutet eine erhebliche Spannkraftzunahme. Günstiger wird die Situation bei beschränkter Vorspannung, weil hier begrenzte Betonzugspannungen σ_{bo} und σ_{bu} möglich sind. Das entspricht einer vergrößerten Kernweite bzw. einem vergrößerten e_v.

Die für den Spannbeton geeigneten Querschnitte lassen sich aus den Gln. 2.16 und 2.17 ersehen. Sie besagen: möglichst kleine Betonfläche A_b und möglichst große Kernweite. Das ist grundsätzlich bei I- bzw. bei Hohlkastenprofilen gegeben. Für Fertigteilbinder sind i. allg. schwach profilierte Trägerquerschnitte üblich.

War für ausschließliche Verkehrslast ($e_{g1} = 0$) $e_v \leq \frac{d}{6}$, so wird bei einem Vorzeichenwechsel des Verkehrslastmomentes $e_{g1} < 0$. Für den Fall $M_q = -M_{g1}$ (bzw. $\pm M_p$) bedeutet das nach den Gln. 2.16 und 2.17 mittige Vorspannung.

Wie Bild 2.21 zeigt sind Vorzeichenwechsel des Lastmomentes für den Spannbeton unwirtschaftlich weil zu große Spannkräfte erforderlich sind und vor allem zu hohe Betondruckspannungen an den Rändern entstehen.
Für einen wirtschaftlich akzeptablen Bereich kann man für die einzelnen Querschnittsformen Grenzwerte g_1/q angeben (g_1 = Eigenlast des Trägers).

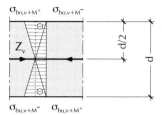

Bild 2.21   Vorspannung für $\pm M_p$

Man liegt in diesem Bereich, wenn vorh $g_1/q \geq$ grenz g_1/q. Für einen Rechteckquerschnitt ergibt sich das Verhältnis nach den Gleichungen 2.16 und 2.17 zu
$$\frac{g_1}{q} = \frac{e_{g1}}{e_q} = \frac{e_v - d/6}{e_v + d/6}.$$
Wählt man für $e_v \approx 0,4 \cdot d$, so wird für den Rechteckquerschnitt $g_1/q \approx 0,4$. Für schwachprofilierte Binderprofile, z.B. Spannbettbinder erhält man $g_1/q \approx 0,3$.

2.5   Vorschläge zur Vorbemessung

Die Vorbemessung dient der überschläglichen Ermittlung der Querschnittsabmessungen und der Vorspannkraft, bzw. des Spannstahlquerschnitts. Damit sind die notwendigen Daten für die erforderlichen statischen Nachweise gegeben. Häufig bedarf es einer Korrektur der Eingangswerte, insbesondere bei der Vorspannkraft. Die maßgebenden Lastfälle für die Bemessung sind, wie in Abschnitt 2.4 gezeigt, v+q und v+g_1.

Zur Ermittlung der Eigenlast g_1 muß der Querschnitt des Trägers gewählt werden. Im allgemeinen liegen Erfahrungswerte vor. Für den Fertigteilbau gibt es Typenprogramme. Die üblichen Abmessungen zeigt Bild 2.22.

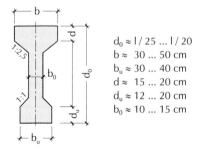
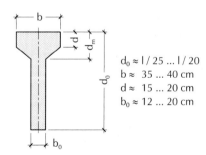

Bild 2.22   Binderabmessungen nach dem Typenprogramm der Fachvereinigung Betonfertigteilbau e.V.

2.5 Vorschläge zur Vorbemessung

Die Vorbemessung des Spannstahlquerschnitts A_z erfolgt für das Maximalmoment max $M = M_q$ zum Zeitpunkt $t = \infty$, also nach dem Spannkraftabfall infolge Kriechen und Schwinden (k+s). Rechnet man mit einem Verlust von 15%, so muß zum Zeitpunkt $t = 0$ die Vorspannkraft betragen

$$Z_{v0} = \frac{Z_{v\infty}}{0,85} \qquad (2.18)$$

womit erf $A_z = \frac{Z_{v0}}{zul\,\sigma_z}$ mit zul $\sigma_z = 0{,}75 \cdot \beta_s$ bzw. $0{,}55 \cdot \beta_z$ (DIN 4227, Tab. 9, Zeile 5)

Die Spannkraft $Z_{v\infty}$ kann mit einem geschätzten inneren Hebel ermittelt werden. Nach KUPFER (Bemessung von Spannbetonbauteilen einschließlich teilweiser Vorspannung in: Betonkalender 1990, Teil 1) können für einen groben Überschlag die inneren Hebel nach Bild 2.23 gewählt werden. Genauere Werte für Plattenbalken kann man Tab. II b entnehmen.

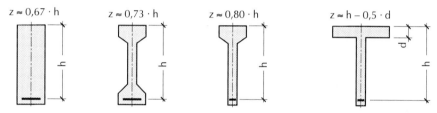

Bild 2.23 Innere Hebel

Ein recht genaues Verfahren zur Bestimmung von $Z_{v\infty}$ für beliebige Querschnitte erhält man durch die Bestimmungsgleichung für die untere Randspannung

$$\sigma_{bu,v\infty+q} = -\frac{Z_{v\infty}}{A_b} - \frac{Z_{v\infty} \cdot z_{bz}}{I_b} \cdot z_{bu} + \frac{M_q}{I_b} \cdot z_{bu} \qquad (2.19)$$

Diese Gleichung für Bruttoquerschnittswerte gilt sowohl für beschränkte, als auch für volle Vorspannung (Bezeichnungen s. Bild 2.24). Das Flächenträgheitsmoment I_b kann mit Hilfe von Tafel 2.2 leicht und hinreichend genau ermittelt werden. Für beschränkte Vorspannung ist $\sigma_{bu,v\infty+q} = $ zul $\sigma_{b,Zug}$; zul $\sigma_{b,Zug}$ siehe DIN 4227, Tab. 9, Zeile 19. Für volle Vorspannung ist $\sigma_{bu,v\infty+q} = 0$.

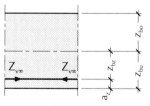

a_z geschätzt und ggf. korrigiert

Bild 2.24 Bezeichnungen in Gl. 2.19

Tafel 2.2 μ-Werte für Plattenbalken zur Ermittlung von $I_b = \dfrac{b \cdot d_0^3}{\mu}$

b_0/b	d/d_0										
	0,05	0,10	0,15	0,20	0,25	0,30	0,35	0,40	0,50	0,55	0,60
0,05	103,4	91,7	90,1	90,0	89,3	86,9	82,0	75,8	59,2	51,0	43,3
0,06	90,9	80,0	77,5	77,5	77,5	75,7	73,0	68,0	55,2	48,3	41,5
0,07	81,9	71,4	68,9	68,5	68,5	67,6	65,8	62,1	51,8	45,9	39,8
0,08	75,2	64,9	62,1	61,7	61,7	61,3	59,9	57,1	48,8	43,6	38 4
0,09	70,0	59,9	56,8	56,2	56,2	55,5	54,9	53,0	46,1	41,7	37,0
0,10	64,9	55,8	52,6	52,1	52,1	51,8	51,0	49,5	43,8	40,0	35,8
0,11	60,9	52,1	49,3	48,5	48,3	48,1	47,8	46,5	41,6	38,4	34,7
0,12	57,8	49,0	46,3	45,4	45,2	45,0	44,8	44,0	39,8	36,9	33,5
0,13	54,9	46,5	43,7	42,9	42,7	42,5	42,3	41,6	38,2	35,6	32,6
0,14	52,3	44,2	41,5	40,6	40,5	40,5	40,3	39,7	36,7	34,5	31,6
0,15	50,0	42,5	39,7	38,8	38,5	38,5	38,3	37,9	35,3	33,3	30,9
0,16	47,8	40,8	38,0	37,0	36,8	36,8	36,6	36,2	34,1	32,2	30,0
0,17	46,0	39,2	36,6	35,5	35,2	35,2	35,1	34,8	32,9	31,3	29,2
0,18	44,4	37,7	35,2	34,1	33,8	33,8	33,7	33,5	31,8	30,4	28,6
0,19	42,7	36,5	33,9	32,9	32,6	32,5	32,5	32,4	30,9	29,6	27,9
0,20	41,3	35,3	32,9	31,8	31,4	31,3	31,3	31,2	30,0	28,8	27,2
0,22	38,3	33,2	31,0	29,9	29,5	29,4	29,4	29,3	28,3	27,4	26,0
0,24	36,4	31,4	29,2	28,2	27,8	27,8	27,7	27,7	26,9	26,2	25,0
0,26	34,4	29,9	27,8	26,8	26,5	26,3	26,3	26,2	25,7	25,1	24,0
0,28	32,7	28,6	26,6	25,6	25,2	25,1	25,1	25,0	24,6	24,0	23,2
0,30	31,3	27,3	25,5	24,6	24,1	24,0	23,9	23,9	23,6	23,1	22,4
0,32	29,8	26,3	24,5	23,6	23,1	23,0	23,0	23,0	22,7	22,3	21,7
0,34	28,4	25,3	23,6	22,7	22,3	22,1	22,1	22,1	21,9	21,6	21,0
0,36	27,2	24,4	22,8	22,0	21,6	21,4	21,4	21,3	21,1	21,0	20,4
0,38	26,2	23,5	22,1	21,3	20,8	20,7	20,6	20,6	20,5	20,1	19,8
0,40	25,2	22,7	21,4	20,6	20,2	20,0	20,0	20,0	19,9	19,7	19,3
0,42	24,3	22,0	20,7	20,0	19,6	19,5	19,4	19,4	19,3	19,2	18,9
0,44	23,4	21,4	20,2	19,5	19,1	18,9	18,8	18,8	18,8	18,6	18,4
0,46	22,7	20,7	19,6	19,0	18,6	18,4	18,4	18,4	18,3	18,2	18,0
0,48	21,9	20,2	19,1	18,5	18,1	18,0	17,9	17,9	17,8	17,7	17,6
0,50	21,3	19,6	18,8	18,0	17,7	17,6	17,5	17,5	17,4	17,3	17,2
0,55	19,8	18,4	17,6	17,1	16,8	16,6	16,6	16,6	16 5	16,5	16,3
0,60	18,4	17,4	16,7	16,2	16,0	15,8	15,8	15,7	15,7	15,7	15,6
0,65	17,2	16,4	15,9	15,5	15,3	15,2	15,1	15,1	15,0	15,0	14,9
0,70	16,2	15,6	15,1	14,8	14,6	14,5	14,5	14,5	14,4	14,4	14,4
0,75	15,3	14,8	14,5	14,2	14,1	14,0	13,9	13,9	13,9	13,9	13,9
0,80	14,5	14,2	13,9	13,7	13,6	13,5	13,5	13,4	13,4	13,4	13,4
0,90	13,1	13,0	12,8	12,8	12,7	12,7	12,7	12,7	12,6	12,6	12,6
1,00	12,0	12,0	12,0	12,0	12,0	12,0	12,0	12,0	12,0	12,0	12,0

2.5 Vorschläge zur Vorbemessung

Für I- und Kastenquerschnitte nach Bild 2.25 können die Querschnittswerte ebenfalls leicht ermittelt werden.

$$e_o = e_u = \frac{d_0}{2}$$

$$I = \frac{1}{12} \cdot \left(b \cdot d_0^3 - b_1 \cdot d_1^3\right)$$

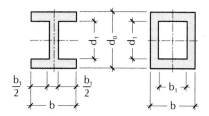

Bild 2.25 Querschnittswerte für doppelt symmetrische I- und Kastenquerschnitte

Für leicht profilierte Fertigteilprofile (z.B. Spannbettbinder) kann man mit brauchbarer Genauigkeit nach Bild 2.26 verfahren.
Sollten Gurtstärken und Gurtbreiten bei I-Profilen zwischen Ober- und Untergurt größere Abweichungen zeigen, lassen sich die Querschnittswerte dieser Profile durch die „Begradigung" einfach berechnen.

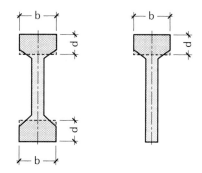

Bild 2.26 Querschnittsvereinfachungen

Nach Ermittlung von $Z_{v\infty}$ und Z_{v0} sind die Betonspannungen zu kontrollieren.

Lastfall ($v_\infty+q$); $x = l/2$

$$\sigma_{bo,Druck} = -\frac{Z_{v\infty}}{A_b} + \frac{Z_{v\infty} \cdot z_{bz}}{W_{bo}} - \frac{M_q}{W_{bo}} \leq zul\, \sigma_{b,Druck} \quad (2.20)$$

$$\sigma_{bu,Zug} = -\frac{Z_{v\infty}}{A_b} - \frac{Z_{v\infty} \cdot z_{bz}}{W_{bu}} + \frac{M_q}{W_{bu}} \leq zul\, \sigma_{b,Zug} \quad (2.21)$$

Lastfall (v_0+g_1); $x \approx 0{,}05 \cdot l$

$$\sigma_{bo,Zug} = -\frac{Z_{v0}}{A_b} + \frac{Z_{v0} \cdot z_{bz}}{W_{bo}} - \frac{M_{g1}}{W_{bo}} \leq zul\, \sigma_{b,Zug} \quad (2.22)$$

$$\sigma_{bu,Druck} = -\frac{Z_{v0}}{A_b} - \frac{Z_{v0} \cdot z_{bz}}{W_{bu}} + \frac{M_{g1}}{W_{bu}} \leq zul\, \sigma_{b,Druck} \quad (2.23)$$

Für Spannbettbinder ist noch die Spannbettspannung $\sigma_{zv}^{(0)}$ festzulegen. Man beachte, daß zul $\sigma_{zv}^{(0)} = 0{,}8 \cdot \beta_s$ bzw. $0{,}65 \cdot \beta_z$ größer ist als zul $\sigma_{zv} = 0{,}75 \cdot \beta_s$ bzw. $0{,}55 \cdot \beta_z$ im Gebrauchszustand. Bei Ausnutzung von zul $\sigma_{zv}^{(0)}$ wird i. allg. nach dem Lösen der Verankerung für den Lastfall $v_0 + g_1$ in $x = l/2$ vorh $\sigma_z >$ zul σ_z im Gebrauchszustand.

Nach dem Lösen der Verankerung muß $\sigma_{z,v+g1} \leq$ zul σ_z eingehalten werden, also

$$\sigma_{z,v+g1} = \sigma_{zv}^{(0)} \cdot (1 - \alpha_{11}) + \sigma_{z,g1} = \text{zul } \sigma_z \tag{2.24}$$

und damit

$$\sigma_{zv}^{(0)} = \frac{\text{zul } \sigma_z - \sigma_{z,g1}}{1 - \alpha_{11}} \tag{2.25}$$

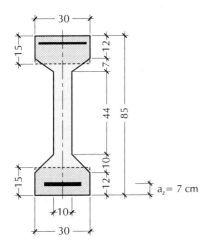

Bild 2.27
Vereinfachter Querschnitt nach Bild 2.26

Beispiel:
Vorbemessung eines Dachbinders

Für den Dachbinder der Lagerhalle nach Abschn. 2.3 wird eine Vorbemessung durchgeführt.
Der vereinfachte Querschnitt (Bild 2.27) wird gemäß Bild 2.26 gewählt.

$z_{bo} = z_{bu} = 42{,}5$ cm

$A_b = 2 \cdot 15 \cdot 30 + 55 \cdot 10 = 1450$ cm^2

$I_b = \frac{1}{12} \cdot (30 \cdot 85^3 - 20 \cdot 55^3) = 1258021$ cm^4

$W_{bo} = W_{bu} = \frac{1258021}{42{,}5} = 29600$ cm^3

$W_{bz} = \frac{1258021}{35{,}5} = 35437$ cm^3

für $x = l/2$

$M_q = \max M = 14{,}98 \cdot \frac{19{,}7^2}{8} = 726{,}7$ kNm ; $M_{g1} = 3{,}75 \cdot \frac{19{,}7^2}{8} = 181{,}9$ kNm

Lastfall $v_\infty + q$

Bestimmungsgleichung für $Z_{v\infty}$; zul $\sigma_{b,Zug} = 4{,}5$ MN/m^2

$$\text{zul } \sigma_{b,Zug} = -\frac{Z_{v\infty}}{A_b} - \frac{Z_{v\infty} \cdot z_{bz}}{W_{bu}} + \frac{M_q}{W_{bu}}$$

2.5 Vorschläge zur Vorbemessung

$$0,45 = -\frac{Z_{v\infty}}{1450} - \frac{Z_{v\infty} \cdot 35,5}{29600} + \frac{72670}{29600}$$

$$Z_{v\infty} = 1061\,\text{kN}; \quad Z_{v0} = \frac{1061}{0,85} = 1249\,\text{kN}$$

Mit zul $\sigma_z = 1770 \cdot 0,55 = 973,5\,\text{MN/m}^2 = 97,53\,\text{kN/cm}^2$ wird

erf $A_{z1} = \dfrac{1249}{97,35} = 12,8\,\text{cm}^2$ (in Beispiel 2.3 wurde gewählt $A_{z1} = 12,09\,\text{cm}^2$).

Für den Obergurt ist

$$\sigma_{bo,v\infty+q} = -\frac{1061}{1450} + \frac{1061 \cdot 35,5}{29600} - \frac{72670}{29600} = -0,73 + 1,27 - 2,46 =$$
$$= -1,92\,\text{kN/cm}^2 = -19,2\,\text{MN/m}^2 \approx \text{zul}\,\sigma_{b,\text{Druck}} = -19\,\text{MN/m}^2$$

Im Beispiel 2.3, Tab. 2.2 ist $\sigma_{bo,v\infty+q} = -18{,}74\,\text{MN/m}^2$)

Lastfall $v_0 + g_1$

Kontrolle der Stahlspannung

$$\sigma_{z,v0} + \sigma_{z,g1} = \text{zul}\,\sigma_z$$

$$\sigma_{bz,g1} = \frac{M_{g1}}{W_{bz}} = \frac{18170}{35437} = 0,513\,\text{kN/cm}^2$$

$n = 5{,}0; \quad \sigma_{z,g1} = 5 \cdot 0{,}513\,\text{kN/cm}^2 = 25{,}65\,\text{kN/cm}^2$

Mit den Bruttoquerschnittswerten wird nach Gl. 2.11

$$\alpha_{11} = 5 \cdot \frac{12,8}{1450} \cdot \left(1 + \frac{1450}{1258021} \cdot 35,5^2\right) = 0,1083$$

Die Spannbettspannung darf dann höchstens betragen

$$\sigma_{zv}^{(0)} = \frac{973,5 - 26,65}{1 - 0,1083} = 1062\,\text{MN/m}^2$$

Die Nachrechnung ergibt

$$\sigma_{zv} = \sigma_{zv}^{(0)} + n \cdot \sigma_{bz,v} + \sigma_{z,g1}$$

$$\sigma_{zv} = 106,2 + 5 \cdot \left(-\frac{1249}{1450} - \frac{1249 \cdot 35,5}{35437}\right) + 2,565 =$$
$$= 98,2\,\text{kN/cm}^2 = 982\,\text{MN/m}^2 \approx 973,5\,\text{MN/m}^2$$

Die Vorbemessung zeigt, daß der gewählte Binderquerschnitt, der berechnete Spannstahlquerschnitt A_{z1} und die Spannbettspannung $\sigma_{zv}^{(0)}$ den erforderlichen statischen Nachweisen zugrunde gelegt werden können.

Es soll noch gezeigt werden, daß im auflagernahen Bereich (im Beispiel 2.3 für $x = 0{,}82$ m) die volle Spannkraft $Z_{v0} = 1249$ kN bei nur einsträngiger Vorspannung im Untergurt zu hohe Druckspannungen und im Obergurt zu hohe Zugspannungen erzeugen kann.

$x = 0{,}82$ m; $M_{g1} = 29{,}12$ kNm

Lastfall $v_0 + g_1$

$$\sigma_{bo,v0+g1} = -\frac{1249}{1450} + \frac{1249 \cdot 35{,}5}{29600} - \frac{2912}{29600} =$$
$$= 0{,}538 \text{ kN/cm}^2 = 5{,}38 \text{ MN/m}^2 > \text{zul } \sigma_{b,Zug} = 4{,}5 \text{ MN/m}^2 \text{ (Tab. 9, Zeile 19)}$$

$$\sigma_{bu,v0+g1} = -\frac{1249}{1450} - \frac{1249 \cdot 35{,}5}{29600} + \frac{2912}{29600} =$$
$$= -2{,}26 \text{ kN/cm}^2 = -22{,}6 \text{ MN/m}^2 > \text{zul } \sigma_{b,Druck}$$

Für $x = 0{,}82$ m ist demnach ein oberer Strang notwendig, oder einige Litzen müßten abisoliert werden.

Wenngleich das vorgeschlagene Verfahren für die Vorbemessung – wie das Beispiel zeigt – keinen hohen Rechenaufwand erfordert, kann die Vorbemessung auch vorteilhaft mit einem PC-Programm durchgeführt werden.
Die Aufstellung der prüffähigen statischen Nachweise erfolgt heute vorwiegend mit Hilfe von Programmen, da es sehr zeitaufwendig ist, die erforderlichen Nachweise „von Hand" zu erbringen. Damit sind Vorbemessung und Aufstellung ein Arbeitsgang. Voraussetzung dafür ist, daß im iterativen Teil der Vorbemessung bei der Modifizierung ein schneller Zugriff auf alle Teilbereiche mit leichter Korrigierbarkeit gegeben ist.

2.6 Übungen zur Wahl der Vorspannung und des Trägerquerschnitts

Lösungen zu den Aufgaben s. Abschn. 12

Aufgabe 1

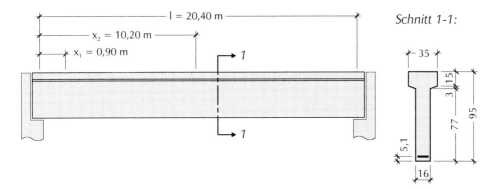

Bild 2.28 Träger und Querschnitt

System:

Baustoffe:

Beton B55, $E_b = 39000$ MN/m²
Spannstahl, Litze St 1570/1770,
Nenndurchmesser 12,5 mm,
Querschnitt 0,93 cm²,
$E_z = 195000$ MN/m²

Belastung:

Eigenlast des Trägers	$g_1 =$	4,59 kN/m
Ausbaulast	$g_2 =$	4,20 kN/m
Verkehrslast	$p =$	2,50 kN/m
Vollast	$q =$	11,29 kN/m

Vorspannung:

Beschränkte Vorspannung
$A_z = 9 \cdot 0,93 = 8,37$ cm²
$\sigma_{zv}^{(0)} = 972$ MN/m²

Für obigen Träger ist zu überprüfen, ob an den maßgebenden Stellen (s. Bild 2.15) die zulässigen Spannungen im Gebrauchszustand eingehalten sind. Es ist mit einem Spannungsverlust infolge Kriechen und Schwinden von $\sigma_{z,k+s} = 0,13 \cdot \sigma_{z,v}$ für die Trägermitte, $x = l/2 = 10,20$ m zu rechnen.

Aufgabe 2

Schnitt 1-1:

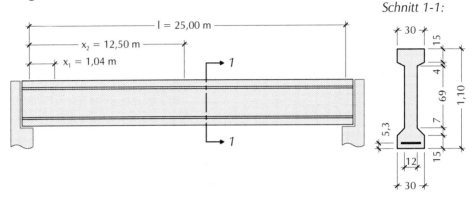

Bild 2.29 Träger und Querschnitt

System:

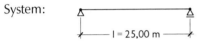

Bruttoquerschnittswerte:

$A_b = 1959$ cm²; $z_{bu} = 54{,}5$ cm;
$I_b = 2702419$ cm⁴

Baustoffe:

Beton B55, $E_b = 39000$ MN/m²
Spannstahl, Litze St 1570/1770,
Nenndurchmesser 12,5 mm,
Querschnitt 0,93 cm²,
$E_z = 195000$ MN/m²

Belastung:

Eigenlast des Trägers	$g_1 =$	4,90 kN/m
Ausbaulast	$g_2 =$	6,40 kN/m
Verkehrslast	$p =$	3,80 kN/m
Vollast	$q =$	15,10 kN/m

Vorspannung:

Beschränkte Vorspannung
$A_z = 16 \cdot 0{,}93 = 14{,}88$ cm²
$\sigma_{zv}^{(0)} = 1030$ MN/m²

Die Überlagerungstabellen Tab. 2.5 und Tab. 2.6 (s. S. 49) zeigen, daß im Schnitt x = 12,50 m die zulässigen Spannungen eingehalten sind, während im Schnitt x = 1,04 m die zulässigen Betonspannungen überschritten sind.

Kann man durch eine andere Wahl der Vorspannung erreichen, daß die zulässigen Spannungen auch im auflagernahen Schnitt x = 1,04 m eingehalten werden?
Mit der neu gewählten Vorspannung ist der Spannungsnachweis zu führen. Der Spannkraftverlust infolge k+s ist für den unteren Strang in x = 12,50 m zu max $\sigma_{z1,k+s} = 0{,}165 \cdot \sigma_{z1,v}$ anzunehmen. Für einen eventuellen oberen Strang soll der Spannkraftverlust infolge k+s max $\sigma_{z2,k+s} = 0{,}370 \cdot \sigma_{z2,v}$ betragen.

2.6 Übungen zur Wahl der Vorspannung und des Trägerquerschnitts

Tab. 2.5 Überlagerung

Längsspannungen
für die Stelle x = l / 2 = 12,50 m

Lastfall	Betonspannung [MN/m²]		Stahlspannung [MN/m²]	
	unten	oben	unten	oben
v	-21,26	7,08	930,45	
g_1	7,14	-7,67	32,17	
g_2	9,33	-10,02	42,04	
p	5,54	-5,95	24,96	
max k+s	3,60	-1,20	-157,54	
v + g_1	-14,12	-0,58	962,61	
v+g_1+g_2+ p+max k+s	4,35	-17,75	872,07	
Die zulässigen Spannungen nach DIN 4227, Tab. 9 sind eingehalten.				

Tab. 2.6 Überlagerung

Längsspannungen
für die Stelle x = 1,04 m

Lastfall	Betonspannung [MN/m²]		Stahlspannung [MN/m²]	
	unten	oben	unten	oben
v	-21,26	7,08	930,45	
g_1	1,14	-1,22	5,12	
g_2	1,48	-1,59	6,69	
p	0,88	-0,95	3,97	
max k+s	6,33	-2,11	-277,15	
v + g_1	-20,13	* 5,87	935,56	
v+g_1+g_2+ p+max k+s	-11,43	1,22	669,07	
*) *Die zulässigen Spannungen nach DIN 4227, Tab. 9 sind **nicht** eingehalten !*				

Aufgabe 3

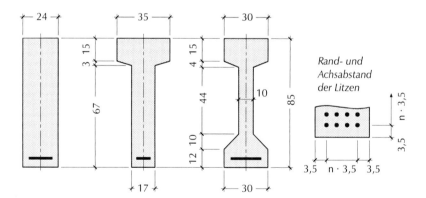

Bild 2.30 Querschnitte für die Vergleichsrechnung

System:

l = 18,30 m

Baustoffe:

Beton B55, E_b = 39000 MN/m²
Spannstahl, Litze St 1570/1770,
Nenndurchmesser 12,5 mm,
Querschnitt 0,93 cm²,
E_z = 195000 MN/m²

Belastung:

Die Eigenlast des Trägers g_1 ist zu berechnen.

Ausbaulast g_2 = 1,35 kN/m²
Verkehrslast   p = 0,75 kN/m²

Der Binderabstand beträgt a = 4,50 m

Vorspannung:

Beschränkte Vorspannung

Die Vorspannung ist für jeden der drei Querschnitte so zu wählen, daß am unteren Rand die zulässige Betonzugspannung erreicht wird. Die Spannungsnachweise sind in den Schnitten x = 9,15 m und x = 0,82 m zu führen. Wo erforderlich, ist ein oberer Spannstrang von zwei Litzen anzuordnen.

Für die Spannungsnachweise in x = 9,15 m sind die Spannungsverluste infolge Kriechen und Schwinden (k+s) gemäß Tafel 2.3 anzunehmen.

Vergleichen Sie die Wirtschaftlichkeit der Querschnitte durch folgende Angaben für jeden Querschnitt:

Eigenlast des Trägers g_1 [kN/m]
Spannstahlquerschnitt $A_{zu} + A_{zo}$ [cm²]
Verhältniszahl g_1 / q

Tafel 2.3
Kriech- und Schwindverluste an der Stelle x = 9,15 m

Querschnittsform	$\sigma_{z,k+s} / \sigma_{z,v}$	
	Strang 1	ggf. Strang 2
Rechteckquerschnitt	0,136	0,203
T–Profil	0,166	0,180
I–Profil	0,141	—

3 Vorspannung mit nachträglichem Verbund

Gemäß Definition in Abschn. 1 wird bei Vorspannung mit nachträglichem Verbund gegen den erhärteten Beton vorgespannt, so daß während des Vorspannens und unmittelbar danach kein Verbund zwischen Spannstahl und Beton besteht. Die aufzubringende Vorspannkraft Z_v kann direkt an der Spannpresse abgelesen und durch Messen des vorausberechneten Spannweges kontrolliert werden.

3.1 Lastfälle Vorspannung und äußere Lasten bei gerader Spanngliedführung

Zur Erläuterung der wesentlichen Zusammenhänge dient auch hier wieder der zentrisch vorgespannte Balken, an dem sich die grundlegenden Beziehungen zwischen Spannweg, Betonstauchung und krafterzeugender Stahldehnung, also die Frage der Steifigkeiten und der Querschnittswerte quantitativ einfach herleiten lassen.

In Abschn. 2 wurden die Lastfälle Vorspannung und äußere Lasten für Vorspannung mit sofortigem Verbund behandelt. Als Resultat ergab sich, daß die Spannbettkraft $Z_v^{(0)}$ und die äußeren Lasten auf den ideellen Querschnitt wirken. In Bild 3.1 ist gezeigt, daß die Kraft $Z_v^{(0)}$ bei nachträglichem Verbund nicht existiert.

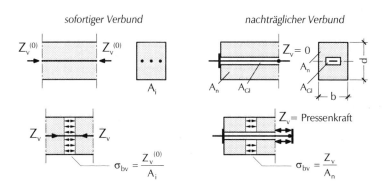

Bild 3.1 Vergleich des Lastfalles Vorspannung bei sofortigem und nachträglichem Verbund

3.1.1 Die Spannkraft Z_v

Hier entspricht die Kraft Z_v an der Spannpresse der Kraft Z_v nach dem Lösen der Verankerung im Falle des sofortigen Verbundes. Diese Kraft wirkt auf den Nettoquerschnitt $A_n = A_b - A_{Gl}$, wobei A_{Gl} die noch nicht mit dem Einpreßmörtel gefüllte Querschnittsfläche des Gleitkanals ist.

Die Kraft Z_v ergibt sich aus der erforderlichen Betonvorspannung σ_{bv} zu $Z_v = \sigma_{bv} \cdot A_n$. Mit den gegebenen Größen A_z, E_z und l (Bild 3.2) wird die für die Kraft Z_v erforderliche Stahldehnung $\delta_{zv} = \frac{Z_v \cdot l}{E_z \cdot A_z}$.

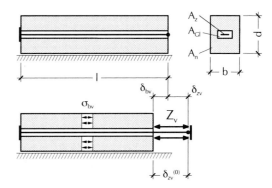

δ_{zv} bedeutet die Dehnung, die über die Länge l des spannungsfreien Spanngliedes hinaus gemessen wird (Bild 3.2).

Bild 3.2 Zur Berechnung der Vordehnung bzw. des Spannweges $\delta_{zv}^{(0)}$

3.1.2 Spannweg und Stahldehnung bei mittiger Spanngliedlage

Es entsteht mit dem Spannen die Betonstauchung $\delta_{bv} = -\frac{Z_v \cdot l}{E_b \cdot A_n}$ und es ist

$$\delta_{zv}^{(0)} = \delta_{zv} - \delta_{bv} \qquad (3.1)$$

der erforderliche Spannweg, der je nach der Steifigkeit des Betonquerschnitts $E_b \cdot A_n$ größer ist als die für Z_v erforderliche Stahldehnung δ_{zv}. Man bezeichnet deshalb auch $\delta_{zv}^{(0)}$ als „Spannbettdehnung" oder Vordehnung, weil diese Dehnung *vor* der Stauchung des Betons (also gegenüber dem spannungsfreien Beton, $\sigma_{bv} = 0$) vorhanden sein müßte, um nach dem Lösen der Verankerung die gewünschte Stahldehnung δ_{zv} übrigzubehalten. Es verbleibt also die krafterzeugende Dehnung

$$\delta_{zv} = \delta_{zv}^{(0)} + \delta_{bv} \qquad (3.2)$$

Im allgemeinen wird man zu einer erforderlichen Vorspannkraft Z_v bzw. einer erforderlichen Stahldehnung δ_{zv} den zugehörigen Spannweg $\delta_{zv}^{(0)}$ entweder nach Gl. 3.1 oder über den Steifigkeitsbeiwert α berechnen. Man definiert

$$\alpha = \frac{|\delta_{bv}|}{\delta_{zv}^{(0)}} = \frac{-\delta_{bv}}{\delta_{zv}^{(0)}} = \frac{-\delta_{bv}}{\delta_{zv} - \delta_{bv}} \qquad (3.3)$$

3.1 Lastfälle Vorspannung und äußere Lasten bei gerader Spanngliedführung

Bei mittiger Spanngliedlage und für $Z_v = 1$ ist $\delta_{zv} = \frac{l}{E_z \cdot A_z}$ und $\delta_{bv} = \frac{-l}{E_b \cdot A_n}$, womit

$$\alpha = \frac{1}{1 + \frac{A_n}{n \cdot A_z}} \qquad (3.4)$$

Der Spannweg ergibt sich damit zu $\delta_{zv}^{(0)} = \delta_{zv} + \alpha \cdot \delta_{zv}^{(0)}$ oder

$$\delta_{zv}^{(0)} = \frac{\delta_{zv}}{1 - \alpha} \qquad (3.5)$$

3.1.3 Spannweg und Stahldehnung bei ausmittiger Spanngliedlage

Bei ausmittiger Spanngliedlage treten beim Lastfall Vorspannung sowohl eine Verkürzung als auch eine Krümmung auf. Der Balken hebt sich deshalb mehr oder weniger von der Schalung ab. Die Vordehnung bzw. der Spannweg ist nach Gl. 3.1 $\delta_{zv}^{(0)} = \delta_{zv} - \delta_{bv}$. Die Ermittlung der Betonstauchung δ_{bv} erfolgt nach Bild 3.3.

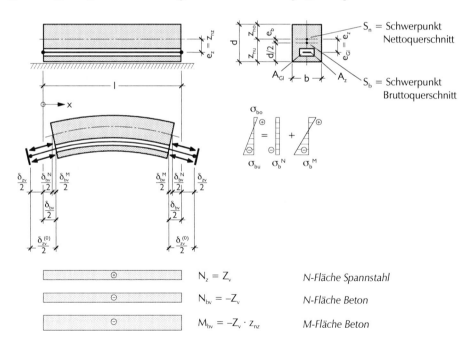

Bild 3.3 Vordehnung bzw. Spannweg bei geradem, ausmittigem Spannglied

Mit gegebenem E_z und A_z sowie l wird $\delta_{zv} = \frac{Z_v \cdot l}{E_z \cdot A_z}$. Die Betonstauchung setzt sich zusammen aus Normalkraft- und Momentenanteil $\delta_{bv} = \delta_{bv}{}^N + \delta_{bv}{}^M$. Mit der Dehnsteifigkeit $E_b \cdot A_n$ und der Biegesteifigkeit $E_b \cdot I_n$ wird $\delta_{bv}{}^N = \frac{-Z_v \cdot l}{E_b \cdot A_n}$ und $\delta_{bv}{}^M = -\int_0^l \frac{|M_{bv}|}{E_b \cdot I_n} \cdot z_{nx} \, dx$. Damit ist die Vordehnung bzw. der Spannweg bei ausmittigem Spannglied für den gewichtslos gedachten Balken

$$\delta_{zv}{}^{(0)} = \frac{Z_v \cdot l}{E_z \cdot A_z} + \frac{Z_v \cdot l}{E_b \cdot A_n} + \int_0^l \frac{Z_v \cdot z_{nx}{}^2}{E_b \cdot I_n} \, dx \qquad (3.6)$$

Die Berechnung über den Steifigkeitsbeiwert erfolgt nach Gl. 3.2 mit $\alpha = \frac{-\delta_{bv}}{\delta_{zv}{}^{(0)}}$

$= \frac{-\delta_{bv}}{\delta_{zv} - \delta_{bv}} = \frac{-(\delta_{bv}{}^N + \delta_{bv}{}^M)}{\delta_{zv} - (\delta_{bv}{}^N + \delta_{bv}{}^M)}$.

Die Vordehnung ergibt sich nach Gl. 3.5 zu $\delta_{zv}{}^{(0)} = \frac{\delta_{zv}}{1-\alpha}$.

Wie erwähnt, hebt sich der Balken beim Vorspannen von der Schalung ab, so daß sein Eigengewicht g_1 wirksam wird. Daher ist in der Spannkraft Z_v ein Anteil aus dem Eigengewicht g_1 enthalten, und man müßte genaugenommen schreiben Z_{v+g1}. Soll der „reine" Lastfall Vorspannung isoliert werden, dann ist der Anteil Z_{g1} zu ermitteln, womit $Z_v = Z_{v+g1} - Z_{g1}$.

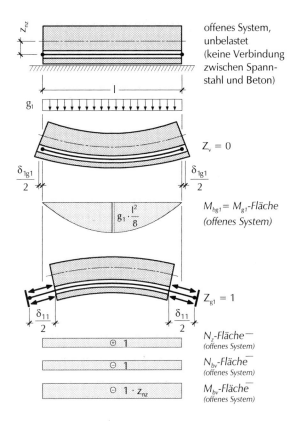

Bild 3.4   Spannkraftanteil Z_{g1}

3.1 Lastfälle Vorspannung und äußere Lasten bei gerader Spanngliedführung

Der Anteil Z_{g1} ergibt sich aus der statisch unbestimmten Berechnung im „offenen System" nach Bild 3.4

$$Z_{g1} \cdot \delta_{11} + \delta_{1g1} = 0 \quad \text{hieraus} \quad Z_{g1} = -\frac{\delta_{1g1}}{\delta_{11}} \tag{3.7}$$

Wenn keine äußeren Normalkräfte wirken, errechnet sich das Belastungsglied zu

$$\delta_{1g1} = \int_0^l \frac{M_{bg1} \cdot \overline{M}_{bv}}{E_b \cdot I_n} dx = -\int_0^l \frac{M_{bg1} \cdot z_{nz}}{E_b \cdot I_n} dx \tag{3.8}$$

Der Wert δ_{11}, d.h., die Relativverschiebung zwischen Spannstahl und Beton wird für $Z_v = 1$ nach Gl. 3.6

$$\delta_{11} = \frac{l}{E_z \cdot A_z} + \frac{l}{E_b \cdot A_n} + \int_0^l \frac{z_{nz}^2}{E_b \cdot I_n} dx \tag{3.9}$$

Für $Z_v = 1$ ist $\delta_{11} = \delta_{zv}^{(0)}$, also gleich der Vordehnung. Das gezeigte Verfahren gilt grundsätzlich für Vorspannung ohne Verbund, womit auch die Spannkraftanteile anderer Lastfälle zu ermitteln wären. Hier aber interessiert nur der vor dem Auspressen vorhandene Lastfall g_1, da für alle Lastfälle nach dem Auspressen des Gleitkanals Verbund zwischen Spannstahl und Beton besteht und deshalb nach Abschn. 2 $\varepsilon_z = \varepsilon_{bz}$ bzw. $\sigma_z = n \cdot \sigma_{bz}$ für jede beliebige Stelle über die ideellen Querschnittswerte zu berechnen ist.

Der Aufwand, Z_{g1} aus einer statisch unbestimmten Berechnung zu ermitteln, lohnt sich aus zwei Gründen nicht. Erstens setzt die Berechnung voraus, daß der Balken beim Vorspannen über seine volle Länge von der Schalung abhebt, was aber infolge der Elastizität der Schalung und Rüstung eine unsichere Annahme darstellt, und zweitens ist der Spannkraftanteil Z_{g1} sehr klein im Verhältnis zu Z_v.

Für die Ermittlung von Z_{g1} genügt deshalb i. allg. eine Näherungsformel wonach mit $M_{g1} = g_1 \cdot \frac{l^2}{8}$ und $n = \frac{E_z}{E_b}$

$$Z_{g1} \approx \frac{n}{2} \cdot \frac{M_{g1}}{I_b} \cdot z_{bz} \cdot A_z \tag{3.10}$$

Würde g_1 auf den Verbundquerschnitt wirken, dann wäre für die Balkenmitte mit $I_i \approx I_b$ $Z_{g1} = n \cdot \frac{M_{g1}}{I_b} \cdot z_{bz} \cdot A_z$, also doppelt so groß wie Z_{g1} nach Gl. 3.10.

Hierbei ist zu beachten, daß dann Z_{g1} nur für die maximale Dehnung in Balkenmitte gelten würde. Bei nicht ausgepreßtem Gleitkanal ist aber die mittlere Dehnung über die ganze Spanngliedlänge l zu nehmen, die bei parabelförmiger Spanngliedführung ≈ 50 % der maximalen Dehnung beträgt. Für gerade Spanngliedführung wird Z_{g1} nach Gl. 3.10 etwa um 25 % zu klein.

In Tafel 3.1 sind die für die Spannungsermittlung maßgebenden Schnittgrößen mit und ohne Trennung von Z_{g1} und Z_v verglichen.

Tafel 3.1 Vergleich der einzusetzenden Schnittgrößen für Trennung oder Zusammenfassung von Z_v und Z_{g1}

Trennung von Z_v und Z_{g1}		keine Trennung von Z_v und Z_{g1}	
LF v	$M_{bv} = -Z_v \cdot z_{nz}$	LF v	$M_{bv} = -(Z_v + Z_{g1}) \cdot z_{nz}$
LF g_1	$M_{bg1} = M_{g1} - Z_{g1} \cdot z_{nz}$	LF g_1	$M_{bg1} = M_{g1}$

Man erkennt aus Tafel 3.1, daß die Überlagerung in beiden Fällen das gleiche Ergebnis liefert.

Die Trennung von Z_v und Z_{g1} ist bei Vorspannung mit nachträglichem Verbund nicht erforderlich, so daß man zweckmäßig mit der Spannkraft Z_{v+g1} rechnet und dafür bei der Spannungsermittlung für Lastfall g_1 das volle Lastmoment $M_{bg1} = M_{g1}$ einsetzt. Zur weiteren Vereinfachung sei bemerkt, daß bei nicht zu großen Aussparungen für die Gleitkanäle an Stelle der Nettoquerschnittswerte mit den Bruttoquerschnittswerten A_b gerechnet werden kann.

Für alle Lastfälle nach der Herstellung des Verbundes sind die ideellen Querschnittswerte A_i, z_{iu}, z_{iz} und I_i sowie W_{io} und W_{iu} nach den Angaben in Abschn. 2 zu berechnen. Häufig weichen bei geringer Spannbewehrung die ideellen Querschnittswerte nur wenig von den Bruttoquerschnittswerten ab. In diesen Fällen kann auch nach Herstellen des Verbundes mit den Bruttoquerschnittswerten, anstelle der ideellen Querschnittswerte gerechnet werden.

3.2 Schnittgrößen N_{bv}, Q_{bv} und M_{bv} des Lastfalles Vorspannung bei beliebiger Spanngliedführung in statisch bestimmten Systemen

In statisch bestimmten Systemen stehen die inneren Kräfte (Schnittgrößen) mit der Vorspannkraft im Gleichgewicht, so daß im Lastfall „Vorspannung" keine Lagerreaktionen entstehen. Wie aus Bild 3.5 ersichtlich, sind die Schnittgrößen die Spannungsresultierenden, was bei gerader Spanngliedführung direkt zu erkennen ist, da keine Umlenkkräfte auftreten.

Nach Bild 3.5 ist, wegen $\Sigma H = 0$ und $D + Z = 0$, $\int_A \left(\sigma_{bv}^N + \sigma_{bv}^M \right) dA = -Z_v$.

Die Spannungen $\sigma_{bv}^N + \sigma_{bv}^M$ bilden den sogenannten Eigenspannungszustand des Lastfalles Vorspannung.

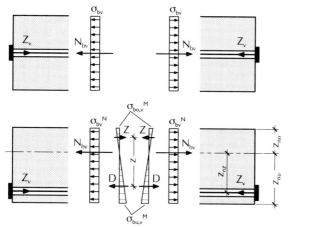

Mittiges Spannglied
Spannungsresultierende:

$N_{bv} = \int_A \sigma_{bv} \, dA = -Z_v$

$M_{bv} = 0 \qquad Q_{bv} = 0$

Ausmittiges Spannglied
Spannungsresultierende:

$N_{bv} = \int_A \sigma_{bv}^N \, dA = -Z_v$

$M_{bv} = \int_{zu}^{zo} \sigma_{bv}^M \, dA \cdot z =$

$= -Z_v \cdot z_{nz} = D \cdot z = Z \cdot z$

$Q_{bv} = 0$

Bild 3.5 Schnittgrößen des Lastfalls Vorspannung sind Spannungsresultierende des Eigenspannungszustandes

3.2.1 Ermittlung von N_{bv}, Q_{bv} und M_{bv} über die Umlenkkräfte und über den Eigenspannungszustand

Bei einem nicht geradlinig geführten Spannglied treten Umlenkkräfte auf, die mit den Spannkräften im Gleichgewicht stehen, so daß auch hier im statisch bestimmten Lagerungsfall keine Auflagerreaktionen auftreten und die inneren Kräfte (Schnittgrößen) mit den Vorspannkräften einen Gleichgewichtszustand (Eigenspannungszustand) bilden.
In Bild 3.6 sind die Umlenkkräfte an einem polygonal geführten Spannglied dargestellt.

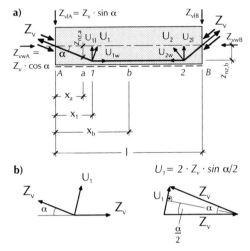

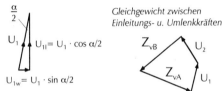

Die Schnittgrößen des Lastfalles „Vorspannung" können wie gewohnt ermittelt werden, wenn man Einleitungs- und Umlenkkräfte als äußere Kraft deutet. Die Umlenkkräfte errechnen sich nach Bild 3.6a und 3.6b zunächst ohne Berücksichtigung der Reibung zu

$$U = 2 \cdot Z_v \cdot \sin \frac{\alpha}{2} \quad (3.11)$$

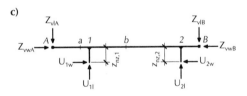

Bild 3.6 Umlenkkräfte am polygonal geführten Spannglied

Die lot- und waagerechte Komponente von U ist $U_l = U \cdot \cos \frac{\alpha}{2}$, $U_w = U \cdot \sin \frac{\alpha}{2}$ und mit $U = 2 \cdot Z_v \cdot \sin \frac{\alpha}{2}$

$$U_l = 2 \cdot Z_v \cdot \sin \frac{\alpha}{2} \cdot \cos \frac{\alpha}{2} = Z_v \cdot \sin \alpha$$
$$U_w = 2 \cdot Z_v \cdot \sin \frac{\alpha}{2} \cdot \sin \frac{\alpha}{2} = Z_v \cdot (1 - \cos \alpha) \quad (3.12)$$

3.2 Schnittgrößen N_{bv}, Q_{bv} und M_{bv} des Lastfalles Vorspannung

Am Ersatzbalken nach Bild 3.6c werden die auf die Schwerlinie bezogenen Schnittgrößen mit der Vorzeichenregel nach Bild 2.11 für die Stellen a und b mit Hilfe der Umlenkkräfte berechnet.

Stelle a:

$$N_{bv}(a) = -Z_{vwA} = -Z_v \cdot \cos \alpha$$
$$Q_{bv}(a) = -Z_{vlA} = -Z_v \cdot \sin \alpha$$
$$M_{bv}(a) = -Z_{vlA} \cdot x_a = -Z_v \cdot \sin \alpha \cdot x_a =$$
$$= -Z_v \cdot \cos \alpha \cdot x_a \cdot \tan \alpha = -Z_v \cdot \cos \alpha \cdot z_{nz,a}$$

Stelle b:

$$N_{bv}(b) = -Z_{vwA} - U_{1w} = -Z_v \cdot \cos \alpha - Z_v \cdot (1 - \cos \alpha) = -Z_v$$
$$Q_{bv}(b) = -Z_{vlA} + U_{1l} = -Z_v \cdot \sin \alpha + Z_v \cdot \sin \alpha = 0$$
$$M_{bv}(b) = -Z_{vlA} \cdot x_b - U_{1w} \cdot z_{nz,1} + U_{1l} \cdot (x_b - x_1) =$$
$$= -Z_v \cdot \sin \alpha \cdot x_b - Z_v \cdot (1 - \cos \alpha) \cdot z_{nz,1} + Z_v \cdot \sin \alpha \cdot (x_b - x_1) =$$
$$= -Z_v \cdot z_{nz,1} + Z_v \cdot z_{nz,1} \cdot \cos \alpha - Z_v \cdot \sin \alpha \cdot \frac{z_{nz,1}}{\tan \alpha} = -Z_v \cdot z_{nz,1} = -Z_v \cdot z_{nz,b}$$

Die Ergebnisse zeigen, daß mit Hilfe der Umlenkkräfte die gleichen Resultate erzielt werden wie bei der Berechnung der Schnittgrößen als Spannungsresultierende des Eigenspannungszustandes.

Man kann allgemein schreiben

$$N_{bv}(x) = -Z_{vw} + \sum U_w = -Z_v \cdot \cos \alpha_x$$
$$Q_{bv}(x) = -Z_{vl} + \sum U_l = -Z_v \cdot \sin \alpha_x \qquad (3.13)$$
$$M_{bv}(x) = Z_{vl} \cdot x + \sum U_w \cdot z_{nz,u} + \sum U_l \cdot x_u = -Z_v \cdot \cos \alpha_x \cdot z_{nz}(x)$$

Bei mehreren Spanngliedern gilt als Spannkraft die Summe aller Einzelkräfte und als Abstand z_{nz} der Schwerpunkt des Spannstranges von der Schwerlinie des Querschnitts.

Die Reibung zwischen Spannglied und Gleitkanal wird in Gl. 3.13 dadurch berücksichtigt, daß anstatt der Spannkraft Z_v an der Einleitungsstelle die an der Stelle x noch vorhandene Spannkraft $Z_v(x)$ eingesetzt wird (s. Abschn. 4). Für die Ermittlung der Schnittgrößen des Lastfalls Vorspannung wird bei statisch bestimmten Systemen immer der wesentlich schnellere Weg über den Eigenspannungszustand gewählt. Nur bei statisch unbestimmten Systemen wird man sich der Umlenkkräfte bedienen, wenn die Schnittgrößen durch Auswerten von Einflußlinien oder Einflußflächen (bei Platten) gewonnen werden sollen. Näherungsweise kann man wegen der geringen Spanngliedneigung (i. allg. 3 bis 6°) mit $\cos \alpha \approx 1$ rechnen, also mit $Z_{vw} \approx Z_v$.

Bei stetig gekrümmten Spanngliedern können die Schnittgrößen ebenfalls über die Umlenkkräfte oder über den Eigenspannungszustand ermittelt werden (Bild 3.7). Die Umlenkkräfte u [kN/m] sind hier die Leibungsdrücke, die sich aus der bekannten Grundgleichung

$$Z_v = u \cdot r \; ; \quad u = \frac{Z_v}{r} \qquad (3.14)$$

errechnen lassen, wenn der Krümmungsradius r und die Spannkraft Z_v an jeder Stelle x bekannt sind.

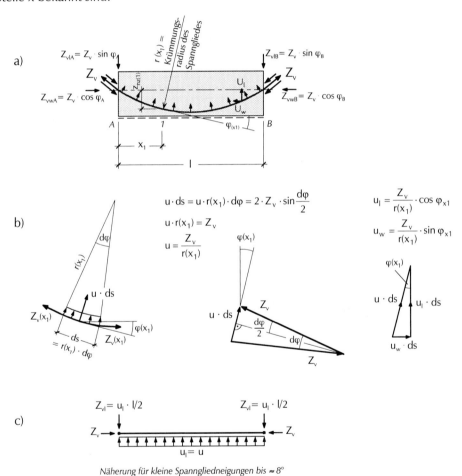

Bild 3.7 Umlenkkräfte beim stetig gekrümmten Spannglied

3.2 Schnittgrößen N_{bv}, Q_{bv} und M_{bv} des Lastfalles Vorspannung

Ohne Berücksichtigung der Reibung ist

$$u_l = \frac{Z_v}{r(x_1)} \cdot \cos \varphi_{x1} \; ; \quad u_w = \frac{Z_v}{r(x_1)} \cdot \sin \varphi_{x1} \qquad (3.15)$$

Die Krümmung $1/r(x_1)$ kann aus der gegebenen Kurvengleichung des Spanngliedes $z_{nz}(x) = f(x)$ bestimmt werden für jede Stelle x zu

$$\frac{1}{r(x)} = \frac{z''_{nz}(x)}{\left(1 + \left(z'_{nz}(x)\right)^2\right)^{3/2}} \qquad (3.16)$$

Mit Gl. 3.15 und 3.16 können jetzt die Schnittgrößen als Summe aller Kräfte links vom Schnitt x_1 gemäß Bild 3.7 dargestellt werden.

$$N_{bv}(x_1) = -Z_v \cdot \cos \varphi_A - \int_0^{S_{x1}} u_w \, ds = -Z_v \cdot \cos \varphi_{x1}$$

$$Q_{bv}(x_1) = -Z_v \cdot \sin \varphi_A + \int_0^{S_{x1}} u_l \, ds = -Z_v \cdot \sin \varphi_{x1} \qquad (3.17)$$

$$M_{bv}(x_1) = -Z_v \cdot \sin \varphi_A \cdot x_1 + \int_0^{x_1} u_l \cdot (x_1 - x) \frac{dx}{\cos \varphi_x} - \int_0^{x_1} u_w \cdot z_{nz(x)} \frac{dx}{\cos \varphi_x} =$$
$$= -Z_v \cdot \cos \varphi_{x1} \cdot z_{nz}(x_1)$$

Die Ergebnisse von Gl. 3.17 sind die gleichen wie die von Gl. 3.13 für das polygonale Spannglied. Die Schnittgrößen N_{bv}, Q_{bv} und M_{bv} lassen sich also auch beim gekrümmten Spannglied am leichtesten über den Eigenspannungszustand ermitteln. Bei Berücksichtigung der Reibung wird in Gl. 3.17 anstatt der konstanten Kraft Z_v die an einer beliebigen Schnittstelle x verbleibende Spannkraft $Z_v(x)$ eingesetzt, so daß es allgemein heißt

$$N_{bv}(x) = -Z_v(x) \cdot \cos \varphi_x$$
$$Q_{bv}(x) = -Z_v(x) \cdot \sin \varphi_x \qquad (3.18)$$
$$M_{bv}(x) = -Z_v(x) \cdot \cos \varphi_x \cdot z_{nz}(x)$$

Deutet man die Spannkräfte an den Einleitungsstellen wie die Umlenkkraft u als äußere Kräfte, so werden folgende Vereinfachungen getroffen:
Wegen der geringen Spanngliedneigung ist $z'_{nz}(x) = \tan \varphi_x \approx \sin \varphi_x \approx \varphi_x$ und $\cos \varphi_x \approx 1$. Damit wird $(z'_{nx}(x))^2 \ll 1$ und die Krümmung

$$\frac{1}{r(x)} = z''_{nz}(x) \qquad (3.19)$$

Für Gl. 3.15 erhält man dadurch $u_l = u = Z_v \cdot z''_{nz}(x)$ und $u_w = Z_v \cdot z''_{nz}(x) \cdot \varphi_x$. Der Einfluß von u_w auf M_{bv} und N_{bv} ist vernachlässigbar klein, und man setzt $u_w = 0$.
Diese Vereinfachungen führen zu der üblichen Näherung für die Berechnung der Schnittgrößen über die Umlenkkräfte nach Bild 3.7c. Für die Berechnung über den Eigenspannungszustand bedeutet es

$$\begin{aligned} N_{bv}(x) &= -Z_v(x) \\ Q_{bv}(x) &= -Z_v(x) \cdot \sin \varphi_x \\ M_{bv}(x) &= -Z_v(x) \cdot z_{nz}(x) \end{aligned} \qquad (3.20)$$

Die Vereinfachungen sind nur gültig, wenn $\frac{\cos \varphi_x}{\left(1 + (z'_{nz}(x))^2\right)^{3/2}} \approx 1$.

In der Praxis liegen die Schlankheitswerte l / d von Spannbetonbalken etwa zwischen 18 und 28 (s. Bild 3.8).

Für l = 18,00 m, d = 1,00 m,
l_{tot} = 18,50 m und f = 0,37 m wird
für x = 0   max φ = 4,57°,
z'_{nz} = 0,08 , $\cos \varphi$ = 0,9968 und
$\frac{\cos \varphi_x}{\left(1 + (z'_{nz}(x))^2\right)^{3/2}} = \frac{0,9968}{1,00961} = 0,9873 \approx 1$.

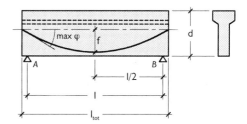

Bild 3.8   Schlankheit l/d

Für l = 28,00 m, d = 1,00 m,
l_{tot} = 28,50 m und f = 0,37 m wird
für x = 0   max φ = 2,97°,
z'_{nz} = 0,05 , $\cos \varphi$ = 0,9987 und
$\frac{\cos \varphi_x}{\left(1 + (z'_{nz}(x))^2\right)^{3/2}} = \frac{0,9987}{1,00404} = 0,9947 \approx 1$.

In Balkenmitte ist hier $\frac{\cos \varphi_x}{\left(1 + (z'_{nz}(x))^2\right)^{3/2}} = 1$.

Diese Beispiele zeigen, daß die Näherung i. allg. gute Ergebnisse liefert.

3.2 Schnittgrößen N_{bv}, Q_{bv} und M_{bv} des Lastfalles Vorspannung

Bild 3.9 stellt die Zustandsflächen der Schnittgrößen für verschiedene Spanngliedführungen dar, in denen Näherung und genaue Werte angedeutet sind. Außerdem wurden Einleitungs- und Umlenkkräfte, als äußere Kräfte am Träger wirkend, dargestellt.

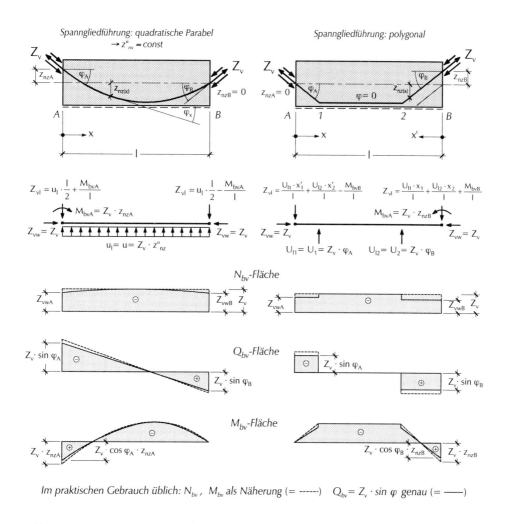

Bild 3.9 Schnittgrößen des Lastfalls Vorspannung für verschiedene Spanngliedführungen

3.2.2 Bemerkungen zur Spanngliedführung

Im Abschnitt 2.4 wurde gezeigt, daß die Druckresultierenden

$$D_{res,q} = \frac{M_v + M_q}{Z_v} \quad \text{und} \quad D_{res,g1} = \frac{M_v + M_{g1}}{Z_v}$$

für volle Vorspannung im Kernbereich liegen müssen, d.h.:

$e_{res,q} = (e_q - e_v) \leq k_o$ und

$e_{res,g1} = (e_v - e_{g1}) \leq k_u$ (Bild 3.10).

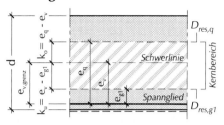

Bild 3.10 Kernbereich = zul. Bereich der Druckresultierenden (für positives M_q u. M_{g1})

Man wird aus wirtschaftlichen Gründen immer das größtmögliche e_v zu erreichen versuchen, also das konstruktiv bedingte $e_{v,grenz}$. Für $e_{v,grenz} > k_u$ ist dann aber ein min $M = M_{g1} = Z_v \cdot e_{g1}$ erforderlich. Für min $M = 0$ müßte das Spannglied im unteren Kernpunkt liegen (s. Bild 3.10). Damit ist der Bereich für die Lage der Spannglieder festgelegt.

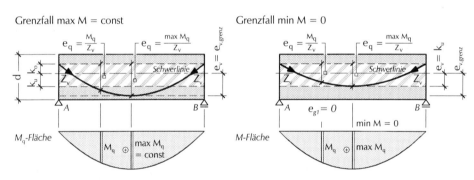

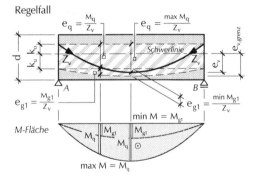

Bild 3.11 Grenzfälle und Regelfall von Spanngliedlagen

Bild 3.11 zeigt die Grenzfälle und den Regelfall von Spanngliedlagen. Nach G. FRANZ (Konstruktionslehre des Stahlbetonbaus Band I, Teil B, Springer-Verlag) kann auch bei beschränkter Vorspannung so verfahren werden, indem die Kernbereiche in Abhängigkeit von den zulässigen Betonzugspannungen $\sigma_{bo,u}$ vergrößert werden.

3.3 Der Spannweg bei beliebiger Spanngliedführung

Bei der Ermittlung des Spannweges wird vorausgesetzt, daß das Eigengewicht g_1 voll zur Wirkung kommt. Wie schon in Abschn. 3.1 bemerkt, trifft diese Annahme nur bedingt zu, so daß mit kleinen Ungenauigkeiten zu rechnen ist.
Da infolge der Reibung beim Vorspannen die Spannkraft Z_v über die Balkenlänge nicht konstant ist (sie nimmt von der Einleitungsstelle zum anderen Balkenende hin ab), wird mit einer mittleren Kraft gerechnet (s. Abschn. 4 Reibungsverluste).
Für die Herleitung der Gebrauchsformeln wird hier zunächst der Einfluß der Reibungsverluste vernachlässigt.
In Abschn. 3.1, Gl. 3.6 wurde die Vordehnung bzw. der Spannweg $\delta_{zv}^{(0)}$ ohne den Einfluß des beim Vorspannen wirksam werdenden Eigengewichts g_1 berechnet, also für den gewichtslos gedachten Balken. Es war

$$\delta_{zv}^{(0)} = \frac{Z_v \cdot l}{E_z \cdot A_z} + \frac{Z_v \cdot l}{E_b \cdot A_n} + \int_0^l \frac{Z_v \cdot z_{nz}^2(x)}{E_b \cdot I_n} dx.$$

Nach Gl. 3.7 (s. auch Bild 3.4) wurde unter Berücksichtigung von g_1 der in Z_v enthaltene Anteil $Z_{g1} = -\frac{\delta_{1g1}}{\delta_{11}}$ ermittelt.

Hierbei ist nach Gl. 3.8

$$\delta_{1g1} = \int_0^l \frac{M_{bg1} \cdot \overline{M}_{bv}}{E_b \cdot I_n} dx = -\int_0^l \frac{M_{bg1} \cdot z_{nz}(x)}{E_b \cdot I_n} dx.$$

Der δ_{11}-Wert ist zu bestimmen nach Gl. 3.9 zu

$$\delta_{11} = \frac{l}{E_z \cdot A_z} + \frac{l}{E_b \cdot A_n} + \int_0^l \frac{z_{nz}^2(x)}{E_b \cdot I_n} dx.$$

Es ist zu beachten, daß hier für beliebige Spanngliedführung anstatt z_{nz} gesetzt wird $z_{nz}(x)$.

In Bild 3.12 sind die Zustandsflächen zur Ermittlung von δ_{11} und δ_{1g1} dargestellt.

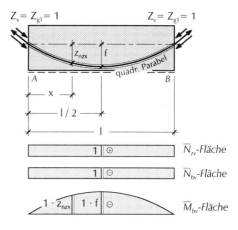

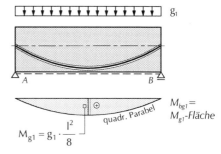

Bild 3.12 Zustandsflächen zur Ermittlung von δ_{11} und δ_{1g1} bei gekrümmter Spanngliedführung

Setzt man unter Wirkung des Eigengewichts g_1 für Z_v nun Z_{v+g1}, ergibt sich der Spannweg zu

$$\delta_{sp} = \delta_{zv+g1}{}^{(0)} - \delta_{1g1} = Z_{zv+g1} \cdot \delta_{11} - \delta_{1g1} \qquad (3.21)$$

Für δ_{11} und δ_{1g1} obige Ausdrücke eingesetzt, wird

$$\delta_{Sp} = Z_{v+g1} \cdot \frac{1}{E_z \cdot A_z} + Z_{v+g1} \cdot \frac{1}{E_b \cdot A_n} + Z_{v+g1} \cdot \int_0^l \frac{z_{nz}^2(x)}{E_b \cdot I_n} dx - \int_0^l \frac{M_{g1} \cdot z_{nz}(x)}{E_b \cdot I_n} dx$$

und mit $Z_{v+g1} \cdot z_{nz}(x) = M_{b,v+g1}$

$$\delta_{Sp} = Z_{v+g1} \cdot \frac{1}{E_z \cdot A_z} + Z_{v+g1} \cdot \frac{1}{E_b \cdot A_n} + \int_0^l \frac{|M_{b,v+g1}| - M_{g1}}{E_b \cdot I_n} \cdot z_{nz}(x) \, dx \qquad (3.22)$$

Nach Gl. 3.22 kann der Spannweg δ_{Sp} für gleichzeitiges Vorspannen eines Spannstranges ohne Trennung von Z_v und Z_{g1}, also mit der Pressenkraft Z_{v+g1} berechnet werden, wobei

$Z_{v+g1} \cdot \dfrac{1}{E_z \cdot A_z} = \delta_{zv}$ *Dehnung des Spannstahls durch die Pressenkraft Z_{v+g1} über die Länge hinaus (hier l = wahre Länge des Spannglieds)*

$Z_{v+g1} \cdot \dfrac{1}{E_b \cdot A_n} = \delta_{bv}{}^N$ *Stauchung des Betons für die Mittenkraft Z_{v+g1}*

$\int_0^l \dfrac{|M_{b,v+g1}| - M_{g1}}{E_b \cdot I_n} \cdot z_{nz}(x) \, dx = \delta_{bv}{}^M$ *Stauchung des Betons infolge der Differenz zwischen Vorspann- und Eigengewichtsmoment (Stauchung, wenn $|M_{b,v+g1}| > M_{g1}$)*

Da i. allg. $|M_{b,v+g1}|$ nicht viel von M_{g1} abweicht, wird $|M_{b,v+g1}| - M_{g1}$ sehr klein, und man kann in der Praxis auf den Anteil $\int_0^l \frac{|M_{b,v+g1}| - M_{g1}}{E_b \cdot I_n} \cdot z_{nz}(x) \, dx$ verzichten, da $\delta_{zv} \gg \delta_{bv}{}^M$ (bei üblichen Dachbindern mit ca. 25,00 m Spannweite beträgt $\delta_{zv} \approx 128$ mm, $\delta_{bv}{}^N \approx 3{,}3$ mm und $\delta_{bv}{}^M \approx 0{,}8$ mm).

Mit ausreichender Genauigkeit wird dann

$$\delta_{Sp} = \delta_{zv} - \delta_{bv}{}^N = \frac{Z_v \cdot l}{E_z \cdot A_z} + \frac{Z_v \cdot l}{E_b \cdot A_n} \qquad (3.23)$$

(wobei hier Z_v die erforderliche Pressenkraft darstellt)

3.2 Schnittgrößen N_{bv}, Q_{bv} und M_{bv} des Lastfalles Vorspannung

Werden mehrere Spannglieder eines Stranges nacheinander gespannt, so müssen die einzelnen Spannglieder wegen der stufenweise zunehmenden Betonstauchung unterschiedliche Spannwege haben. Die Berechnung der einzelnen Spannwege ist in Bild 3.13 erläutert.

Allgemein kann bei insgesamt n Spanngliedern von gleich großer Z_{vk} der Spannweg des k-ten Spanngliedes berechnet werden aus

$$\delta_{Sp,k} = \delta_{zv} + \left|\delta_{b1,v}^N\right| + (n-k) \cdot \left|\delta_{b1,v}^N\right| \qquad (3.24)$$

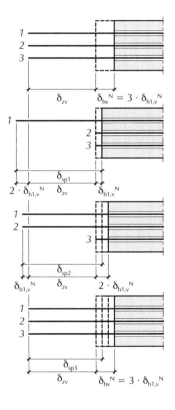

gleichzeitiges Spannen (Endzustand)

Spannglied 1 gespannt k=1
$$\delta_{Sp1} = \delta_{zv} + \left|\delta_{b1,v}^N\right| + \left|2 \cdot \delta_{b1,v}^N\right|$$

Spannglieder 1 und 2 gespannt k=2
$$\delta_{Sp1} = \delta_{zv} + \left|\delta_{b1,v}^N\right| + \left|\delta_{b1,v}^N\right|$$

Spannglied 1, 2 und 3 gespannt k=3
$$\delta_{Sp1} = \delta_{zv} + \left|\delta_{b1,v}^N\right|$$

$$\delta_{zv} = \delta_{zk,v} = \frac{Z_v \cdot l}{E_z \cdot A_z} = \frac{Z_{vk} \cdot l}{E_z \cdot A_{zk}}$$

Z_v = gesamte Spannkraft
A_z = gesamter Spannstahlquerschnitt
Z_{vk} = Spannkraft eines Spanngliedes
A_{zk} = Spannstahlquerschnitt eines Spanngliedes
$\delta_{b1,v}^N$ = Betonstauchung infolge Z_{vk}
n = Gesamtzahl der Spannglieder
k = 1 ... n

Bild 3.13   Spannwege $\delta_{Sp,k}$ beim Nacheinanderspannen von n Spanngliedern

3.4 Schnittgrößen N_{bv}, Q_{bv} und M_{bv} des Lastfalles Vorspannung bei statisch unbestimmten Systemen

3.4.1 Ermittlung der Zwängungsschnittgrößen; Kraftgrößenverfahren

Infolge Vorspannung hat man in *statisch unbestimmten* Systemen grundsätzlich den gleichen Eigenspannungszustand wie in den bisher behandelten statisch bestimmten Systemen. Zusätzlich aber entstehen Stütz– bzw. Zwängungsmomente, wenn durch den Eigenspannungszustand die Trägerachse eine Krümmung und die Trägerenden eine Tangentenneigung erfahren.

Da es für das Berechnungsverfahren zur Ermittlung der Stütz- bzw. Zwängungsmomente M_{Zw} ohne Belang ist, ob die Krümmung der Trägerachse durch äußere Lasten, Temperatur, Stützensenkung oder durch den Eigenspannungszustand aus Vorspannung zustande kommt, kann jedes bekannte Berechnungsverfahren zur Ermittlung der unbekannten Zwängungsmomente $M_{Zw} = X$ gewählt werden.

Für Durchlaufträger eignet sich besonders das Kraftgrößenverfahren in Form der CLAPEYRON'schen Gleichungen. In Bild 3.14 ist ein Träger mit mittiger Vorspannung dargestellt, bei dem keine Zwängungsmomente auftreten, da keine krümmungserzeugenden Eigenspannungsmomente M_{eig} vorhanden sind. Man beachte, daß im Lastfall Vorspannung der Träger als gewichtslos zu betrachten ist.

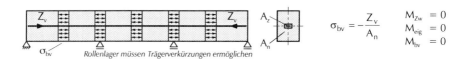

Bild 3.14 Durchlaufträger mit mittiger Vorspannung

Liegt das Spannglied ausmittig, so treten Momente aus Vorspannung auf (Bild 3.15). Wegen der Krümmung des Trägers stellen sich im statisch bestimmten Hauptsystem mit Gelenken über den Stützen an den Enden der Einfeldträger Tangentenneigungen ein, die aus der gegebenen Momentenfläche $M_{eig} = Z_v \cdot z_{nz}$ in bekannter Weise zu berechnen sind. Für die Vorzeichen der Momente gilt Bild 2.11.

Die Tangentenneigungen infolge der Momente aus Vorspannung werden $E \cdot I_n \cdot \delta_{10,l} = \int_A^B M_{eig} \cdot M_1 \, dx$ und $E \cdot I_n \cdot \delta_{10,r} = \int_B^C M_{eig} \cdot M_1 \, dx$. Mit Hilfe der üblichen Tafeln für die Auswertung der Integrale oder nach MOHR erhält man für parabelförmige Spanngliedführung $E \cdot I_n \cdot \delta_{10,l} = \frac{1}{3} \cdot Z_v \cdot e_B \cdot 1 \cdot l_1 - \frac{1}{3} \cdot Z_v \cdot f_1 \cdot 1 \cdot l_1$ und $E \cdot I_n \cdot \delta_{10,r} = \frac{1}{3} \cdot Z_v \cdot e_B \cdot 1 \cdot l_2 - \frac{1}{3} \cdot Z_v \cdot f_2 \cdot 1 \cdot l_2$.

3.2 Schnittgrößen N_{bv}, Q_{bv} und M_{bv} des Lastfalles Vorspannung

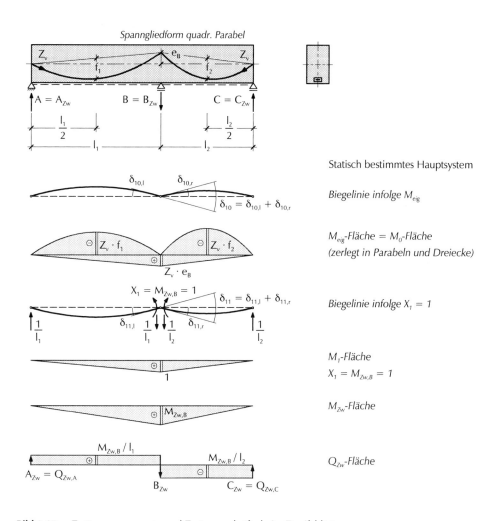

Bild 3.15 Zwängungsmomente und Zwängungskräfte beim Zweifeldträger

Das Zwängungsmoment $X_1 = M_{Zw,B} = 1$ erzeugt die Winkel $E \cdot I_n \cdot \delta_{11,l} = \frac{1}{3} \cdot 1^2 \cdot l_1$ und $E \cdot I_n \cdot \delta_{11,r} = \frac{1}{3} \cdot 1^2 \cdot l_2$. Aus der Kontinuitätsbedingung für die Stütze B folgt $\delta_{10} + X_1 \cdot \delta_{11} = 0$ und $X_1 = -\frac{\delta_{10}}{\delta_{11}}$.

Mit $\quad E \cdot I_n \cdot \delta_{10} = E \cdot I_n \cdot \delta_{10,l} + E \cdot I_n \cdot \delta_{10,r} = \frac{1}{3} \cdot Z_v \cdot e_B \cdot (l_1 + l_2) - \frac{1}{3} \cdot Z_v \cdot (f_1 \cdot l_1 + f_2 \cdot l_2)$
und $E \cdot I_n \cdot \delta_{11} = \frac{1}{3} \cdot (l_1 + l_2)$ wird

$$M_{Zw,B} = X_1 = -\frac{Z_v \cdot e_B \cdot (l_1 + l_2) - Z_v \cdot (f_1 \cdot l_1 + f_2 \cdot l_2)}{l_1 + l_2} =$$
$$= Z_v \cdot \left(\frac{f_1 \cdot l_1 + f_2 \cdot l_2}{l_1 + l_2} - e_B \right)$$

(3.25)

Für den Sonderfall $f_1 = f_2 = f$ wird auch bei unterschiedlichen Spannweiten $l_1 \neq l_2$

$$M_{Zw,B} = X_1 = Z_v \cdot (f - e_B)$$

(3.26)

In den Gln. 3.25 und 3.26 sind Z_v, f und e_B nur mit den Beträgen einzusetzen, da die Vorzeichen der Momente auf die gestrichelte Faser bezogen wurden. I. allg. ist f > e_B und das Zwängungsmoment $M_{Zw,B}$ positiv. Es wird am größten für $e_B = 0$ unter der Voraussetzung gleicher Stichhöhe f. Die Auflagerreaktionen infolge Zwängung werden berechnet aus $A_{Zw} = \frac{M_{Zw,B}}{l_1}$; $B_{Zw} = -M_{Zw,B} \cdot \left(\frac{1}{l_1} + \frac{1}{l_2} \right)$; $C_{Zw} = \frac{M_{Zw,B}}{l_2}$.
Der Querkraftverlauf aus der Zwängung ist in Bild 3.15 dargestellt.
Für die Spannungsermittlung werden die Schnittgrößen des Eigenspannungszustandes mit denen aus Zwängung überlagert.

$$\begin{aligned} M_{bv} &= M_{eig} + M_{Zw} = Z_v \cdot z_{nz} + M_{Zw} \\ Q_{bv} &= Q_{eig} + Q_{Zw} = Z_v \cdot \sin \varphi + Q_{Zw} \end{aligned}$$

(3.27)

Unabhängig von der Zwängung bleibt gemäß Abschn. 3.2 $N_{bv} = -Z_v$.

3.4.2 Besonderheiten am Zweifeldträger

Führt man für den Zweifeldträger nach Bild 3.15 die Überlagerung durch, so wird für Stütze B mit Gl. 3.25

$$M_{bv,B} = Z_v \cdot e_B + Z_v \cdot \left(\frac{f_1 \cdot l_1 + f_2 \cdot l_2 - e_B}{l_1 + l_2} \right) = Z_v \cdot \frac{f_1 \cdot l_1 + f_2 \cdot l_2}{l_1 + l_2}$$

(3.28)

3.2 Schnittgrößen N_{bv}, Q_{bv} und M_{bv} des Lastfalles Vorspannung

Die Querkraft setzt sich ebenfalls aus Eigenspannungs- und Zwängungsanteil zusammen (s. Bild 3.15)

$$Q_{bv,Bl} = Z_v \cdot \sin \varphi_{Bl} + \frac{M_{Zw,B}}{l_1}$$

$$Q_{bv,Br} = Z_v \cdot \sin \varphi_{Br} + \frac{M_{Zw,B}}{l_2}$$

(3.29)

Die Winkel φ_{Bl} und φ_{Br} sind die Neigungen des Spanngliedes gegen die Trägerachse. Die Zustandsflächen für M_{bv} und Q_{bv} sind in Bild 3.16 für den Träger nach Bild 3.15 dargestellt.

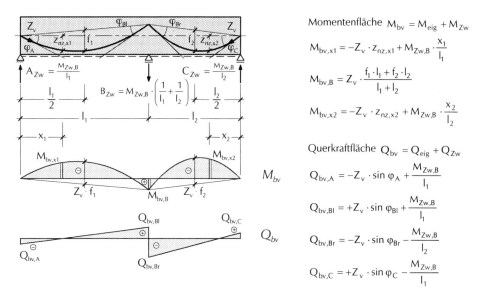

Momentenfläche $M_{bv} = M_{eig} + M_{Zw}$

$$M_{bv,x1} = -Z_v \cdot z_{nz,x1} + M_{Zw,B} \cdot \frac{x_1}{l_1}$$

$$M_{bv,B} = Z_v \cdot \frac{f_1 \cdot l_1 + f_2 \cdot l_2}{l_1 + l_2}$$

$$M_{bv,x2} = -Z_v \cdot z_{nz,x2} + M_{Zw,B} \cdot \frac{x_2}{l_2}$$

Querkraftfläche $Q_{bv} = Q_{eig} + Q_{Zw}$

$$Q_{bv,A} = -Z_v \cdot \sin \varphi_A + \frac{M_{Zw,B}}{l_1}$$

$$Q_{bv,Bl} = +Z_v \cdot \sin \varphi_{Bl} + \frac{M_{Zw,B}}{l_1}$$

$$Q_{bv,Br} = -Z_v \cdot \sin \varphi_{Br} - \frac{M_{Zw,B}}{l_2}$$

$$Q_{bv,C} = +Z_v \cdot \sin \varphi_C - \frac{M_{Zw,B}}{l_1}$$

Bild 3.16 Überlagerung der Schnittgrößen aus Eigenspannung und Zwängung

Bei geradliniger Spanngliedführung (Bild 3.17) mit der Exzentrizität e_B über der Mittelstütze sowie ohne Endexzentrizität wird $M_{bv} = M_{eig} + M_{Zw} = 0$ und $Q_{bv} = Q_{eig} + Q_{Zw} = 0$, da $M_{eig} = -M_{Zw}$ und $Q_{eig} = -Q_{Zw}$. Es bleiben nur die Auflagerreaktionen aus der Zwängung.

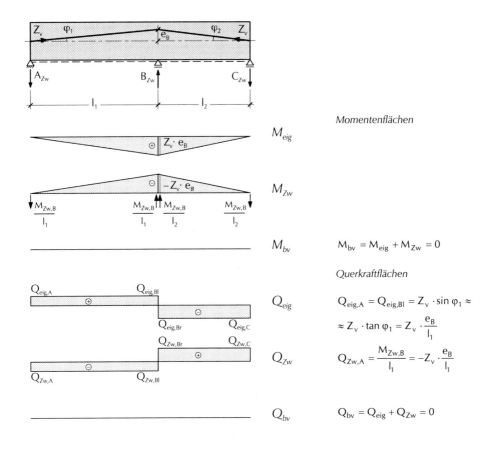

Bild 3.17 Schnittgrößen aus Eigenspannung und Zwängung heben sich auf

3.4.3 Berechnung über die Umlenkkräfte

In Abschn. 3.2 (Bild 3.9) wurden die Schnittgrößen des Eigenspannungszustandes für den Einfeldträger mit Hilfe der Umlenkkräfte berechnet, wobei mit hinreichender Genauigkeit die Näherungen eingeführt wurden $\cos \varphi \approx 1$; $\sin \varphi \approx \tan \varphi \approx \varphi$; $u_l \approx u \approx Z_v \cdot z_{nz}''$; $u_w \approx 0$.

Über die Umlenkkräfte können auch bei statisch unbestimmten Systemen die Schnittgrößen M_{bv} und Q_{bv} ermittelt werden. Die so berechneten Schnittgrößen sind dann $M_{bv} = M_{eig} + M_{Zw}$ und $Q_{bv} = Q_{eig} + Q_{Zw}$.

3.2 Schnittgrößen N_{bv}, Q_{bv} und M_{bv} des Lastfalles Vorspannung

Will man daraus die Zwängungsanteile M_{Zw} und Q_{Zw} isolieren, ist von M_{bv} bzw. Q_{bv} der bekannte Eigenspannungsanteil M_{eig} bzw. Q_{eig} abzuziehen, so daß

$$M_{Zw} = M_{bv} - M_{eig} \quad \text{bzw.} \quad Q_{Zw} = Q_{bv} - Q_{eig} \qquad (3.30)$$

Die Berechnungsweise ist in Bild 3.18 ohne Exzentrizitäten erläutert. Treten Endexzentrizitäten auf, sind sie als äußere Momente $Z_v \cdot e_A$ und $Z_v \cdot e_C$ einzuführen.

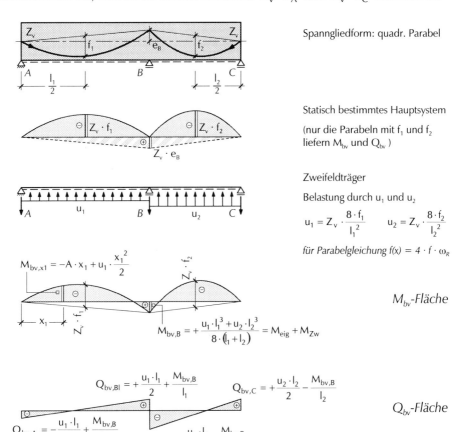

Bild 3.18 Berechnung von M_{bv} und Q_{bv} über die Umlenkkräfte

Bild 3.16 und Bild 3.18 zeigen die gleichen Ergebnisse einmal über die Ermittlung der Zwängungsmomente und zum anderen über die Umlenkkräfte.

Betrachtet man nach Bild 3.18 $M_{bv,B} = +\dfrac{u_1 \cdot l_1^3 + u_2 \cdot l_2^3}{8 \cdot (l_1 + l_2)}$ und setzt für $u_1 = Z_v \cdot \dfrac{8 \cdot f_1}{l_1^2}$ und $u_2 = Z_v \cdot \dfrac{8 \cdot f_2}{l_2^2}$ so wird $M_{bv,B} = Z_v \cdot \dfrac{f_1 \cdot l_1 + f_2 \cdot l_2}{l_1 + l_2}$, was mit Gl. 3.28 übereinstimmt.

Den Zwängungsanteil $M_{Zw,B}$ erhält man aus $M_{Zw,B} = M_{bv,B} - M_{eig,B} = Z_v \cdot \dfrac{f_1 \cdot l_1 + f_2 \cdot l_2}{l_1 + l_2} - Z_v \cdot e_B$, was mit Gl. 3.25 übereinstimmt.

3.4.4 Auswerten von Einflußlinien

Für das Auswerten der Einflußlinien ist der Weg über die Umlenkkräfte erforderlich (bzw. für die Auswertung von Einflußflächen bei Platten); er bietet in jedem Fall Kürze und Übersichtlichkeit.

In Bild 3.19 ist die Ermittlung von M_{bv} mit Hilfe der Einflußlinien am Beispiel eines Dreifeldträgers erläutert. Bei der Berechnung der Auflagerkräfte aus Lastfall Vorspannung ist zu beachten, daß die Anteile aus den Stützmomenten von den Zwängungsmomenten herrühren. Das Isolieren der Zwängungsanteile erfolgt nach Gl. 3.30. Demnach ist z.B. $M_{Zw,B} = M_{bv,B} - M_{eig,B}$ mit $M_{eig,B} = Z_v \cdot e_B$.

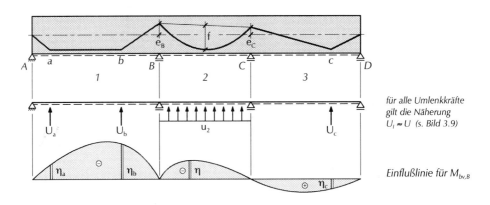

Bild 3.19 Ermittlung von $M_{bv,B}$ über die Umlenkkräfte mit Hilfe von Einflußlinien

4 Reibungsverluste beim Vorspannen

Sowohl für die Spannungsermittlung als auch für die Berechnung der Spannwege wurde in Abschn. 3 konstante Vorspannkraft Z_v über die gesamte Balkenlänge angenommen. Wird zum Beispiel nur von einer Seite vorgespannt (Bild 4.1), so vermindert sich die Vorspannkraft Z_v stetig von A bis B.
Da die Spannkraft i. allg. für den Mittenquerschnitt berechnet ist, muß die Einleitungskraft Z_{vA} entsprechend größer gewählt werden. Der erforderliche Spannweg δ_{Sp} ist unter Berücksichtigung der Reibung ebenfalls für Z_{vm} nach Gl. 3.23 zu berechnen.

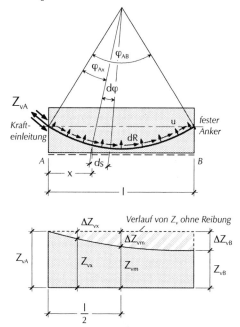

Bild 4.1 Spannkraftverlauf von A nach B bei Berücksichtigung der Reibung

4.1 Berechnung des Spannkraftabfalls Bestimmung der Umlenkwinkel

Der Spannkraftabfall dZ_v ist durch die Reibungskräfte $dR = u \cdot ds \cdot \mu$ bedingt, wobei nach Bild 3.7 $u \cdot ds = Z_v \cdot d\varphi$ (für $\sin d\varphi = d\varphi$). Es ist $dZ_v = -dR = -Z_v \cdot d\varphi \cdot \mu$ und

$$\frac{dZ_v}{d\varphi} + Z_v \cdot \mu = 0 \qquad (4.1)$$

Gl. 4.1 ist die Differentialgleichung der Seilreibung. Ihre Lösung liefert die Spannkraft Z_{vx} an beliebiger Stelle, ausgehend von der Einleitungskraft Z_{vA} (Bild 4.1)

$$Z_{vx} = Z_{vA} \cdot e^{-\mu \cdot \varphi_{Ax}} \qquad (4.2)$$

Die Verkleinerung der Spannkraft Z_{vA} ist demnach nur von dem Reibungsbeiwert μ und dem Umlenkwinkel φ_{Ax} von A bis x abhängig. Man beachte, daß hier der Winkel φ_{Ax} immer die Umlenkung von A bis x im Bogenmaß darstellt und nicht die Tangentenneigung in x. Während Gl. 4.2 die an der Stelle x verbleibende Spannkraft Z_{vx} angibt, ergibt sich für den Spannkraftverlust

$$\Delta Z_{vx} = Z_{vA} - Z_{vx} = Z_{vA} \cdot \left(1 - e^{-\mu \cdot \varphi_{Ax}}\right) \tag{4.3}$$

Die Werte $e^{-\mu \cdot \varphi_{Ax}}$ oder $(1 - e^{-\mu \cdot \varphi_{Ax}})$ sind mathematischen Tafeln zu entnehmen. Für *kleine* Werte $\mu \cdot \varphi_{Ax}$ bzw. $\mu \cdot \varphi_{AB}$ werden Spannkraft und Spannkraftverlust näherungsweise

$$Z_{vx} \approx Z_{vA} \cdot \left(1 - \mu \cdot \varphi_{Ax}\right) \tag{4.4}$$

$$\Delta Z_{vx} \approx Z_{vA} \cdot \mu \cdot \varphi_{Ax} \tag{4.5}$$

Die Näherungswerte ergeben sich aus den ersten Gliedern der Exponentialreihe für die e-Funktion. Die Umlenkwinkel sind im Bogenmaß einzusetzen (z. B. für $\varphi_{Ax} = 90°$ der Wert $\varphi_{Ax} = \frac{3,14}{2}$).

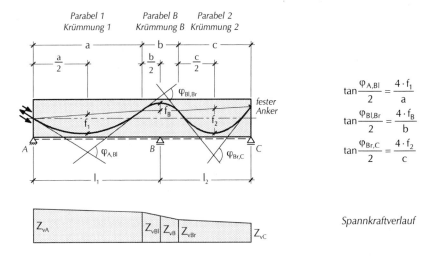

Bild 4.2 Umlenkwinkel und Spannkraftverlauf für einen Zweifeldträger bei einseitiger Vorspannung

Bild 4.2 zeigt die Ermittlung der Umlenkwinkel für einen Zweifeldträger mit parabolischer Spanngliedführung. Die Krümmungen in den einzelnen Abschnitten der quadratischen Parabel (Bild 4.2) sind näherungsweise konstant, so daß die

Neigungen des Spannkraftverlaufs innerhalb der einzelnen Bereiche mit hinreichender Genauigkeit ebenfalls konstant sind, jedoch Neigungsänderungen von Bereich zu Bereich auftreten können.

4.2 Ungewollte Umlenkwinkel

Neben den Umlenkwinkeln aus der Geometrie des Spanngliedes treten aus Ungenauigkeiten der Ausführung bei Spanngliedern und Gleitkanälen ungewollte Umlenkwinkel selbst bei gerader Spanngliedführung auf. Diese Ungenauigkeiten werden berücksichtigt durch den Winkel β in Grad je Meter Spanngliedlänge. Für den Spannkraftverlust ist damit in die Gln. 4.2 und 4.3 bzw. 4.4 und 4.5 der Winkel einzusetzen

$$\gamma_{Ax} = \varphi_{Ax} + \beta \cdot x \qquad (4.6)$$

Für den Zweifeldträger nach Bild 4.2 werden die Umlenkwinkel in Grad [°]

$\gamma_{A,Bl} = \varphi_{A,Bl}\,[°] + \beta\,[°/m] \cdot a\,[m]$ $\qquad \gamma_{Bl,Br} = \varphi_{Bl,Br}\,[°] + \beta\,[°/m] \cdot b\,[m]$ $\qquad \gamma_{Br,C} = \varphi_{Br,C}\,[°] + \beta\,[°/m] \cdot c\,[m]$

Der gesamte Umlenkwinkel von A bis C wird $\gamma_{A,C} = \gamma_{A,Bl} + \gamma_{Bl,Br} + \gamma_{Br,C}$.

Wegen der ungewollten Umlenkwinkel β tritt der Spannkraftverlust auch in geraden Bereichen auf (Bild 4.3). Selbstverständlich ist der Spannkraftabfall im Bereich scharf gekrümmter Umlenkungen erheblich größer.

Die Reibungsbeiwerte μ und die ungewollten Umlenkwinkel ß in °/m sind in den Zulassungen für die einzelnen Spannverfahren festgelegt. Sie betragen etwa μ = 0,15...0,30 und β = 0,20...1,0°/m.

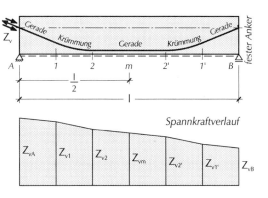

Bild 4.3 Spannkraftverlust auch in den Bereichen gerader Spanngliedführung

Geht man davon aus, daß im Bereich der größten Beanspruchung des Spanngliedes (beim Einfeldbalken etwa in Feldmitte) die zulässige Spannung im Spannstahl bzw. die zulässige Spannkraft Z_v = zul $\sigma_{zv} \cdot A_z$ erreicht werden soll, dann ist es notwendig, den Spannkraftverlust ΔZ_{vm} durch überhöhte Spannungen an der Einleitungsstelle auszugleichen. Nach DIN 4227, Tab. 9, Zeile 66 kann dort die zulässige Spannung im Gebrauchszustand um 5 % überschritten werden, ohne die Überspannung durch Nachlassen wieder abbauen zu müssen. Beträgt ΔZ_{vm} zwischen der Einleitungsstelle und dem maßgebenden Querschnitt für zul Z_v (für Einfeldbalken etwa bei l/2) mehr als 5 %, dann ist der Ausgleich des Reibungsverlustes ΔZ_{vm} nur durch Überspannen mit anschließendem Nachlassen möglich (Bild 4.4).

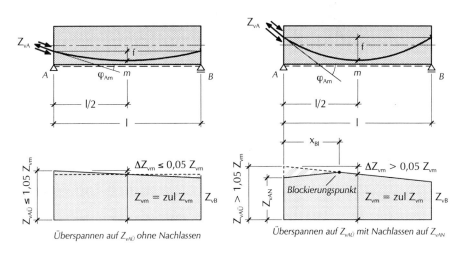

Bild 4.4 Ausgleich des Reibungsverlustes für $\Delta Z_{vm} < 0{,}05 \cdot zul\, Z_v$ und $\Delta Z_{vm} > 0{,}05 \cdot zul\, Z_v$

4.3 Ausgleich der Verluste durch Überspannen

Die Spannung kann an der Einleitungsstelle nach DIN 4227, Tab. 9, Zeile 64 kurzfristig 0,65 β_z bzw. 0,80 β_s erreichen; der kleinere Wert ist maßgebend.

Das Nachlassen der Spannkraft von $Z_{vAÜ}$ auf Z_{vAN} (Bild 4.4) wirkt sich wegen der Reibung beim Zurückgleiten nur bis zum Blockierungspunkt aus. Die Lage des Blockierungspunktes kann wegen des meist kleinen Wertes $\mu \cdot \gamma$ bis dorthin genau genug aus Gl. 4.4 bestimmt werden, wonach $Z_{vAÜ} \cdot (1 - \mu \cdot \gamma) = Z_{vAN} \cdot (1 + \mu \cdot \gamma)$. Hierin ist $Z_{vAN} \cdot (1 + \mu \cdot \gamma)$ der aufsteigende Ast der Spannkraftlinie. Im Schnittpunkt der fallenden und steigenden Geraden liegt der Blockierungspunkt bei dem Umlenkwinkel im Bogenmaß

$$\gamma = \frac{Z_{vAÜ} - Z_{vAN}}{\mu \cdot (Z_{vAÜ} + Z_{vAN})} \qquad (4.7)$$

4.3 Ausgleich der Verluste durch Überspannen

Setzt man für den Verlauf der fallenden Linie $Z_{vAÜ} \cdot e^{-\mu \cdot \gamma}$ und für den Verlauf der steigenden Linie $Z_{vAN} \cdot e^{+\mu \cdot \gamma}$, so ergibt sich aus $Z_{vAÜ} \cdot e^{-\mu \cdot \gamma} = Z_{vAN} \cdot e^{+\mu \cdot \gamma}$

$$\gamma = \frac{1}{2 \cdot \mu} \cdot \ln \frac{Z_{vAÜ}}{Z_{vAN}} \qquad (4.8)$$

Aus $\gamma = \varphi_{Ax,Bl} + \beta \cdot x_{Bl}$ ergibt sich x_{Bl} als Entfernung zum Blockierungspunkt (s. Gl. 4.6). Für konstante Krümmung (Näherung bei quadratischer Parabel) wird mit $\varphi' = \frac{\varphi_{Am}}{l/2}$ bzw. $\varphi' = \frac{\varphi_{A,B}}{l}$ [rad/m]

$$\varphi_{Ax,Bl} = \varphi' \cdot x_{Bl} \quad \text{und} \quad \gamma = (\varphi' + \beta) \cdot x_{Bl} \quad x_{Bl} = \frac{\gamma}{\varphi' + \beta} \qquad (4.9)$$

4.4 Ein- und zweiseitiges Vorspannen

Bei einseitigem Vorspannen ist es möglich, daß die Spannkraft in der rechten Trägerhälfte (Bild 4.4) im Bereich der Maximalmomente und am Auflager B zur erforderlichen Abminderung der Biegezug- und Hauptzugspannungen nicht mehr ausreicht. In diesen Fällen ist es zweckmäßig, die Spannglieder entweder zu verschwenken oder beidseitig Vorauspannen (Bild 4.5)

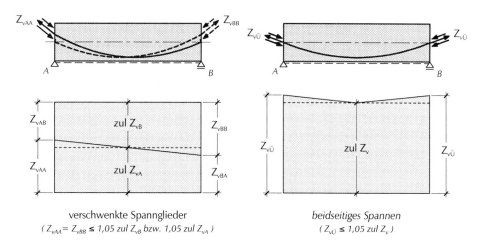

Bild 4.5 Gleichmäßige Verteilung von Z_v durch verschwenkte Spannglieder oder beidseitiges Spannen

Ist bei langen Spannbetonträgern $\Delta Z_{vm} > 0{,}05 \cdot \text{zul } Z_v$ (s. Bild 4.4), so kann bei beidseitigem Spannen durch ggf. mehrmaliges Überspannen und Nachlassen eine brauchbare Verteilung von Z_v erreicht werden. Für das Nachlassen ist noch der Nachlaßweg an der Spannpresse zu berechnen. Aus Gl. 3.23 ergibt sich der volle Spannweg
$$\delta_{Sp} = \frac{Z_{v,mittel} \cdot l}{E_z \cdot A_z} + \frac{Z_{v,mittel} \cdot l}{E_b \cdot A_n}.$$
Hierin ist $Z_{v,mittel}$ der Mittelwert der Spannkraft über die gesamte Spanngliedlänge. Bei unregelmäßigen Spannkraftverlauf $Z_v(x)$ wird zweckmäßig mit der Spannkraftfläche $A = Z_{v,mittel} \cdot l = \int_0^l Z_v(x)\,dx$ gerechnet.

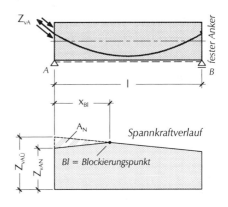

Bild 4.6 Ermittlung des Nachlaßweges

Der Nachlaßweg kann genau genug aus dem Dreieck $Z_{vA\ddot{U}} - Z_{vAN} - Bl$ (s. Bild 4.6) bestimmt werden. Es ist

$$\delta_{SpN} = \frac{A_N}{E_z \cdot A_z} + \frac{A_N}{E_b \cdot A_n} \quad \text{mit} \quad A_N = (Z_{vA\ddot{U}} - Z_{vAN}) \cdot \frac{x_{Bl}}{2} \qquad (4.10)$$

4.5 Keilschlupf

In ähnlicher Form ist der Spannkraftabfall aus Keilschlupf zu berechnen. Die bei Keilverankerung auftretenden Schlupflängen Δl_{Schl} liegen nach deutschen Zulassungen etwa zwischen 2 mm und 8 mm.

Nach Bild 4.7 ist die Schlupflänge
$$\Delta l_{Schl} = \int_0^{x_{Schl}} \varepsilon_{Schl}(x)\,dx = \int_0^{x_{Schl}} \frac{\Delta Z_{Schl}(x)}{E_z \cdot A_z}\,dx.$$

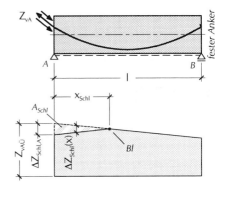

Bild 4.7 Spannkraftabfall $\Delta Z_{vSchl,A}$ an der Spannstelle infolge Keilschlupf

4.5 Keilschlupf

Mit $E_z \cdot A_z = $ const kann man schreiben

$$E_z \cdot A_z \cdot \Delta l_{Schl} = \int_0^{x_{Schl}} \Delta Z_{vSchl}(x)\, dx = A_{Schl} \qquad (4.11)$$

Hinreichend genau ist $A_{Schl} = \Delta Z_{vSchl,A} \cdot \frac{x_{Schl}}{2}$. Damit erhält man an der Stelle A

$$\Delta Z_{vSchl,A} = \frac{2 \cdot E_z \cdot A_z \cdot \Delta l_{Schl}}{x_{Schl}} \qquad (4.12)$$

In Gl. 4.12 sind $\Delta Z_{vSchl,A}$ und x_{Schl} unbekannt. Zur Berechnung von $\Delta Z_{vSchl,A}$ wird zunächst $x_{Schl,1}$ geschätzt. Daraus folgt $\Delta Z_{vSchl,A}$ bei gegebenem Δl_{Schl}. Den Umlenkwinkel erhält man aus der Bedingung $Z_{vAÜ} \cdot (1 - \mu \cdot \gamma_1) = Z_{vAN} \cdot (1 + \mu \cdot \gamma_1)$. Hierin ist $Z_{vAN} = Z_{vAÜ} - \Delta Z_{vSchl,A1}$. Für das Rückgleiten erhält man

$$\gamma_1 = \frac{\Delta Z_{vSchl,A1}}{\mu \cdot (2 \cdot Z_{vAÜ} - \Delta Z_{vSchl,A1})} \qquad (4.13)$$

Der Schnittpunkt der steigenden und fallenden Geraden liegt bei

$$x_{Schl1} = \frac{\gamma_1}{\varphi' + \beta} \qquad (4.14)$$

Die Winkel φ' und β sind in [rad/m] einzusetzen.

Stimmen Schätzwert und Rechenwert nach Gl. 4.14 für x_{Schl1} überein, so hat auch der nach Gl. 4.12 ermittelte Spannkraftverlust $\Delta Z_{vSchl,A1}$ den richtigen Wert. Andernfalls ist der Rechengang mit einem neu geschätzten x_{Schl} zu wiederholen bis zur Übereinstimmung von Schätz- und Rechenwert.

4.6 Berechnungsbeispiel

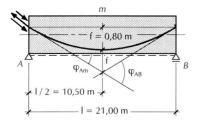

Bild 4.8 Daten für das Berechnungsbeispiel

Für den in Bild 4.8 dargestellten Träger soll in Balkenmitte eine Vorspannkraft $Z_{vm} = $ zul $Z_v = 1000$ kN erreicht werden. Am Auflager A ist entsprechend zu überspannen auf $Z_{vAÜ}$. Falls $Z_{vAÜ} > 1,05 \cdot Z_{vm}$ soll auf $Z_{vAN} = 1000$ kN nachgelassen werden.

Dabei sind die Lage des Blockierungspunkts und Spannkraft am Blockierungspunkt zu bestimmen.

Geg.: l = 21,00 m; f = 0,80 m; µ = 0,3; β = 0,9 °/m
Ges.: $Z_{vAÜ}$, x_{Bl}, Z_{vxBl}

Der Umlenkwinkel wird nach Bild 4.8

$$\varphi_{AB} = 2 \cdot \varphi_{Am}; \quad \tan \varphi_{Am} = \frac{2 \cdot f}{l/2} = \frac{2 \cdot 0,8}{21,00/2} = 0,1524 \quad \rightarrow \quad \varphi_{Am} = 8,67°$$

$$\varphi_{AB} = 2 \cdot 8,67° = 17,34°; \quad \gamma_{AB} = 17,34° + 21,00 \cdot 0,9 = 36,24° \quad \rightarrow \quad \text{arc } \gamma_{AB} = 0,6325$$

Das Spannglied ist in Form einer quadratischen Parabel geführt; die Krümmung kann als annähernd konstant angenommen werden. Der Umlenkwinkel je Meter wird $\varphi' = \frac{17,34}{21,00} = 0,83 °/m$; $\gamma' = \varphi' + \beta = 0,83 + 0,90 = 1,73 °/m$

arc $\gamma' = 0,0302/m$; arc $\gamma_{Am} = \frac{21,00}{2} \cdot 0,0302 = 0,317$

Nach Gl. 4.2 wird

$$Z_{vAÜ} = \frac{Z_{vm}}{e^{-\mu \cdot \gamma_{Am}}} = \frac{1000}{e^{-0,3 \cdot 0,317}} = 1099,80 \text{ kN} > 1,05 \cdot 1000 = 1050 \text{ kN}$$

$$Z_{vB} = 1099,8 \cdot e^{-0,3 \cdot 0,6325} = 909,7 \text{ kN}$$

Es wird am Auflager A auf $Z_{vAÜ} = 1099,8$ kN überspannt und dann auf $Z_{vAN} = Z_{vB} = 909,7$ kN nachgelassen.

Der Umlenkwinkel bis zum Blockierungspunkt wird nach Gl. 4.8 $\gamma = \frac{1}{2 \cdot \mu} \cdot \ln \frac{Z_{vAÜ}}{Z_{vAN}} =$

$\frac{1}{2 \cdot 0,3} \cdot \ln \frac{1099,8}{909,7} = 0,31628$

Damit erhält man nach Gl. 4.9

$$x_{Bl} = \frac{0,31628}{0,0302} = 10,47 \approx 10,50 \text{ m}$$

und für die Spannkraft am Blockierungspunkt $Z_{v,x_{Bl}} =$

$109,8 \cdot e^{-0,3 \cdot 0,31628} = 1000$ kN

Die berechneten Ergebnisse sind in Bild 4.9 dargestellt.

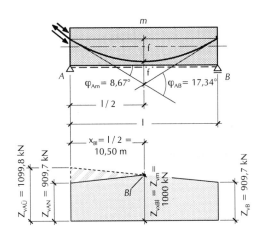

Bild 4.9 Ergebnisse des Berechnungsbeispiels

5 Berechnung einer Fußgängerbrücke
5.1 System, Belastung und Baustoffe

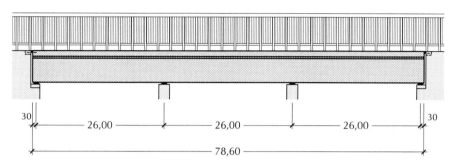

Bild 5.1 Ansicht der dreifeldrigen Fußgängerbrücke (8-fach überhöht)

System:

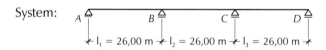

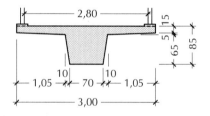

Bild 5.2 Querschnitt

Baustoffe:

Beton B45, $E_b = 37000$ MN/m²

Spannverfahren SUSPA

Litzenspannnverfahren

Hüllrohr-$\varnothing$ 6,2 cm

Spannglieder Typ 6-7 mit zul. Vorspannkraft 954 kN

Spannstahlquerschnitt 9,8 cm²

Spannstahl 1570/1770

$E_z = 195000$ MN/m²

Belastung:

Eigenlast
$$g_1 = 1{,}0675 \cdot 25{,}0 = 26{,}69 \text{ kN/m}$$

Ausbaulast

Dichtung
$0{,}02 \cdot 3{,}00 = 0{,}06$ kN/m

Belag (4 cm Gußasphalt)
$0{,}04 \cdot 3{,}00 \cdot 22{,}0 = 2{,}64$ kN/m

Geländer u. Entwässerung
$2 \cdot 0{,}35 + 0{,}2 = 0{,}90$ kN/m

$$g_2 = 3{,}60 \text{ kN/m}$$

Verkehrslast (DIN 1072)

$p' = 5{,}5 - 0{,}05 \cdot 26{,}0 = 4{,}2$ kN/m²

$$p = 4{,}2 \cdot 2{,}80 = \underline{11{,}76 \text{ kN/m}}$$

Vollast
$$q = 42{,}05 \text{ kN/m}$$

Vorspannung:

Beschränkte Vorspannung

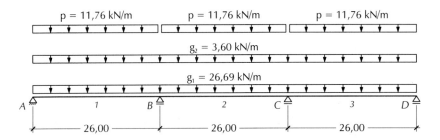

Bild 5.3 Belastung

5.2 Schnittgrößen aus äußeren Lasten

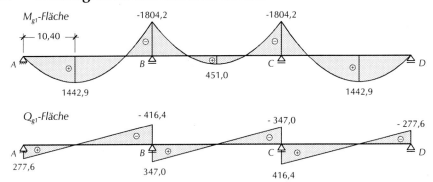

Bild 5.4 Lastfall g_1

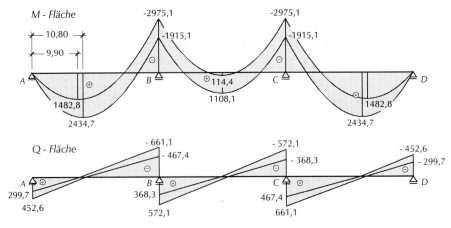

Bild 5.5 max- und min-Werte

5.3 Spanngliedführung

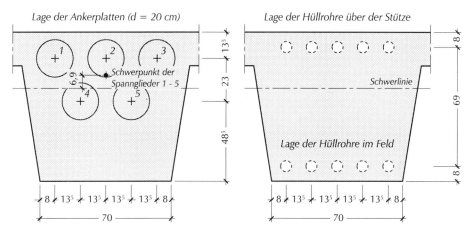

Bild 5.6 Verankerung und Lage der Hüllrohre

Zur Vereinfachung und mit hinreichender Genauigkeit werden die beiden Spanngliedlagen im Schwerpunkt aller Spannglieder zu einem ideellen Spanngliedverlauf zusammengefaßt.

Zwischen den Wendepunkten verlaufen die Spannglieder parabolisch. Spannglied 2 läuft nur vom Balkenkopf bis zum Wendepunkt W_2 bzw. W_2' und wird dort fest verankert. Die Spannglieder 1, 3, 4 und 5 laufen durch. Der Spanngliedverlauf ist in Bild 5.7a und b dargestellt.

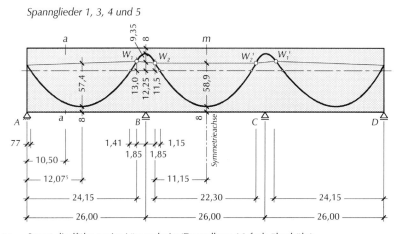

Bild 5.7a Spanngliedführung im Längsschnitt (Darstellung 16-fach überhöht)

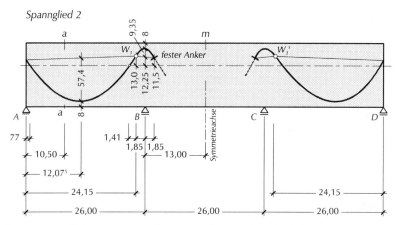

Bild 5.7b Spanngliedführung im Längsschnitt (Darstellung 16-fach überhöht)

5.4 Spannkraftverlauf

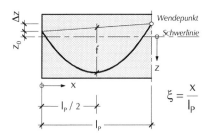

Die quadratischen Parabeln werden dargestellt durch die Funktion

$$z(x) = 4 \cdot f \cdot (\xi - \xi^2) \quad (5.1)$$

$\xi = \dfrac{x}{l_p}$

Bezeichnungen siehe Bild 5.8

Bild 5.8
Bezeichnungen in der Parabelgleichung

Feld 1

$f = 0{,}574$ m; $l_p = 24{,}15$ m; $z_0 = -0{,}069$ m; $z_{W1} = -0{,}13$ m (Daten nach Bild 5.7)

$z(x) = 4 \cdot 0{,}574 \cdot (\xi - \xi^2) - 0{,}061 \cdot \xi - 0{,}069$ [m]

$z'(x) = 0{,}09507 \cdot (1 - 2 \cdot \xi) - 0{,}002526$; $z''(x) = -\dfrac{8 \cdot f}{l_p^2} = -\dfrac{8 \cdot 0{,}574}{24{,}15^2} = -0{,}0078735$ [1/m]

Stütze B

$f = 0{,}0935$ m; $l_p = 3{,}70$ m; $z_0 = -0{,}13$ m; $z_{W2} = -0{,}115$ m (Daten nach Bild 5.7)

$z(x) = 4 \cdot 0{,}0935 \cdot (\xi - \xi^2) + 0{,}015 \cdot \xi - 0{,}13$ [m]

$z'(x) = 0{,}10108 \cdot (1 - 2 \cdot \xi) + 0{,}00405$; $z''(x) = \dfrac{8 \cdot f}{l_p^2} = \dfrac{8 \cdot 0{,}0935}{3{,}70^2} = 0{,}054638$ [1/m]

5.4 Spannkraftverlauf

Feld 2

$f = 0{,}589$ m; $l_p = 22{,}30$ m; $z_0 = -0{,}115$ m; $\Delta z = 0$ (Daten nach Bild 5.7)

$z(x) = 4 \cdot 0{,}589 \cdot (\xi - \xi^2) - 0{,}115$ [m]

$z'(x) = 0{,}1057 \cdot (1 - 2 \cdot \xi);\quad z''(x) = -\dfrac{8 \cdot f}{l_p^2} = -\dfrac{8 \cdot 0{,}589}{22{,}30^2} = -0{,}0094754$ [1/m]

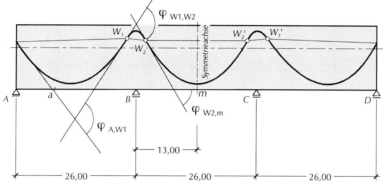

Bild 5.9 Umlenkwinkel (Darstellung 16-fach überhöht)

Feld 1

$\tan \varphi_A = z'(0) = 0{,}09507 - 0{,}002526 = 0{,}092544 \rightarrow \varphi_A = 5{,}29°$

$\tan \varphi_a = z'(10{,}50) = 0{,}09507 \cdot \left(1 - 2 \cdot \dfrac{10{,}50}{24{,}15}\right) - 0{,}002526 = 0{,}009874 \rightarrow \varphi_a = 0{,}57°$

$\tan \varphi_{W1,l} = z'(24{,}15) = 0{,}09507 \cdot (1 - 2 \cdot 1) - 0{,}002526 = -0{,}0976 \rightarrow \varphi_{W1l} = 5{,}57°$

Stütze B

$\tan \varphi_{W1,r} = z'(0) = -0{,}10108 + 0{,}00405 = -0{,}09703 \rightarrow \varphi_{W1r} = 5{,}54°$

$\tan \varphi_B = z'(1{,}85) = 0{,}00405 \rightarrow \varphi_B = 0{,}23°$

$\tan \varphi_{W2,l} = z'(3{,}70) = 0{,}10108 + 0{,}00405 = 0{,}10513 \rightarrow \varphi_{W2l} = 6{,}00°$

Feld 2

$\tan \varphi_{W2,r} = z'(0) = 0{,}1057 \rightarrow \varphi_{W2r} = 6{,}03°$

$\tan \varphi_m = z'(11{,}15) = 0{,}1057 \cdot (1 - 2 \cdot 0{,}5) = 0 \rightarrow \varphi_m = 0°$

Laut Zulassung für das Litzenspannverfahren beträgt der ungewollte Umlenkwinkel $\beta = 0{,}3$ °/m. Mit $\gamma = \varphi_{AX} + \beta \cdot x$ erhält man

$\gamma_{A,a} = 5{,}29 - 0{,}57 + 0{,}3 \cdot 10{,}5 = 7{,}87° = 0{,}13735$ rad

$\gamma_{A,W1} = 5{,}29 + 5{,}57 + 0{,}3 \cdot 24{,}15 = 18{,}11° = 0{,}31599$ rad

$\gamma_{A,B} = 18{,}11 + 5{,}57 + 0{,}23 + 0{,}3 \cdot 1{,}85 = 24{,}47° = 0{,}42699$ rad

$\gamma_{A,W2} = 24{,}47 + 6{,}00 - 0{,}23 + 0{,}3 \cdot 1{,}85 = 30{,}80° = 0{,}53747$ rad

$\gamma_{A,m} = 30{,}8 + 6{,}03 + 0{,}3 \cdot 11{,}15 = 40{,}18° = 0{,}70119$ rad

$\gamma_{A,W2'} = 40{,}18 + 6{,}03 + 0{,}3 \cdot 11{,}15 = 49{,}56° = 0{,}86490$ rad

$\gamma_{A,C} = 49{,}56 + 6{,}0 - 0{,}23 + 0{,}3 \cdot 1{,}85 = 55{,}89° = 0{,}97538$ rad

$\gamma_{A,W1'} = 55{,}89 + 5{,}57 + 0{,}23 + 0{,}3 \cdot 1{,}85 = 62{,}25° = 1{,}08647$ rad

$\gamma_{A,a'} = 62{,}25 + 5{,}57 + 0{,}57 + 0{,}3 \cdot 13{,}65 = 72{,}49° = 1{,}26510$ rad

$\gamma_{A,D} = 72{,}49 + 5{,}29 - 0{,}57 + 0{,}3 \cdot 10{,}5 = 80{,}36° = 1{,}40255$ rad

Der Spannkraftverlauf $Z_v(x) = 1 \cdot e^{-\mu \cdot \gamma_A \cdot x}$ ist für $\mu = 0{,}2$ in Bild 5.10 dargestellt.

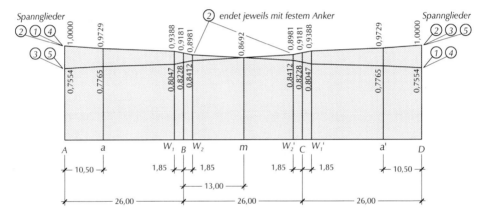

Bild 5.10 Verlauf von $Z_v(x) = 1 \cdot e^{-\mu \cdot \gamma_A \cdot x}$

In der Nähe der maximalen Momente in den Feldern 1 und 3 (Punkte a und a') soll die zulässige Vorspannkraft erreicht werden. Das erfordert ein Überspannen in A und D auf $Z_{v\ddot{U}} = \frac{1}{0{,}9729} \cdot \text{zul } Z_v = 1{,}028 \cdot \text{zul } Z_v$. Ein Nachlassen ist gem. 15.4, DIN 4227 nicht erforderlich.

Mit zul $Z_v = 954$ kN für ein Spannglied erhält man

$Z_{vA,D} = 1{,}028 \cdot 954 \cdot (3 \cdot 1{,}0 + 2 \cdot 0{,}7554) = 4424$ kN

$Z_{va,a'} = 1{,}028 \cdot 954 \cdot (3 \cdot 0{,}9729 + 2 \cdot 0{,}7765) = 4385$ kN

$Z_{vW1,W1'} = 1{,}028 \cdot 954 \cdot (3 \cdot 0{,}9388 + 2 \cdot 0{,}8047) = 4340$ kN

$Z_{vB,C} = 1{,}028 \cdot 954 \cdot (3 \cdot 0{,}9181 + 2 \cdot 0{,}8228) = 4315$ kN

5.4 Spannkraftverlauf

$Z_{vW2l,W2r'} = 1{,}028 \cdot 954 \cdot (3 \cdot 0{,}8981 + 2 \cdot 0{,}8412) = 4292$ kN

$Z_{vW2r,W2l'} = 1{,}028 \cdot 954 \cdot (2 \cdot 0{,}8981 + 2 \cdot 0{,}8412) = 3412$ kN

$Z_{vm} = 1{,}028 \cdot 954 \cdot 4 \cdot 0{,}8692 = 3410$ kN

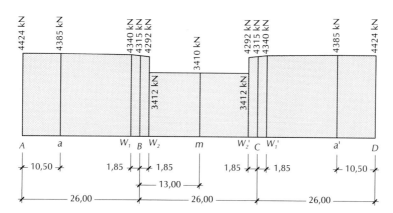

Bild 5.11 Spannkraftverlauf Z_v

5.5 Schnittgrößen des Lastfalles Vorspannung

5.5.1 Berechnung von M_{bv} und Q_{bv} über die Umlenkkräfte

Parabel Felder 1 und 3

$Z_{v,mittel} = \frac{4424 + 4340}{2} = 4382$ kN; Krümmung $\frac{1}{r} \approx z'' = -0{,}0078735 \, \frac{1}{m}$

$u_{1,3} = 4382 \cdot (-0{,}0078735) = -34{,}5$ kN/m

Parabel Feld 2

$Z_{v,mittel} = 3411$ kN; Krümmung $\frac{1}{r} \approx z'' = -0{,}0094754 \, \frac{1}{m}$

$u_2 = 3411 \cdot (-0{,}0094754) = -32{,}3$ kN/m

Stützen B, C

$Z_{v,mittel} = 4316$ kN; Krümmung $\frac{1}{r} \approx z'' = 0{,}054638 \, \frac{1}{m}$

$u_{B,C} = 4316 \cdot 0{,}054638 = 235{,}8$ kN/m

Ankerkräfte siehe Bild 5.12.

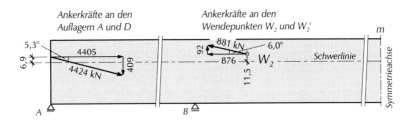

Bild 5.12 Ankerkräfte

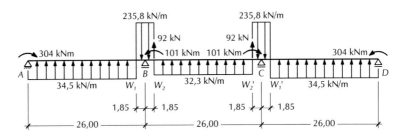

Bild 5.13 Lastfall Vorspannung, Belastung durch Umlenkkräfte

Die Schnittgrößen $M_{bv} = M_{eig} + M_{Zw}$ und $Q_{bv} = Q_{eig} + Q_{Zw}$ sind in Bild 5.14 dargestellt.

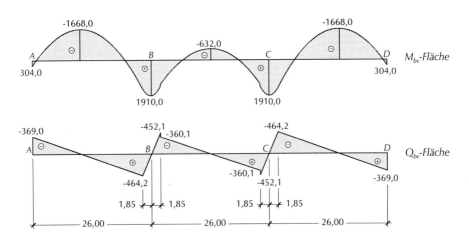

Bild 5.14 Schnittgrößen des Lastfalles Vorspannung M_{bv} und Q_{bv}

5.5.2 Berechnung von M_{Zw} und Q_{Zw} nach dem Kraftgrößenverfahren

Die M_0-Momente ergeben sich aus den Spanngliedordinaten z(x) gem. Bild 5.7 und aus den Spannkräften nach Bild 5.11 zu $M_0 = Z_v(x) \cdot z(x)$. Die Stützmomente $M_{zw,B} = X_1$ bzw. $M_{zw,C} = X_2$ werden nach Bild 5.15 berechnet.

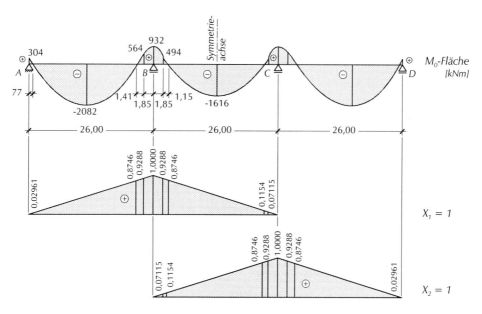

Bild 5.15   Berechnung der Stützmomente

Die Kopplung nach Bild 5.15 ergibt

$\delta_{10} = -24603 + 3494{,}6 = -21108{,}4$ kNm² ; $\delta_{11} = \delta_{22} = 2 \cdot \frac{1}{3} \cdot 1^2 \cdot 26 = 17{,}33$ m

$\delta_{12} = \delta_{21} = \frac{1}{6} \cdot 1^2 \cdot 26 = 4{,}33$ m ; $X_1 = -\frac{-21108{,}4}{21{,}66} = 974{,}5$ kNm $= X_2$

Aus der Berechnung über die Umlenkkräfte erhält man

$M_{bv,B} = 1910$ kNm $= M_{eig} + M_{Zw}$; $M_{eig} = Z_{v,B} \cdot z(B) = 4315 \cdot 0{,}216 = 932$ kNm

$M_{Zw} = X_1 = 1910 - 932 = 978$ kNm

Die Ergebnisse beider Verfahren zeigen eine sehr gute Übereinstimmung.

5.6 Spannungsnachweise im Gebrauchszustand

Die Spannungen werden nachgewiesen für die Lastfälle v+g_1 zur Zeit t_0 und v+q+max k+s zur Zeit t_∞. Der Spannkraftabfall infolge k+s zur Zeit t_∞ wird hier zu 12 % von $Z_{v,0}$ angenommen, so daß $Z_{v,\infty} = 0{,}88 \cdot Z_{v,0}$. Die Nettoquerschnittswerte sind berechnet für den Hüllrohrdurchmesser 6,2 cm; die ideellen Querschnittswerte sind mit $n = \frac{E_z}{E_b} = \frac{195000}{37000} = 5{,}57$ ermittelt. Die Querschnittswerte sind in Tab. 5.1 zusammengestellt.

Tab. 5.1 Querschnittswerte

	A_n [m²]	z_{nu} [m]	I_n [m⁴]	A_b [m²]	z_{bu} [m]	I_b [m⁴]	A_i [m²]	z_{iu} [m]	I_i [m⁴]
Feld 1	1,0524	0,561	0,063283	1,0675	0,554	0,066728	1,0884	0,545	0,071333
Feld 2	1,0554	0,559	0,063988	1,0675	0,554	0,066728	1,0842	0,546	0,070426
Stütze B	1,0524	0,551	0,066006	1,0675	0,554	0,066728	1,0884	0,558	0,067686

Feld 1, x = 10,50 m

Lastfall v+g_1 (Zeit t_0)

$M_{g1} \approx 1442{,}9$ kNm ; $M_{bv} \approx -1668$ kNm ; $Z_v = 4385$ kN ; $A_z = 49$ cm²

$$\sigma_{bo} = -\frac{4{,}385}{1{,}0524} - \frac{(1{,}443 - 1{,}668)}{0{,}063283} \cdot 0{,}289 = -4{,}17 + 1{,}03 = -3{,}14 \text{ MN/m}^2$$

$$\sigma_{bu} = -4{,}17 + \frac{(1{,}443 - 1{,}668)}{0{,}063283} \cdot 0{,}561 = -4{,}17 - 1{,}99 = -6{,}16 \text{ MN/m}^2$$

$$\sigma_z = \frac{4{,}385}{0{,}0049} = 894{,}9 \text{ MN/m}^2$$

Die zulässigen Spannungen gem. Tab. 9, DIN 4277 sind

Zeile 3 (Druckzone)   zul $\sigma_b = 17$ MN/m² auf Druck

Zeile 6 (vorgedrückte Zugzone)   zul $\sigma_b = 19$ MN/m² auf Druck

Zeile 19   zul $\sigma_b = 4{,}0$ MN/m² auf Zug

Zeile 65 (Spannstahl)   zul $\sigma_z = 0{,}55 \cdot 1770 = 973{,}5$ MN/m²

Die zulässigen Spannungen sind eingehalten.

Lastfall v+q+max k+s (Zeit t_∞)

max M ≈ 2435 kNm ; $M_{bv} \approx 0{,}88 \cdot 1668 = 1467{,}8$ kNm

$Z_{v\infty} = 0{,}88 \cdot 4385 = 3858{,}8$ kN

5.6 Spannungsnachweise im Gebrauchszustand

$$\sigma_{bo} = -\frac{3{,}859}{1{,}0884} - \frac{(2{,}435 - 1{,}468)}{0{,}071333} \cdot 0{,}305 = -3{,}55 - 4{,}13 = -7{,}68 \text{ MN/m}^2$$

$$\sigma_{bu} = -3{,}55 - \frac{(2{,}435 - 1{,}468)}{0{,}071333} \cdot 0{,}545 = -3{,}55 + 7{,}39 = 3{,}84 \text{ MN/m}^2$$

auf der sicheren Seite liegend ist

$$\sigma_{bz,q} = \frac{2{,}435}{0{,}071333} \cdot 0{,}465 = 15{,}87 \text{ MN/m}^2$$

$$\sigma_{z,q} = 5{,}27 \cdot 15{,}87 = 83{,}65 \text{ MN/m}^2 \; ; \; \sigma_z = \frac{3{,}86}{0{,}0049} + 83{,}65 = 871{,}4 \text{ MN/m}^2$$

Die zulässigen Spannungen sind eingehalten.

Stütze B

Lastfall v+g$_1$ (Zeit t$_0$)

$M_{g1} \approx -1804{,}2 \text{ kNm}$; $M_{bv} \approx 1910{,}0 \text{ kNm}$; $Z_v = 4315 \text{ kN}$; $A_z = 49 \text{ cm}^2$

$$\sigma_{bo} = -\frac{4{,}315}{1{,}0524} - \frac{(1{,}910 - 1{,}804)}{0{,}066006} \cdot 0{,}299 = -4{,}10 - 0{,}48 = -4{,}58 \text{ MN/m}^2$$

$$\sigma_{bu} = -4{,}1 + \frac{(1{,}910 - 1{,}804)}{0{,}066006} \cdot 0{,}551 = -4{,}10 + 0{,}88 = -3{,}22 \text{ MN/m}^2$$

Die zulässigen Spannungen sind eingehalten.

Lastfall v+q+max k+s (Zeit t$_\infty$)

min M = $-2975{,}1$ kNm ; $M_{bv} \approx 0{,}88 \cdot 1910 = 1680{,}8$ kNm

$Z_{v\infty} = 0{,}88 \cdot 4315 = 3797{,}2$ kN

$$\sigma_{bo} = -\frac{3{,}797}{1{,}0884} - \frac{(1{,}681 - 2{,}975)}{0{,}067686} \cdot 0{,}292 = -3{,}49 + 5{,}58 = 2{,}09 \text{ MN/m}^2$$

$$\sigma_{bu} = -3{,}49 - \frac{(1{,}681 - 2{,}975)}{0{,}067686} \cdot 0{,}558 = -3{,}49 - 10{,}67 = -14{,}16 \text{ MN/m}^2$$

$$\sigma_{bz,q} = \frac{2{,}975}{0{,}067686} \cdot 0{,}212 = 9{,}32 \text{ MN/m}^2 \; ; \; \sigma_{z,q} = 5{,}27 \cdot 9{,}32 = 49{,}12 \text{ MN/m}^2$$

$$\sigma_z = \frac{3{,}797}{0{,}0049} + 49{,}12 = 824{,}0 \text{ MN/m}^2$$

Die zulässigen Spannungen sind eingehalten.

5.7 Berechnung der Spannwege

Nach Gl. 3.23 ist mit ausreichender Genauigkeit $\delta_{Sp} = \delta_{zv} - \delta_{bv}{}^N = \frac{Z_v \cdot l}{E_z \cdot A_z} + \frac{Z_v \cdot l}{E_b \cdot A_n}$.
Bei veränderlicher Spannkraft $Z_v(x)$ schreibt man für $Z_v \cdot l = \int_0^l Z_v(x)\,dx$. Im Bild 5.16 sind die Flächen $A = \int Z_v(x)\,dx$ für je ein Spannglied dargestellt.

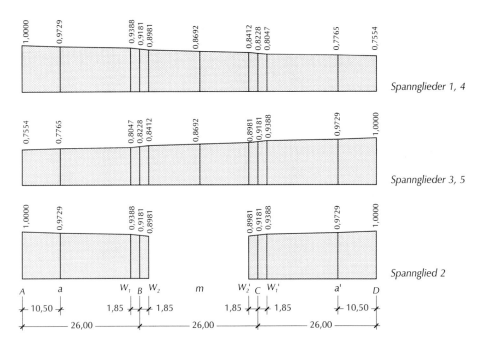

Bild 5.16 Flächen $A = \int Z_v(x)\,dx$ für je ein Spannglied

Zur Flächenberechnung wird ein geradliniger Spannkraftverlauf angenommen.

$A_{1,3,4,5} = 1{,}028 \cdot 954 \cdot \left(24{,}15 \cdot \dfrac{1{,}0 + 0{,}9388}{2} + 3{,}7 \cdot \dfrac{0{,}9388 + 0{,}8981}{2} + \right.$
$22{,}3 \cdot \dfrac{0{,}8981 + 0{,}8412}{2} + 3{,}7 \cdot \dfrac{0{,}8412 + 0{,}8047}{2} + 24{,}15 \cdot \left. \dfrac{0{,}8047 + 0{,}7554}{2} \right) = 66772 \text{ kNm}$

$A_2 = 1{,}028 \cdot 954 \cdot \left(24{,}15 \cdot \dfrac{1{,}0 + 0{,}9388}{2} + 3{,}7 \cdot \dfrac{0{,}9388 + 0{,}8981}{2} \right) = 26292 \text{ kNm}$

5.6 Spannungsnachweise im Gebrauchszustand

Für die Spannglieder 1, 3, 4 und 5 wird

$$\delta_{zv} = \frac{A_{1,3,4,5}}{E_z \cdot A_z} = \frac{66,772}{195000 \cdot 0,00098} = 0,3494 \text{ m} = 34,94 \text{ cm} \text{ und}$$

$$\delta_{bv} = -\frac{A_{1,3,4,5}}{E_b \cdot A_n} = \frac{66,772}{37000 \cdot 1,0524} = -0,00171 \text{ m} = -0,17 \text{ cm}$$

Für Spannglied 2 ist

$$\delta_{zv} = \frac{A_2}{E_z \cdot A_z} = \frac{26,292}{195000 \cdot 0,00098} = 0,1376 \text{ m} = 13,76 \text{ cm}$$

$$\delta_{bv} = \frac{A_2}{E_b \cdot A_n} = \frac{26,292}{37000 \cdot 1,0524} = -0,00068 \text{ m} = -0,068 \text{ cm}$$

Beim Vorspannen ist die Reihenfolge 1 – 3 – 4 – 5 – 2 – 2 einzuhalten.

Demzufolge beträgt der Spannweg für

Spannglied 1	$\delta_{Sp1} = 349{,}4 + 1{,}7 + 3 \cdot 1{,}7 + 2 \cdot 0{,}68 = 357{,}6 \text{ mm}$
Spannglied 3	$\delta_{Sp2} = 349{,}4 + 1{,}7 + 2 \cdot 1{,}7 + 2 \cdot 0{,}68 = 355{,}9 \text{ mm}$
Spannglied 4	$\delta_{Sp4} = 349{,}4 + 1{,}7 + 1{,}7 + 2 \cdot 0{,}68 = 354{,}2 \text{ mm}$
Spannglied 5	$\delta_{Sp5} = 349{,}4 + 1{,}7 + 2 \cdot 0{,}68 = 352{,}5 \text{ mm}$
Spannglied 2	$\delta_{Sp2} = 137{,}6 + 0{,}68 = 138{,}3 \text{ mm}$

6 Kriechen und Schwinden

6.1 Unterlagen zur Ermittlung der Kriechzahlen und der Schwindmaße

6.1.1 Allgemeines

Kriechen und Schwinden sind zeitabhängige, bleibende Verformungen des Betons, die zusätzlich zu den elastischen Verformungen auftreten. Diese Verformungen werden insbesondere durch das Schrumpfen des Zementgels verursacht, d.h. durch Verdunsten und Herauspressen des chemisch nicht gebundenen Wassers aus den Gelporen. Nach den Entstehungsursachen bedeutet

Kriechen: Zunahme der Verformung ε_k (Kriechmaß) mit der Zeit unter Dauerlast bzw. Spannung

Schwinden: Zunahme der lastunabhängigen Verformung ε_s (Schwindmaß) mit der Zeit

Das Schwinden beginnt mit dem Erhärten des Betons, nimmt anfänglich rasch zu und erreicht den Grenzwert, das Endschwindmaß $\varepsilon_{s,t0,t\infty}$ bei den üblichen Konstruktionsabmessungen nach 3 bis 5 Jahren. Das Kriechen beginnt erst nach dem Aufbringen der Last bzw. der kriecherzeugenden Spannung und erreicht den Grenzwert $\varepsilon_{k,ti,t\infty}$. Je geringer das Betonalter bei Lastaufbringung, desto größer werden die Endkriechmaße $\varepsilon_{k,ti,t\infty}$. Für die Kriechmaße ist also der Erhärtungsgrad oder das wirksame Betonalter (Reifegrad) beim Aufbringen der Last von Bedeutung. Kriechmaße ε_k und

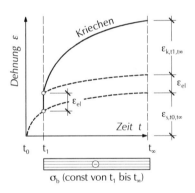

Bild 6.1
Schematische Darstellung des zeitlichen Ablaufs von Schwinden und Kriechen unter konstanter Spannung σ_b von t_1 bis t_∞

Schwindmaße ε_s dürfen überlagert werden. Kriechen und Schwinden haben etwa den gleichen zeitlichen Verlauf (s. Bild 6.1).

Beeinflußt werden Kriechen und Schwinden werden vor allem durch
- die Luftfeuchte,
- den Wasserzementwert w/z und
- die Bauteilabmessung.

6.1 Unterlagen zur Ermittlung der Kriechzahlen und Schwindmaße

Der Einfluß dieser Größen auf das Endkriechmaß $\varepsilon_{k,ti,t\infty}$ ist in Bild 6.2 für Normalbedingungen (rel. Luftfeuchte 70%, w/z = 0,65 und Bauteildicke d = 10 cm) dargestellt.

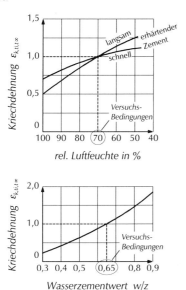

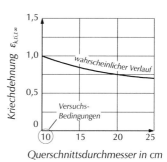

Bild 6.2

Beeinflussung der Kriechdehnung durch rel. Feuchte, Wasserzementwert w/z und Bauteilabmessung (nach WAGNER, DAfStb, Heft 131)

Für die Tabellierung des Endkriechmaßes müßte man die jeweils zugeordnete kriecherzeugende Betonspannung angeben. Da aber mit hinreichender Genauigkeit im Bereich der Gebrauchslasten Proportionalität zwischen Betonspannung σ_b und Kriechverformung ε_k angenommen werden kann, läßt sich die Kriechverformung ε_k als ein Vielfaches der elastischen Verformung ε_{el} ausdrücken

$$\varepsilon_k = \varphi \cdot \varepsilon_{el} = \varphi \cdot \frac{\sigma_b}{E_b} \qquad (6.1)$$

Der Vervielfacher φ wird als Kriechzahl bezeichnet. Der E_b-Modul nimmt mit der Zeit, d.h. mit wachsendem Erhärtungsgrad zu, so daß sich ε_{el} mit der Zeit verkleinert. Für praktische Zwecke ist es jedoch ausreichend, den E_b-Modul nach DIN 4227, Tab. 6 als über die Zeit konstant zu betrachten.

Tafel 6.1 E_b-Modul nach DIN 4227, Tab. 6

Betonfestigkeits-klasse	E_b–Modul [kN/m²]
B 25	30 000
B 35	34 000
B 45	37 000
B 55	39 000

Kriechen und Schwinden ist bei Spannbetonkonstruktionen zu berücksichtigen, weil die plastische Betonverkürzung in Höhe der Spannglieder die Dehnung im Spannstahl verringert wodurch ein Spannkraftabfall verursacht wird.

Wie in Bild 2.15 gezeigt, sind im allgemeinen die Lastfälle $v+g_1$ zum Zeitpunkt t_0 (ohne Spannkraftverlust), sowie $v+q+\max k+s$ zum Zeitpunkt t_∞ (maximaler Spannkraftverlust) für den Spannungsnachweis maßgebend.

Für Bauteile, deren Lage (relative Luftfeuchte) sich nicht verändert (z.B. Bauteile oder Bauwerke nur im Freien) kann vereinfacht mit dem Endschwindmaß $\varepsilon_{S,t0,t\infty}$ und der Endkriechzahl $\varepsilon_{K,ti,t\infty}$ gerechnet werden. Bei Fertigteilen muß man mit einer Lagerzeit im Freien (Luftfeuchte 70%) bis zu einem halben Jahr rechnen. Anschließend werden sie meist in trockene Räume eingebaut (Luftfeuchte 50%). Hier müssen die Kriech- und Schwindmaße für die einzelnen Lagerungsabschnitte ermittelt und addiert werden. Bringt man bei einem Dachbinder frühzeitig Ausbau- und Verkehrslast auf, benötigt man Schwind- und Kriechmaß für den Spannungsnachweis zu diesem Zeitpunkt.

Mit Hilfe der in DIN 4227, Abschnitt 8 vorhandenen Bilder und Tafeln können folgende Schwindmaße und Kriechzahlen ermittelt werden:

$\varepsilon_{S,t0,t\infty}$ Endschwindmaß $\varphi_{K,ti,t\infty}$ Endkriechzahl von t_i bis t_∞

$\varepsilon_{S,t0,ti}$ Schwindmaß für das Zeitintervall von t_0 bis t_i $\varphi_{ti,t}$ Kriechzahl von t_i bis t ($t<t_\infty$)

$\varepsilon_{S,ti,t\infty}$ Restschwindmaß von t_i bis t_∞

In Bild 6.3 sind diese Werte graphisch dargestellt mit $\varepsilon_k = \varphi \cdot \varepsilon_{el}$.

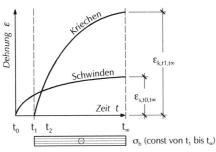

Bild 6.3   Schwind- und Kriechmaße für die üblichen Belastungsfälle

6.1.2 Die Unterlagen nach DIN 4227, Abschn. 8

Die Kriechverformung setzt sich aus zwei Anteilen zusammen, der verzögert elastischen Verformung (reversibler Anteil)

$$\varepsilon_{verz} = \varphi_{verz} \cdot \varepsilon_{el} = \varphi_{verz} \cdot \frac{\sigma_b}{E_b} \qquad (6.2)$$

und der bleibenden plastischen Verformung, dem Fließanteil

$$\varepsilon_f = \varphi_f \cdot \varepsilon_{el} = \varphi_f \cdot \frac{\sigma_b}{E_b} \qquad (6.3)$$

Die gesamte Kriechverformung wird

$$\varepsilon_k = \varepsilon_f + \varepsilon_{verz} = \left(\varphi_f + \varphi_{verz}\right) \cdot \varepsilon_{el} = \varphi \cdot \varepsilon_{el} \qquad (6.4)$$

mit der Kriechzahl

$$\varphi = \varphi_f + \varphi_{verz} \qquad (6.5)$$

Der verzögert elastische Anteil ε_{verz} wächst nach der Belastung rasch an, hat seine Halbwertzeit nach ca. 30 Tagen und erreicht nach 6 Monaten etwa 80% seines Endwertes.

Bild 6.4 zeigt in schematischer Darstellung den Ablauf des Kriechens unter konstanter Spannung und nach der Entlastung. Die elastische Verformung $\varepsilon_{el1} = \frac{\sigma_b}{E_{b1}}$ tritt bei Belastung zur Zeit t_1 sofort auf. Anschließend wächst der Kriechanteil ε_k bis zum Entlastungszeitpunkt t_2. Nach der Entlastung gewinnt man den elastischen Anteil $\varepsilon_{el2} = \frac{\sigma_b}{E_{b2}}$ (für E_b = const ist $\varepsilon_{el1} = \varepsilon_{el2} = \varepsilon_{el}$) sofort zurück, während im weiteren Verlauf der verzögert elastische Anteil ε_{verz} wiedergewonnen wird und nur der Fließanteil ε_f verbleibt.

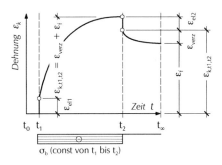

Bild 6.4
Kriechverlauf unter konstanter Spannung und nach der Entlastung

Die Kriechzahlen für Zeitintervalle erhält man aus folgenden Ansätzen:

Für die verzögert elastische Verformung gilt

$$\varphi_{verz} = 0{,}4 \cdot k_{v,(t-t_i)} \tag{6.6}$$

Es bedeuten:

0,4   Endwert der Kriechzahl φ_{verz}

k_v Beiwert nach Bild 6.5 zur Berücksichtigung des zeitlichen Ablaufs der verzögert elastischen Verformung; die Zeitablaufkurve gibt den Teil des Endwertes von $\varphi_{verz} = 0{,}4$ an, der nach der wirksamen Belastungsdauer von $\Delta t = (t - t_i)$ Tagen erreicht ist.
Für $\Delta t > 3$ Monate darf vereinfachend $k_v = 1{,}0$ gesetzt werden.

t_i wirksames Betonalter bei Belastungsbeginn

t wirksames Betonalter zum untersuchten Zeitpunkt

Da Erhärtungsgrad, relative Luftfeuchte und Konsistenz des Betons nur geringen Einfluß auf die verzögert elastische Verformung haben, wurde der Endwert $\varphi_{verz} = 0{,}4$ unabhängig vom Erhärtungsgrad bzw. wirksamen Betonalter gewählt. Ob der Belastungszeitraum im jungen oder hohen Alter des Betons liegt, ist für den Wert von $\varphi_{verz,t_i,t}$ von geringer Bedeutung. Bei Entlastung kann maximal nur derjenige Anteil von $\varepsilon_{verz,t_i,t} = \varphi_{verz,t_i,t} \cdot \varepsilon_{el}$ wiedergewonnen werden, der unter Last entstanden ist.

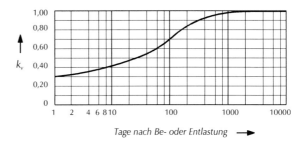

Bild 6.5   Verlauf der verzögert elastischen Verformung

Für die Fließverformung (bleibende oder plastische Verformung) gilt:

$$\varphi_{f,t_i,t} = \varphi_{f_0} \cdot \left(k_{f,t} - k_{f,t_i} \right) \tag{6.7}$$

Es bedeuten:

φ_{f0} Grundfließzahl nach Tafel 6.2, abhängig von der rel. Luftfeuchte

k_f Beiwert für den zeitlichen Ablauf des Fließens (s. Bild 6.6), abhängig vom wirksamen Betonalter, der Zementart und der wirksamen Körperdicke d_{ef}

t_i wirksames Betonalter bei Belastungsbeginn

t wirksames Betonalter zum betrachteten Zeitpunkt

6.1 Unterlagen zur Ermittlung der Kriechzahlen und Schwindmaße

Tafel 6.2 Grundfließzahl und Grundschwindmaß in Abhängigkeit von der Lage des Bauteils (Richtwerte nach DIN 4227)

Lage des Bauteils	mittlere rel. Luftfeuchte	Grundfließzahl φ_{f0}	Grundschwindmaß ε_{s0}	Beiwert k_{ef}
im Wasser	—	0,8	$+10 \cdot 10^{-5}$	30,0
in sehr feuchter Luft, z.B. unmittelbar über dem Wasser	90%	1,3	$-13 \cdot 10^{-5}$	5,0
allgemein im Freien	70%	2,0	$-32 \cdot 10^{-5}$	1,5
in trockener Luft, z.B. in trockenen Innenräumen	50%	2,7	$-46 \cdot 10^{-5}$	1,0

Anwendungsbedingungen: Die Werte dieser Tafel gelten für den Konsistenzbereich KP. Für die Konsistenzbereiche KS bzw. KR sind die Werte um 25% zu ermäßigen bzw. zu erhöhen. Bei Verwendung von Fließmitteln darf die Ausgangskonsistenz angesetzt werden.

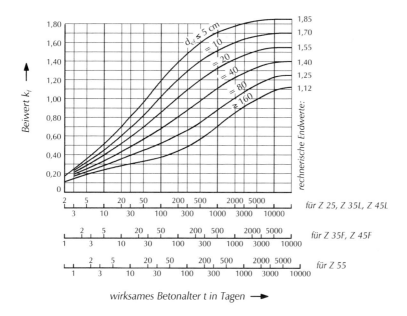

Bild 6.6 Beiwerte k_f

Das wirksame Betonalter ist abhängig von der Temperatur unter der der Beton erhärtet. Für Normaltemperatur (T = 20°C) entspricht das wirksame Betonalter t den Kalendertagen. Erhärtet der Beton unter anderen Temperaturen, dann ist für das wirksame Betonalter zu setzen

$$t = \sum_i \frac{T_i + 10\,°C}{30\,°C} \cdot \Delta t_i \qquad (6.8)$$

Es bedeuten:

t	wirksames Betonalter
T_i	mittlere Tagestemperatur des Betons in [°C]
Δt_i	Anzahl der Tage mit mittlerer Tagestemperatur T_i

Die wirksame Körperdicke ist

$$d_{ef} = k_{ef} \cdot \frac{2 \cdot A}{u} \qquad (6.9)$$

Es bedeuten:

k_{ef}	Beiwert nach Tafel 6.2 zur Berücksichtigung des Einflusses der Feuchte auf die wirksame Körperdicke
A	Querschnittsfläche des Betons
u	Die Abwicklung der Begrenzungsfläche des Betonquerschnitts die der Austrocknung ausgesetzt ist. Bei Kastenträgern ist i. allg. die Hälfte des inneren Umfangs zu berücksichtigen.

Für einen Zeitabschnitt von t_i bis t kann die Kriechzahl ermittelt werden zu

$$\varphi_{t_i,t} = \varphi_{f_0} \cdot (k_{f,t} - k_{f,t_i}) + 0{,}4 \cdot k_{v,(t-t_i)} \qquad (6.10)$$

Wie schon erwähnt, kann man von dem verzögert elastischen Anteil – t Tage nach der Entlastung – wiedergewinnen

$$\varphi_{verz,t_{Entl}} = 0{,}4 \cdot k_{v,(t-t_i)} \cdot k_{v,t_{Entl}} \qquad (6.11)$$

In Bild 6.7 ist der wiederzugewinnende Teil $\varphi_{verz,t_{Entl}}$ dargestellt.

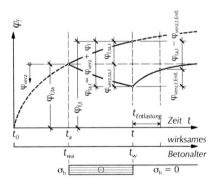

Bild 6.7

Kriechzahl $\varphi_{t_i,t}$ für Zeitintervall und wiedergewonnener verzögert elastischer Anteil $\varphi_{verz,t\,Entl}$ nach der Entlastung

6.1 Unterlagen zur Ermittlung der Kriechzahlen und Schwindmaße

Das Schwindmaß des Betons erhält man aus

$$\varepsilon_{s,t_i,t} = \varepsilon_{s0} \cdot (k_{s,t} - k_{s,t_i}) \qquad (6.12)$$

Es bedeuten:

- ε_{s0} Grundschwindmaß nach Tafel 6.2
- k_s Beiwert für die zeitliche Entwicklung des Schwindens (s. Bild 6.8)
- t_i wirksames Betonalter zu dem Zeitpunkt, von dem ab das Schwinden berücksichtigt werden soll
- t wirksames Betonalter zum betrachteten Zeitpunkt

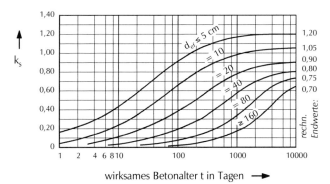

Bild 6.8   Beiwerte k_s

6.2 Beispiele zur Berechnung von Kriechzahlen und Schwindmaßen

Bsp. 1: Spannbetonpfette

Vorgabewerte
Beton B45, Konsistenz KP, Zement 45F
Vorspannung nach 3 Tagen

Aufgabenstellung:
Welche Werte haben die Endkriechzahl $\varphi_{3,\infty}$ und das Restschwindmaß $\varepsilon_{s3,\infty}$ bei

a) Lagerung im Freien bei $T_i = 20°C$
b) Lagerung im trockenen Innenraum bei $T_i = 20°C$

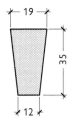

Bild 6.9   Pfettenquerschnitt

a) Endkriechzahl:

Grundfließzahl $\varphi_{f0} = 2{,}0$ (nach Tafel 6.2). Endwert der Kriechzahl $\varphi_{verz} = 0{,}4$ (s. Gl. 6.6). Wirksames Betonalter zu Belastungsbeginn nach Gl. 6.8 $t_i = \frac{20+10}{30} \cdot 3 = 3$ Tage. Wirksames Betonalter zum betrachteten Zeitpunkt $t = \infty$. Mit $A = 35 \cdot \frac{19+12}{2} = 542{,}5 \text{ cm}^2$, $u = 19 + 12 + 2 \cdot 35{,}2 = 101{,}4 \text{ cm}$ und $k_{ef} = 1{,}5$ (nach Tafel 6.2) wird die wirksame Körperdicke nach Gl. 6.9 $d_{ef} = 1{,}5 \cdot \frac{2 \cdot 542{,}5}{101{,}4} = 16{,}1 \text{ cm}$. Nach Bild 6.6 ist $k_{f3} \approx 0{,}31$, $k_{f\infty} \approx 1{,}61$ und nach Bild 6.5 $k_{v,(\infty-3)} = 1{,}0$. Die Endkriechzahl beträgt nach Gl. 6.10 $\varphi_{3,\infty} = 2{,}0 \cdot (1{,}61 - 0{,}31) + 0{,}4 \cdot 1{,}0 = 2{,}6 + 0{,}4 = 3{,}0$.

Restschwindmaß:

Mit $t_i = 3$ Tage, $t = \infty$, $d_{ef} = 16{,}1 \text{ cm}$ erhält man nach Bild 6.8 $k_{s,3} \approx 0{,}06$ und $k_{s,\infty} \approx 0{,}97$. Grundschwindmaß $\varepsilon_{s0} = -32 \cdot 10^{-5}$ s. Tafel 6.2). Das Restschwindmaß beträgt nach Gl. 6.12 $\varepsilon_{s,3,\infty} = -32 \cdot 10^{-5} \cdot (0{,}97 - 0{,}06) = -29{,}1 \cdot 10^{-5} = -0{,}291 \text{\textperthousand} \triangleq 0{,}291 \text{ mm/m}$.

b) Endkriechzahl:

Grundfließzahl $\varphi_{f0} = 2{,}7$ (nach Tafel 6.2). Endwert der Kriechzahl $\varphi_{verz} = 0{,}4$ (s. Gl. 6.6). Wirksames Betonalter zu Belastungsbeginn nach Gl. 6.8 $t_i = \frac{20+10}{30} \cdot 3 = 3$ Tage. Wirksames Betonalter zum betrachteten Zeitpunkt $t = \infty$. Mit $A = 35 \cdot \frac{19+12}{2} = 542{,}5 \text{ cm}^2$, $u = 19 + 12 + 2 \cdot 35{,}2 = 101{,}4 \text{ cm}$ und $k_{ef} = 1{,}0$ (nach Tafel 6.2) wird die wirksame Körperdicke nach Gl. 6.9 $d_{ef} = 1{,}0 \cdot \frac{2 \cdot 542{,}5}{101{,}4} = 10{,}7 \text{ cm}$. Nach Bild 6.6 ist $k_{f3} \approx 0{,}32$, $k_{f\infty} \approx 1{,}69$ und nach Bild 6.5 $k_{v,(\infty-3)} = 1{,}0$. Für die Endkriechzahl nach Gl. 6.10 erhält man $\varphi_{3,\infty} = 2{,}7 \cdot (1{,}69 - 0{,}32) + 0{,}4 \cdot 1{,}0 = 3{,}7 + 0{,}4 = 4{,}1$.

Restschwindmaß:

Mit $t_i = 3$ Tage, $t = \infty$, $d_{ef} = 10{,}7 \text{ cm}$ erhält man nach Bild 6.8 $k_{s,3} \approx 0{,}1$ und $k_{s,\infty} \approx 1{,}04$. Das Grundschwindmaß beträgt $\varepsilon_{s0} = -46 \cdot 10^{-5}$ (s. Tafel 6.2). Nach Gl. 6.12 wird das Restschwindmaß $\varepsilon_{s,3,\infty} = -46 \cdot 10^{-5} \cdot (1{,}04 - 0{,}10) = -43{,}2 \cdot 10^{-5} = -0{,}432 \text{\textperthousand}$.

6.2 Beispiele zur Berechnung der Längsspannungen

Bsp. 2: Hallenbinder

Vorgabewerte:
Beton B55, Konsistenz KP, Zement Z55
Vorspannung nach 2 Tagen nach 60 Tagen aufbringen
einer Dauerlast g_2
Lagerung: 60 Tage im Freien bei $T_i = 15\ °C$, dann
Einbau in trockenen Raum bei 20 °C

Aufgabenstellung:
Zu berechnen sind für

a) LF min k+s $\varphi_{2,60}$; $\varepsilon_{s,2,60}$

b) LF max k+s $\varphi_{2,\infty}$; $\varphi_{60,\infty}$; $\varepsilon_{s,2,\infty}$

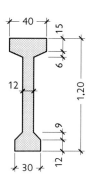

Bild 6.10 Binderquerschnitt

a) Lastfall min k+s (betrachteter Zeitpunkt t = 60 Tage)

Kriechzahl $\varphi_{2,60}$:
Grundfließzahl $\varphi_{f0} = 2{,}0$ (s. Tafel 6.2). Endwert der Kriechzahl $\varphi_{verz} = 0{,}4$ (s. Gl. 6.6). Wirksames Betonalter zu Belastungsbeginn nach Gl. 6.8 $t_i = \frac{15+10}{30} \cdot 2 = 1{,}7 \approx 2$ Tage. Wirksames Betonalter zum betrachteten Zeitpunkt $t = \frac{15+10}{30} \cdot 60 = 50$ Tage. Die wirksame Körperdicke wird nach Gl. 6.9 mit

$$A = 120 \cdot 12 + 28 \cdot 15 + 18 \cdot 12 + 2 \cdot \frac{9^2}{2} + 2 \cdot \frac{14 \cdot 6}{2} = 2241\,\text{cm}^2,$$

$$u = 40 + 30 + 2 \cdot \left(15 + \sqrt{6^2 + 14^2} + 78 + \sqrt{2 \cdot 9^2} + 12\right) = 335{,}9\,\text{cm} \quad \text{und} \quad k_{ef} = 1{,}5$$

(nach Tafel 6.2) $d_{ef} = 1{,}5 \cdot \frac{2 \cdot 2241}{335{,}9} = 20{,}0$ cm. Nach Bild 6.6 ist $k_{f,2} \approx 0{,}30$, $k_{f,50} \approx 0{,}96$ und nach Bild 6.5 $k_{v,(50-2)} \approx 0{,}56$. Damit erhält man nach Gl. 6.10 $\varphi_{2,60} = 2{,}0 \cdot (0{,}96 - 0{,}30) + 0{,}4 \cdot 0{,}56 = 1{,}32 + 0{,}22 = 1{,}54$.

Schwindmaß $\varepsilon_{s,2,60}$:
Mit $t_i = 2$ Tage, $t = 50$ Tage, $d_{ef} = 20{,}0$ und dem Grundschwindmaß $\varepsilon_{s0} = -32 \cdot 10^{-5}$ (s. Tafel 6.2) erhält man nach Bild 6.8 $k_{s,2} \approx 0{,}02$, $k_{s,50} \approx 0{,}29$. Das Schwindmaß ist nach Gl. 6.12 $\varepsilon_{s,2,50} = -32 \cdot 10^{-5} \cdot (0{,}29 - 0{,}02) = -8{,}6 \cdot 10^{-5} = -0{,}086\ ‰$.

b) Lastfall max k+s (betrachteter Zeitpunkt t = ∞)

Kriechzahl $\varphi_{2,\infty}$ (für v+g_1):
Da die Lagerbedingungen sich nach 60 Tagen ändern, ist die Kriechzahl $\varphi_{2,\infty}$ in zwei Abschnitten zu berechnen:

$\varphi_{2,\infty} = \varphi_{f,2,60} + \varphi_{f,60,\infty} + 0{,}4 \cdot 1{,}0$

$\varphi_{f,2,60} = 1{,}32$ (s. LF min k+s)

Von t = 60 bis t = ∞ lagert der Binder im trockenen Innenraum bei 20°C. Für diesen Abschnitt ist die Grundfließzahl $\varphi_{f0} = 2{,}7$ (s. Tafel 6.2). Endwert der Kriechzahl $\varphi_{verz} = 0{,}4$ (s. Gl. 6.6). Wirksames Betonalter zu Belastungsbeginn $t_i = 50$ Tage (s. LF min k+s). Wirksames Betonalter zum betrachteten Zeitpunkt t = ∞: Als wirksame Körperdicke nach Gl. 6.9 erhält man mit A = 2241 cm², u = 335,9 cm und $k_{ef} = 1{,}0$ (nach Tafel 6.2) $d_{ef} = 1{,}0 \cdot \frac{2 \cdot 2241}{335{,}9} = 13{,}3$ cm. Nach Bild 6.6 ist $k_{f,50} \approx 1{,}08$, $k_{f,\infty} \approx 1{,}64$ und nach Bild 6.5 $k_{v,(\infty-50)} = 1{,}0$. Nach Gl. 6.10 erhält man $\varphi_{f,60,\infty} = 2{,}7 \cdot (1{,}64 - 1{,}08) = 1{,}51$, damit wird $\varphi_{2,\infty} = 1{,}32 + 1{,}51 + 0{,}4 = 3{,}23$.

Kriechzahl $\varphi_{60,\infty}$ (für g_2):
Für die nach 60 Tagen aufgebrachte Dauerlast g_2 ist $\varphi_{60,\infty} = 1{,}51 + 0{,}4 = 1{,}91$.

Schwindmaß $\varepsilon_{s,2,\infty}$:

$\varepsilon_{s,2,\infty} = \varepsilon_{s,2,60} + \varepsilon_{s,60,\infty}$

$\varepsilon_{s,2,60} = -8{,}6 \cdot 10^{-5}$ (s. LF min k+s)

Für den Abschnitt 60,∞ ist $t_i = 50$, t = ∞, $d_{ef} = 13{,}3$ cm und das Grundschwindmaß $\varepsilon_{s0} = -46 \cdot 10^{-5}$ (s. Tafel 6.2). Nach Bild 6.8 erhält man $k_{s,50} \approx 0{,}41$, $k_{s,\infty} \approx 0{,}98$. Das Schwindmaß nach Gl. 6.12 beträgt $\varepsilon_{s,60,\infty} = -46 \cdot 10^{-5} \cdot (0{,}98 - 0{,}41) = -26{,}2 \cdot 10^{-5} = -0{,}262\text{‰}$ und das Endschwindmaß $\varepsilon_{s,2,\infty} = -8{,}6 \cdot 10^{-5} - 26{,}2 \cdot 10^{-5} = -34{,}8 \cdot 10^{-5} = -0{,}348\text{‰}$.

6.3 Berechnung des Spannkraftverlustes infolge von Kriechen und Schwinden für Vorspannung mit Verbund

Ursache für den Spannkraftverlust sind die plastischen Betonverkürzungen ε_k und ε_s in Höhe des Spanngliedes. Gehören mehrere Spannglieder zu einem Strang, so kann die Betonverkürzung mit hinreichender Genauigkeit für den Schwerpunkt der Spannglieder bestimmt werden.

Bild 6.11 zeigt schematisch den zeitbedingten Spannungs- bzw. Spannkraftabfall im Spannstahl, der durch die Verringerung der Stahldehnung ε_{zv} infolge der plastischen Betonverkürzung $\varepsilon_k + \varepsilon_s$ entsteht.

Der Spannungsabfall läßt sich leicht für die lastunabhängige Schwindverkürzung ε_s bei gegebenem Schwindmaß $\varepsilon_{s,ti,t}$ ermitteln.

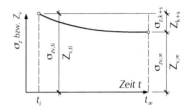

Bild 6.11
Spannungs- bzw. Spannkraftabfall im Spannstahl über die Zeit nach Aufbringen der Belastung zum Zeitpunkt t_i

Nach Bild 6.12 verringert sich die Stahldehnung aus Vorspannung um das Maß $\varepsilon_{z,s} = -|\varepsilon_{s,ti,t\infty}| + \Delta\varepsilon_{el}$, wobei $\Delta\varepsilon_{el}$ die elastische Erholdehnung des Betons infolge der Spannkraftabnahme darstellt. Der Spannungsabfall im Spannstahl beträgt $\sigma_{z,s} = \varepsilon_{z,s} \cdot E_z$.

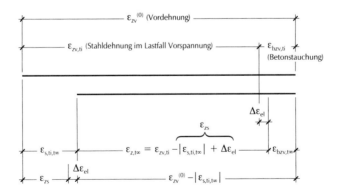

Bild 6.12 Dehnungszustand im Spannstahl und Betonstauchung zum Zeitpunkt t_i beim Aufbringen der Vorspannung und nach dem Schwinden zur Zeit $t = \infty$
Dehnungsabnahme: $\varepsilon_{z,s} = -|\varepsilon_{s,ti,t\infty}| + \Delta\varepsilon_{el}$ (verzerrt dargestellt)

Die elastische Erholdehnung $\Delta\varepsilon_{el}$ ist proportional zur Spannkraftabnahme bzw. Dehnungsabnahme $\varepsilon_{z,s}$. Ebenso besteht Proportionalität zwischen der Betonstauchung $\varepsilon_{bzv,ti}$ und der Stahldehnung $\varepsilon_{zv,ti}$. Es gilt also die Gleichung $\frac{\varepsilon_{bzv,ti}}{\varepsilon_{zv,ti}} = \frac{\Delta\varepsilon_{el}}{\varepsilon_{z,s}}$. Mit $\Delta\varepsilon_{el} = \varepsilon_{z,s} \cdot \frac{\varepsilon_{bzv,ti}}{\varepsilon_{zv,ti}}$ wird $\varepsilon_{z,s} = -|\varepsilon_{s,ti,t}| + \Delta\varepsilon_{el} = -|\varepsilon_{s,ti,t}| + \varepsilon_{z,s} \cdot \frac{\varepsilon_{bzv,ti}}{\varepsilon_{zv,ti}}$. Der Dehnungsverlust im Spannstahl ist

$$\varepsilon_{z,s} = \frac{\varepsilon_{s,ti,t}}{1 - \frac{\varepsilon_{bzv,ti}}{\varepsilon_{zv,ti}}} \qquad (6.13)$$

Hierin sind die Verkürzungen $\varepsilon_{s,ti,t}$ und $\varepsilon_{bzv,ti}$ negativ einzusetzen.

Setzt man für $\varepsilon_{bzv,ti} = \frac{\sigma_{bzv,ti}}{E_b}$ und für $\varepsilon_{zv,ti} = \frac{\sigma_{zv,ti}}{E_z}$, kann man für das Verhältnis $\frac{\varepsilon_{bzv,ti}}{\varepsilon_{zv,ti}}$ in Gl. 6.13 schreiben $\frac{\varepsilon_{bzv,ti}}{\varepsilon_{zv,ti}} = \frac{\sigma_{bzv,ti}}{\sigma_{zv,ti}} \cdot \frac{E_z}{E_b} = n \cdot \frac{\sigma_{bzv,ti}}{\sigma_{zv,ti}} = \frac{-\sigma_{zv}^{(0)} \cdot \alpha}{\sigma_{zv}^{(0)} \cdot (1-\alpha)} = -\frac{\alpha}{1-\alpha}$.

$\sigma_{bzv,ti}$ ist als Druckspannung negativ; Steifigkeitsbeiwert α s. Abschn. 2.

Gl. 6.13 kann auf zweierlei Weise geschrieben werden

$$\varepsilon_{z,s} = \frac{\varepsilon_{s,ti,t}}{1 - n \cdot \frac{\sigma_{bzv,ti}}{\sigma_{zv,ti}}} \qquad (6.14)$$

oder

$$\varepsilon_{z,s} = \frac{\varepsilon_{s,ti,t}}{1 + \frac{\alpha}{1-\alpha}} = \varepsilon_{s,ti,t} \cdot (1-\alpha) \qquad (6.15)$$

Der Spannungsabfall im Spannstahl infolge Schwinden ist

$$\sigma_{z,s} = \varepsilon_{z,s} \cdot E_z = \frac{\varepsilon_{s,ti,t} \cdot E_z}{1 + \frac{\alpha}{1-\alpha}} = \varepsilon_{s,ti,t} \cdot E_z \cdot (1-\alpha) \qquad (6.16)$$

Der Ausdruck $\varepsilon_{s,ti,t} \cdot E_z$ entspricht $\sigma_{z,s,ti,t}^{(0)}$ und das Schwindmaß $\varepsilon_{s,ti,t}$ einer Spannbettdehnung.

6.3.1 Näherungslösung für einsträngige Vorspannung über die mittlere kriecherzeugende Spannung

Die plastische, zeitabhängige Kriechverkürzung des Betons ist proportional zur elastischen Betonverformung bzw. zur Betonspannung in Höhe des Spanngliedes.

Da der Kriechvorgang sich über einen längeren Zeitraum erstreckt, sind nur die Betonspannungen aus Dauerlasten zu berücksichtigen. Hierzu gehören die Eigenlast des Trägers, oder später aufgebrachte ständige Lasten, wie z.B. Decken– oder Dachplatten. Sollten nennenswerte Anteile einer Verkehrslast längere Zeit wirken, wären sie ebenfalls zu berücksichtigen.

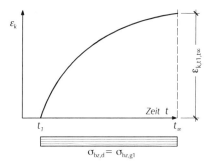

Bild 6.13 Gleichbleibende Dauerlast

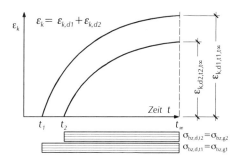

Bild 6.14 Sprunghaft veränderte Dauerlast

Die kriecherzeugende Betonspannung im Spanngliedschwerpunkt ist $\sigma_{bz,ti} = \sigma_{bz,v,ti} + \sigma_{bz,d}$. Die Spannung $\sigma_{bz,d}$ beinhaltet alle äußeren Dauerlasten, die über den gleichen Zeitabschnitt wirken, z. B. $\sigma_{bz,d} = \sigma_{bz,g1}$ (s. Bild 6.13). Bei einer sprunghaften Veränderung der dauernd einwirkenden Lasten, gilt für eine später aufgebrachte Dauerlast das Superpositionsgesetz (s. Bild 6.14).

Im allgemeinen ist die Berechnung des Spannkraftverlustes für die Stelle m (s. Bild 6.15) von Bedeutung, weil hier durch den Spannkraftabfall am unteren Rand zu hohe Zugspannungen und am oberen Rand zu hohe Druckspannungen im Beton auftreten können. In Auflagernähe, Stelle a (s. Bild 6.15) sind die kriecherzeugenden Spannungen zwar größer und der Spannkraftverlust demzufolge höher, doch werden hier die Schnittgrößen nicht in ungünstiger Richtung verändert.

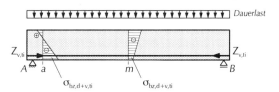

Bild 6.15 Kriecherzeugende Spannungen zum Zeitpunkt t_i an den Stellen a und m

Während die kriecherzeugenden Spannungen bzw. Betondehnungen aus Dauerlasten über die Zeit konstant bleiben, verringert sich die Betonspannung $\sigma_{bzv,ti}$ bzw. die elastische Verkürzung $\varepsilon_{bzv,ti}$ aus der Vorspannung infolge Kriechen und Schwinden. Der Dehnungsverlust im Spannstahl ergibt sich zu

$$\varepsilon_{z,k+s} = -\left|\varepsilon_{k,ti,t} + \varepsilon_{s,ti,t}\right| + \Delta\varepsilon_{el} \quad (6.17)$$

und mit $\Delta\varepsilon_{el} = \varepsilon_{z,k+s} \cdot \dfrac{\varepsilon_{bzv,ti}}{\varepsilon_{zv,ti}}$ wird

$$\varepsilon_{z,k+s} = -\left|\varepsilon_{k,ti,t} + \varepsilon_{s,ti,t}\right| + \varepsilon_{z,k+s} \cdot \dfrac{\varepsilon_{bzv,ti}}{\varepsilon_{zv,ti}} \quad (6.18)$$

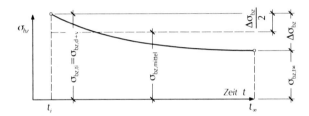

Bild 6.16 Mittlere kriecherzeugende Betonspannung $\sigma_{bz,mittel}$

Zur Bestimmung von $\varepsilon_{z,k+s}$ wird das Kriechmaß $\varepsilon_{k,ti,t}$ in guter Näherung mit Hilfe der mittleren kriecherzeugenden Spannung $\sigma_{bz,mittel} = |\sigma_{bz,ti}| - |\Delta\sigma_{bz}/2|$ berechnet (s. Bild 6.16). Die mittlere elastische Verformung ist damit $\varepsilon_{bz,mittel} = \dfrac{\sigma_{bz,mittel}}{E_b} = -|\varepsilon_{bz,ti,t}| + \dfrac{\Delta\varepsilon_{el}}{2}$.

Ausgehend vom Zeitpunkt t_i mit $\sigma_{bz,ti} = \sigma_{bz,v,ti} + \sigma_{bz,d}$ bzw. $\varepsilon_{bz,ti} = \varepsilon_{bz,v,ti} + \varepsilon_{bz,d}$ erhält man das Kriechmaß $\varepsilon_{k,ti,t} = \varepsilon_{bz,v,ti} \cdot \varphi_{ti,t} + \varepsilon_{bz,d} \cdot \varphi_{ti,t} + \dfrac{\Delta\varepsilon_{el}}{2} \cdot \varphi_{ti,t}$.

Der Dehnungsverlust im Spannstahl wird nach Gl. 6.18 und mit der mittleren elastischen Betonverformung

$$\begin{aligned}\varepsilon_{z,k+s} &= \varepsilon_{s,ti,t} + \varepsilon_{bz,d} \cdot \varphi_{ti,t} + \varepsilon_{bzv,ti} \cdot \varphi_{ti,t} + \\ &\quad + \varepsilon_{z,k+s} \cdot \dfrac{\varepsilon_{bzv,ti}}{\varepsilon_{zv,ti}} + \varepsilon_{z,k+s} \cdot \dfrac{\varepsilon_{bzv,ti}}{\varepsilon_{zv,ti}} \cdot \dfrac{1}{2} \cdot \varphi_{ti,t}\end{aligned} \quad (6.19)$$

6.3 Spannkraftverlust infolge von Kriechen und Schwinden für Vorspannung mit Verbund

Aus Gl. 6.19 erhält man

$$\varepsilon_{z,k+s} = \frac{\varepsilon_{s,ti,t} + (\varepsilon_{bz,d} + \varepsilon_{bzv,ti}) \cdot \varphi_{ti,t}}{1 - \frac{\varepsilon_{bzv,ti}}{\varepsilon_{zv,ti}} \cdot \left(1 + \frac{\varphi_{ti,t}}{2}\right)} \qquad (6.20)$$

Mit $\varepsilon_{bz,d} = \frac{\sigma_{bz,d}}{E_b}$, $\varepsilon_{bzv,ti} = \frac{\sigma_{bzv,ti}}{E_b}$ und $\frac{\varepsilon_{bzv,ti}}{\varepsilon_{zv,ti}} = \frac{n \cdot \sigma_{bzv,ti}}{\sigma_{zv,ti}}$ erhält man den Spannungsverlust im Spannstahl zu $\sigma_{z,k+s} = \varepsilon_{z,k+s} \cdot E_z = \dfrac{\varepsilon_{s,ti,t} + \left(\frac{\sigma_{bz,d}}{E_b} + \frac{\sigma_{bzv,ti}}{E_b}\right) \cdot \varphi_{ti,t}}{1 - \frac{n \cdot \sigma_{bzv,ti}}{\sigma_{zv,ti}} \cdot \left(1 + \frac{\varphi_{ti,t}}{2}\right)} \cdot E_z$ bzw.

$$\sigma_{z,k+s} = \frac{(\sigma_{bz,d} + \sigma_{bzv,ti}) \cdot n \cdot \varphi_{ti,t} + \varepsilon_{s,ti,t} \cdot E_z}{1 - \frac{n \cdot \sigma_{bzv,ti}}{\sigma_{zv,ti}} \cdot \left(1 + \frac{\varphi_{ti,t}}{2}\right)} \qquad (6.21)$$

Gl. 6.21 gilt für einsträngige Vorspannung mit Verbund.

Es bedeuten:

- $\varphi_{ti,t}$ Kriechzahl für den Zeitabschnitt von t_i bis t
- $\varepsilon_{s,ti,t}$ Schwindmaß für den Zeitabschnitt von t_i bis t (Verkürzung negativ)
- n E_z / E_b
- $\sigma_{bz,d}$ Betonspannung infolge von Dauerlasten, die ab dem Zeitpunkt t_i wirken (Zugspannung positiv)
- $\sigma_{bzv,ti}$ Betonspannung infolge Vorspannung zum Zeitpunkt t_i (Druckspannung negativ)
- $\sigma_{zv,ti}$ Spannung im Spannstahl beim Aufbringen der Vorspannung zum Zeitpunkt t_i

In Gl. 6.21 kann auch der Steifigkeitsbeiwert $\alpha = n \cdot \frac{A_z}{A_i} \cdot \left(1 + \frac{A_i}{I_i} \cdot z_{iz}^2\right)$ eingesetzt werden. Mit $\Delta\sigma_{zv,ti} = n \cdot \Delta\sigma_{bzv,ti} = \sigma_{zv,ti}^{(0)} \cdot \alpha$ und $\sigma_{zv,ti} = \sigma_{v,ti}^{(0)} \cdot (1-\alpha)$ nach Abschn. 2.1.1 ist der Nennerausdruck in Gl. 6.21 $\dfrac{n \cdot \sigma_{bzv,ti}}{\sigma_{zv,ti}} = -\dfrac{\sigma_{bzv,ti}^{(0)} \cdot \alpha}{\sigma_{zv,ti}^{(0)} \cdot (1-\alpha)} = -\dfrac{\alpha}{1-\alpha}$.

Dieser Nennerausdruck ist also ein Querschnittswert. Damit kann man schreiben

$$\sigma_{z,k+s} = \frac{(\sigma_{bz,d} + \sigma_{bzv,ti}) \cdot n \cdot \varphi_{ti,t} + \varepsilon_{s,ti,t} \cdot E_z}{1 + \frac{\alpha}{1-\alpha} \cdot \left(1 + \frac{\varphi_{ti,t}}{2}\right)} \qquad (6.22)$$

Die Betonspannungen infolge Kriechen und Schwinden werden

$$\sigma_{b,k+s} = \sigma_{bv} \cdot \frac{\sigma_{z,k+s}}{\sigma_{zv}} \tag{6.23}$$

In Gl. 6.23 sind alle Spannungen mit Vorzeichen einzusetzen.

In den Gln. 6.21 und 6.23 wird in der Kriechzahl $\varphi_{ti,t} = \varphi_{f,ti,t} + \varphi_{verz,ti,t}$ der verzögert elastische Anteil $\varphi_{verz,ti,t}$ als Fließanteil betrachtet, womit $\varphi_{ti,t}$ eine rein plastische Größe ist, die keinen reversiblen Anteil mehr enthält. Der reversible Anteil $\varphi_{verz,ti,t}$ kann durch folgende Gleichung berücksichtigt werden

$$\sigma_{z,verz+f+s} = \frac{(\sigma_{bz,d} + \sigma_{bzv,ti}) \cdot n \cdot \left(\varphi_{f,ti,t} \cdot \frac{1+0,2 \cdot \alpha}{1+0,4 \cdot \alpha} + 0,4 \right) + \varepsilon_{s,ti,t} \cdot E_z}{1 + \frac{\alpha}{1-\alpha} \cdot \left(1,4 + \frac{\varphi_{f,ti,t}}{2} \right)} \tag{6.24}$$

In Gl. 6.24 ist $\varphi_{verz} = 0,4$.

Für kurze Belastungszeiträume $(t-t_i) < 3$ Monate sollte mit $\varphi_{verz} = 0,4 \cdot k_v$ gerechnet werden. Dann ist

$$\sigma_{z,verz+f+s} = \frac{(\sigma_{bz,d} + \sigma_{bzv,ti}) \cdot n \cdot \left(\varphi_{f,ti,t} \cdot \frac{1+0,2 \cdot k_v \cdot \alpha}{1+0,4 \cdot k_v \cdot \alpha} + 0,4 \cdot k_v \right) + \varepsilon_{s,ti,t} \cdot E_z}{1 + \frac{\alpha}{1-\alpha} \cdot \left(1+0,4 \cdot k_v + \frac{\varphi_{f,ti,t}}{2} \right)} \tag{6.25}$$

Die Berücksichtigung des reversiblen Anteils φ_{verz} nach Gl. 6.24 oder 6.25, also die Trennung von φ_f und φ_{verz} fordert einen erheblich höheren Rechenaufwand. Da der Spannungsverlust im Spannstahl nach den Gln. 6.24 und 6.25 für kleine α-Werte (α = 0,05...0,07) nur um ca. 2% und für größere α-Werte (α = 0,12...0,14) nur um ca. 4% geringer wird als nach den Gln. 6.21 und 6.22, empfiehlt es sich φ_{verz} als plastischen Anteil zu betrachten und mit $\varphi_{ti,t} = \varphi_{f,ti,t} + \varphi_{verz,ti,t}$ als plastischer Größe zu rechnen.

6.3.2 Berechnung des Spannkraftverlustes für einsträngige Vorspannung nach DISCHINGER

Während bei der Näherungslösung zur Ermittlung des Kriechmaßes $\varepsilon_{k,ti,t}$ mit der mittleren kriecherzeugenden Spannung über die gesamte Kriechzeit von t_i bis t gerechnet wurde, berechnet man bei der genaueren Lösung den Dehnungs- bzw. Spannkraftverlust dZ_v/dt in Abhängigkeit von $d\varphi/dt$ über die gesamte Kriechzeit. Diese Methode führt zu einer linearen Differentialgleichung. Die Lösung der Gleichung liefert den Spannkraftverlust Z_{k+s}.

Für Vorspannung mit Verbund ist es zweckmäßiger, statt des Spannkraftverlustes den Spannungsverlust im Spannstahl $\sigma_{z,k+s}$ zu berechnen. Ausgehend von den Stahlspannungen erhält man

$$\sigma_{z,k+s} = \left(1 - e^{-\alpha \cdot \varphi_{ti,t}}\right) \cdot \left(-\sigma_{zv,ti} + \frac{1-\alpha}{\alpha} \cdot \sigma_{z,d} + \frac{1-\alpha}{\alpha} \cdot \frac{\varepsilon_{s,ti,t} \cdot E_z}{\varphi_{ti,t}}\right) \quad (6.26)$$

Über die Betonspannungen wird

$$\sigma_{z,k+s} = \left(1 - e^{-\alpha \cdot \varphi_{ti,t}}\right) \cdot \frac{1-\alpha}{\alpha} \cdot n \cdot \left(\sigma_{bzv,ti} + \sigma_{bz,d} + \frac{\varepsilon_{s,ti,t} \cdot E_b}{\varphi_{ti,t}}\right) \quad (6.27)$$

Bei den Gln. 6.26 und 6.27 müssen Vorspannung und Dauerlast über die gleiche Zeit wirken. Bei einer sprunghaften Veränderung der Dauerlast zu einem späteren Zeitpunkt t_2 infolge d_2 ist der Spannungsverlust

$$\sigma_{z,k+s} = \frac{1-\alpha}{\alpha} \cdot n \cdot \left((1 - e^{-\alpha \cdot \varphi_{t1,t}}) \cdot \left(\sigma_{bzv,t1} + \sigma_{bz,d1} + \frac{\varepsilon_{s,t1,t} \cdot E_b}{\varphi_{t1,t}}\right) + (1 - e^{-\alpha \cdot \varphi_{t2,t}}) \cdot \sigma_{bz,d2}\right) \quad (6.28)$$

Hier wird der Kriecheinfluß der zur Zeit t_2 aufgebrachten Dauerlast d_2 durch die Kriechzahl $\varphi_{t2,t}$ getrennt berücksichtigt. Alle Belastungen wirken vom Zeitpunkt des Aufbringens bis zum betrachteten Endzeitpunkt t.

Die durch $\sigma_{z,k+s}$ entstehenden Betonspannungen sind $\sigma_{b,k+s} = \sigma_{bv} \cdot \frac{\sigma_{z,k+s}}{\sigma_{zv}}$. Der verzögert elastische, reversible Anteil φ_{verz} kann auch hier berücksichtigt werden. Dann lauten die Gleichungen unter Benutzung der Stahlspannungen

$$\sigma_{z,verz+f+s} = \left(1 - e^{-\frac{\alpha \cdot \varphi_{f,ti,t}}{1+0,4 \cdot \alpha}}\right) \cdot \left(-\frac{\sigma_{zv,ti}}{1+0,4 \cdot \alpha} + \sigma_{z,d} \cdot \frac{1-\alpha}{\alpha \cdot (1+0,4 \cdot \alpha)} + \right.$$
$$\left. + \frac{\varepsilon_{s,ti,t} \cdot E_z}{\varphi_{f,ti,t}} \cdot \frac{1-\alpha}{\alpha}\right) + \frac{0,4}{1+0,4 \cdot \alpha} \cdot \left(-\sigma_{zv,ti} \cdot \alpha + \sigma_{z,d} \cdot (1-\alpha)\right) \qquad (6.29)$$

und unter Benutzung der Betonspannungen

$$\sigma_{z,verz+f+s} = \left(1 - e^{-\frac{\alpha \cdot \varphi_{f,ti,t}}{1+0,4 \cdot \alpha}}\right) \cdot \frac{1-\alpha}{\alpha} \cdot n \cdot \left(\frac{\sigma_{bzv,ti}}{1+0,4 \cdot \alpha} + \frac{\sigma_{bz,d}}{1+0,4 \cdot \alpha} + \right.$$
$$\left. + \frac{\varepsilon_{s,ti,t} \cdot E_b}{\varphi_{f,ti,t}}\right) + \frac{n \cdot 0,4 \cdot (1-\alpha)}{1+0,4 \cdot \alpha} \cdot (\sigma_{bzv,ti} + \sigma_{bz,d}) \qquad (6.30)$$

Für kurze Belastungszeiträume $(t-t_i) < 3$ Monate liefert besonders das Zusatzglied für die verzögerte elastische Verformung mit dem Grenzwert $\varphi_{verz} = 0{,}4$ zu große Werte. Für $\varphi_{verz} = 0{,}4$ sollte hier $\varphi_{verz,ti,t} = 0{,}4 \cdot k_{v,(t-ti)}$ gesetzt werden.

Zu einem späteren Zeitpunkt t_2 zusätzlich aufgebrachte Dauerlasten d_2 können durch folgende, erweiterte Gleichung berücksichtigt werden:

$$\sigma_{z,verz+f+s} = \frac{1-\alpha}{\alpha} \cdot n \cdot \left[\left(1 - e^{-\frac{\alpha \cdot \varphi_{f,t1,t}}{1+0,4 \cdot \alpha}}\right) \cdot \left(\frac{\sigma_{bzv,t1}}{1+0,4 \cdot \alpha} + \frac{\sigma_{bz,d1}}{1+0,4 \cdot \alpha} + \right.\right.$$
$$\left.\left. + \frac{\varepsilon_{s,t1,t} \cdot E_b}{\varphi_{f,t1,t}}\right) + \left(1 - e^{-\frac{\alpha \cdot \varphi_{f,t2,t}}{1+0,4 \cdot \alpha}}\right) \cdot \frac{\sigma_{bz,d2}}{1+0,4 \cdot \alpha}\right] + \qquad (6.31)$$
$$+ \frac{n \cdot 0,4 \cdot (1-\alpha)}{1+0,4 \cdot \alpha} \cdot (\sigma_{bzv,t1} + \sigma_{bz,d1} + \sigma_{bz,d2})$$

Zur Berechnung nach den Gln. 6.29, 6.30 und 6.31 s. Bemerkung zu den Gln. 6.24 und 6.25.

6.3.3 Beispiel zur Berechnung des Spannkraft- bzw. Spannungsverlustes infolge von Kriechen und Schwinden

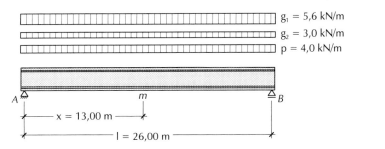
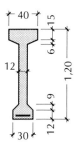

Bild 6.17 System, Belastung, Querschnitt und maßgebende Stelle m

Die Kriechzahlen und Schwindmaße für die Lastfälle min k+s und max k+s sind in Beispiel 2, Abschnitt 6.2 ermittelt worden. Sie werden hier übernommen.

Lastfall min k+s

$\varphi_{2,60} = \varphi_{f,2,60} + \varphi_{verz,2,60} = 1{,}32 + 0{,}22 = 1{,}54$; $\varepsilon_{s,2,50} = -8{,}6 \cdot 10^{-5}$

Lastfall max k+s

$\varphi_{2,\infty} = \varphi_{f,2,\infty} + \varphi_{verz,2,\infty} = (1{,}32 + 1{,}51) + 0{,}4 = 2{,}83 + 0{,}4 = 3{,}23$;

$\varphi_{60,\infty} = \varphi_{f,60,\infty} + \varphi_{verz,60,\infty} = 1{,}51 + 0{,}4 = 1{,}91$; $\varepsilon_{s,2,\infty} = -34{,}8 \cdot 10^{-5}$

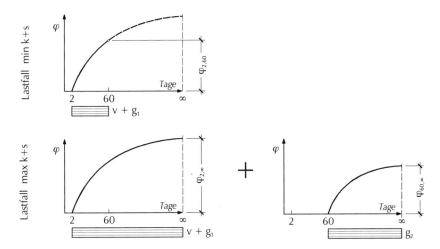

Bild 6.18 Maßgebende Lastfälle für die jeweiligen Zeitabschnitte

Die für die jeweiligen Zeitabschnitte maßgebenden Lastfälle sind Bild 6.18 zu entnehmen. Man beachte, daß im Lastfall max k+s eine Überlagerung vorliegt. Hier ist der Gesamtwert max $\sigma_{z,k+s} = \sigma_{z,k+s}(v+g_1) + \sigma_{z,k+s}(g_2)$.

Für die Berechnung von $\sigma_{z,k}$ ist die kriecherzeugende Betonspannung im Spannstrangschwerpunkt erforderlich. Die kriecherzeugenden Betonspannungen für die Lastfälle v, g_1 und g_2 zum Zeitpunkt t_i sind in Bild 6.19 angegeben.

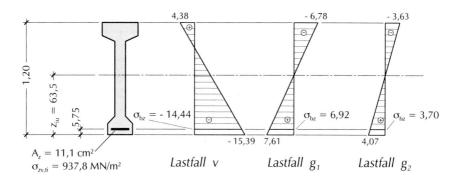

Bild 6.19 $\sigma_{zv,ti}$ und die kriecherzeugenden Betonspannungen der Lastfälle v, g_1 und g_2 in [MN/m²]

Berechnung von $\sigma_{z,k+s}$ über die mittlere kriecherzeugende Spannung

Lastfall min k+s

Ohne Trennung von φ_f und φ_{verz}

mit $\varphi_{2,60} = 1{,}54$, $\varepsilon_{s,2,60} = -8{,}6 \cdot 10^{-5}$ und $n = \frac{195000}{39000} = 5$

Nach Gl. 6.21 erhält man

$$\sigma_{z,k+s} = \frac{(6{,}92 - 14{,}44) \cdot 5 \cdot 1{,}54 - 8{,}6 \cdot 10^{-5} \cdot 195 \cdot 10^{-3}}{1 - \dfrac{5 \cdot (-14{,}44)}{937{,}8} \cdot \left(1 + \dfrac{1{,}54}{2}\right)} = -65{,}7\ \text{MN/m}^2$$

$\sigma_{bo,k+s} = 4{,}38 \cdot \dfrac{-65{,}7}{937{,}8} = -0{,}31\ \text{MN/m}^2$; $\sigma_{bu,k+s} = -15{,}39 \cdot \dfrac{-65{,}7}{937{,}8} = 1{,}08\ \text{MN/m}^2$

Lastfall max k+s

Ohne Trennung von φ_f und φ_{verz}

mit $\varphi_{2,\infty} = 3{,}23$, $\varphi_{60,\infty} = 1{,}91$, $\varepsilon_{s,2,\infty} = -34{,}8 \cdot 10^{-5}$ und $n = 5$

6.3 Spannkraftverlust infolge von Kriechen und Schwinden für Vorspannung mit Verbund

$$\sigma_{z,k+s} = \sigma_{z,k+s}(v+g_1) + \sigma_{z,k+s}(g_2) =$$

$$= \frac{(6{,}92-14{,}44)\cdot 5\cdot 3{,}23 - 34{,}8\cdot 10^{-5}\cdot 195\cdot 10^{-3}}{1 - \dfrac{5\cdot(-14{,}44)}{937{,}8}\cdot\left(1+\dfrac{3{,}23}{2}\right)} + \frac{3{,}7\cdot 5\cdot 1{,}91}{1 - \dfrac{5\cdot(-14{,}44)}{937{,}8}\cdot\left(1+\dfrac{1{,}91}{2}\right)} =$$

$$= -157{,}6 + 30{,}7 = -126{,}6 \text{ MN/m}^2$$

$$\sigma_{bo,k+s} = 4{,}38\cdot\frac{-126{,}6}{937{,}8} = -0{,}59 \text{ MN/m}^2 \ ; \ \sigma_{bu,k+s} = -15{,}39\cdot\frac{-126{,}6}{937{,}8} = 2{,}08 \text{ MN/m}^2$$

Mit Trennung von φ_f und $\varphi_{verz} = 0{,}4$

Der Steifigkeitsbeiwert ist $\alpha = \frac{5\cdot 11{,}16}{2286}\cdot\left(1+\frac{2286}{3949678}\cdot 57{,}75^2\right) = 0{,}071526$.

Nach Gl. 6.24 wird

$$\sigma_{z,verz+f+s} = \frac{(6{,}92-14{,}44)\cdot 5\cdot\left(2{,}83\cdot\dfrac{1+0{,}2\cdot 0{,}0715}{1+0{,}4\cdot 0{,}0715} + 0{,}4\right) - 34{,}8\cdot 10^{-5}\cdot 195000}{1 + \dfrac{0{,}0715}{1-0{,}0715}\cdot\left(1{,}4+\dfrac{2{,}83}{2}\right)} +$$

$$+ \frac{3{,}7\cdot 5\cdot\left(1{,}51\cdot\dfrac{1+0{,}2\cdot 0{,}0715}{1+0{,}4\cdot 0{,}0715} + 0{,}4\right)}{1 + \dfrac{0{,}0715}{1-0{,}0715}\cdot\left(1{,}4+\dfrac{1{,}51}{2}\right)} = -154{,}4 + 29{,}98 = -124{,}42 \text{ MN/m}^2$$

Berechnung von $\sigma_{z,k+s}$ nach DISCHINGER

Lastfall min k+s

Ohne Trennung von φ_f und φ_{verz}
mit $\varphi_{2,60} = 1{,}54$, $\varepsilon_{s,2,60} = -8{,}6\cdot 10^{-5}$ und $n = 5$

Nach Gl. 6.27 erhält man

$$\sigma_{z,k+s} = (1 - e^{-0{,}0715\cdot 1{,}54})\cdot\frac{1-0{,}0715}{0{,}0715}\cdot 5\cdot\left(6{,}92 - 14{,}44 - \frac{8{,}6\cdot 10^{-5}\cdot 39000}{1{,}54}\right) =$$

$$= 65{,}7 \text{ MN/m}^2$$

$$\sigma_{bo,k+s} = 4{,}38\cdot\frac{-65{,}7}{937{,}8} = -0{,}31 \text{ MN/m}^2 \ ; \ \sigma_{bu,k+s} = -15{,}39\cdot\frac{-65{,}7}{937{,}8} = 1{,}08 \text{ MN/m}^2$$

Lastfall max k+s

Ohne Trennung von φ_f und φ_{verz}
mit $\varphi_{2,\infty} = 3{,}23$, $\varphi_{60,\infty} = 1{,}91$, $\varepsilon_{s,2,\infty} = -34{,}8\cdot 10^{-5}$ und $n = 5$

Nach Gl. 6.28 wird

$$\sigma_{z,k+s} = \sigma_{z,k+s}(v+g_1) + \sigma_{z,k+s}(g_2) = \frac{1-0{,}0715}{0{,}0715} \cdot 5 \cdot \left[\left(1-e^{-0{,}0715 \cdot 3{,}23}\right)\right.$$

$$\left.\cdot \left(6{,}92 - 14{,}44 - \frac{34{,}8 \cdot 10^{-5} \cdot 39000}{3{,}23}\right) + \left(1-e^{-0{,}0715 \cdot 1{,}91}\right) \cdot 3{,}7\right] =$$

$$= -157{,}0 + 30{,}7 = -126{,}3 \text{ MN}/\text{m}^2$$

$\sigma_{bo,k+s} = 4{,}38 \cdot \frac{-126{,}3}{937{,}8} = -0{,}59 \text{ MN}/\text{m}^2$; $\sigma_{bu,k+s} = -15{,}39 \cdot \frac{-126{,}3}{937{,}8} = 2{,}07 \text{ MN}/\text{m}^2$

Mit Trennung von φ_f und $\varphi_{verz} = 0{,}4$
Nach Gl. 6.31 ist

$$\sigma_{z,verz+f+s} = \frac{1-0{,}0715}{0{,}0715} \cdot 5 \cdot \left[\left(1-e^{-\frac{0{,}0715 \cdot 2{,}83}{1+0{,}4 \cdot 0{,}0715}}\right) \cdot \left(\frac{6{,}92}{1+0{,}4 \cdot 0{,}0715} - \frac{14{,}44}{1+0{,}4 \cdot 0{,}0715}\right.\right.$$

$$\left.\left. - \frac{34{,}8 \cdot 10^{-5} \cdot 39000}{2{,}83}\right) + \left(1-e^{-\frac{0{,}0715 \cdot 1{,}51}{1+0{,}4 \cdot 0{,}0715}}\right) \cdot \frac{3{,}7}{1+0{,}4 \cdot 0{,}0715}\right] +$$

$$+ \frac{5 \cdot 0{,}4 \cdot (1-0{,}0715)}{1+0{,}4 \cdot 0{,}0715} \cdot (6{,}9 + 3{,}7 - 14{,}44) = -124{,}1 \text{ MN}/\text{m}^2$$

Vergleich der Ergebnisse s. Tab. 6.1 und Tab. 6.2.

Tab. 6.1
Lastfall min k+s zum Zeitpunkt $t_2 = 60$ Tage

Tab. 6.2
Lastfall max k+s zum Zeitpunkt $t = \infty$

	$\sigma_{z,k+s}$ [MN/m²]		$\sigma_{z,k+s}$ [MN/m²]	
	ohneTrennung $\varphi_{ti,t} = \varphi_f + \varphi_{verz}$		ohneTrennung $\varphi_{ti,t} = \varphi_f + \varphi_{verz}$	mit Trennung von φ_f und $\varphi_{verz} = 0{,}4$
Berechnung mit der mittleren kriecherzeugenden Spannung	−65,7	Berechnung mit der mittleren kriecherzeugenden Spannung	-126,3	-124,4
Berechnung nach DISCHINGER	−65,7	Berechnung nach DISCHINGER	-126,3	-124,1

Tab. 6.2 zeigt für den Lastfall max k+s, daß eine Trennung von φ_f und φ_{verz} (Berücksichtigung des reversiblen Anteils φ_{verz}) nur einen um 1,5 % geringeren Spannungsabfall gegenüber der Berechnung mit $\varphi_{ti,t} = \varphi_f + \varphi_{verz}$ als reinen plastischen Anteil ergibt.

6.3 Spannkraftverlust infolge von Kriechen und Schwinden für Vorspannung mit Verbund

6.3.4 Iterationsverfahren für ein- und zweisträngige Vorspannung

Bei den geschlossenen Lösungen für $\sigma_{z,s}$ (Gl. 6.16) und $\sigma_{z,k+s}$ (Gl. 6.21) wurde die Erholdehnung gemäß Bild 6.12 mit $\Delta\varepsilon_{el,s} = \varepsilon_{z,s} \cdot \frac{\varepsilon_{bzv,ti}}{\varepsilon_{zv,ti}}$ bzw. $\Delta\varepsilon_{el,k+s} = \varepsilon_{z,k+s} \cdot \frac{\varepsilon_{bzv,ti}}{\varepsilon_{zv,ti}}$ in die Gleichungen eingeführt.

Wie Gl. 6.15 zeigt erhält man $\Delta\varepsilon_{el}$ auch aus dem Schwindmaß $\varepsilon_{s,ti,t}$ zu $\Delta\varepsilon_{el,s} = \alpha \cdot \varepsilon_{s,ti,t}$ bzw. aus dem Kriech- und Schwindmaß zu $\Delta\varepsilon_{el,k+s} = \alpha \cdot (\varepsilon_{k,ti,t} + \varepsilon_{s,ti,t})$ über den Steifigkeitsbeiwert α. Dieser ist nach Gl. 2.5 definiert durch das Verhältnis $\alpha = \frac{\Delta\sigma_{zv}}{\sigma_{zv}^{(0)}} = \frac{\Delta\varepsilon_{el}}{\varepsilon_{zv}^{(0)}}$, wonach $\frac{\Delta\sigma_{el}}{\alpha} = \varepsilon_{zv}^{(0)}$. Demzufolge kann man $\frac{\Delta\varepsilon_{el,s}}{\alpha} = \varepsilon_{s,ti,t}$ bzw. $\frac{\Delta\varepsilon_{el,k+s}}{\alpha} = (\varepsilon_{k,ti,t} + \varepsilon_{s,ti,t})$ als Spannbettdehnungen deuten, oder als Spannbettspannungen $\sigma_{z,s}^{(0)} = \varepsilon_{s,ti,t} \cdot E_z$ bzw. $\sigma_{z,k+s}^{(0)} = (\varepsilon_{k,ti,t} + \varepsilon_{s,ti,t}) \cdot E_z$.

Das Kriechmaß, die plastische Kriechverkürzung erhält man über die mittlere kriecherzeugende Spannung zu $\varepsilon_{k,ti,t} = \frac{\sigma_{bz,mittel}}{E_b} \cdot \varphi_{ti,t}$; nach Bild 6.16 ist

$$\sigma_{bz,mittel} = \sigma_{bz,v,ti} + \sigma_{bz,d} + \frac{\Delta\sigma_{bz,k+s}}{2} \qquad (6.32)$$

zu berechnen.

Für das Iterationsverfahren wird die mittlere kriecherzeugende Spannung geschätzt zu

$$\sigma_{bz,mittel} \approx (0{,}8\ldots 0{,}9) \cdot (\sigma_{bz,v,ti} + \sigma_{bz,d}) \qquad (6.33)$$

Damit wird $\varepsilon_{k,ti,t} = \frac{\sigma_{bz,mittel}}{E_b} \cdot \varphi_{ti,t}$ und

$$\sigma_{z,k+s}^{(0)} = E_z \cdot \left(\varepsilon_{s,ti,t} + \frac{\sigma_{bz,mittel}}{E_b} \cdot \varphi_{ti,t}\right) = n \cdot \left(E_b \cdot \varepsilon_{s,ti,t} + \sigma_{bz,mittel} \cdot \varphi_{ti,t}\right) \qquad (6.34)$$

Über Gl. 6.32 ist zu kontrollieren, ob die geschätzte mittlere kriecherzeugende Spannung nach Gl. 6.33 zutrifft. Dazu ist $\sigma_{bz,k+s}$ zu ermitteln. Mit $\Delta\sigma_{z,k+s} = \alpha \cdot \sigma_{z,k+s}^{(0)} = n \cdot \sigma_{bz,k+s}$ erhält man

$$\sigma_{bz,k+s} = \frac{\alpha \cdot \sigma_{z,k+s}^{(0)}}{n} \qquad (6.35)$$

Der Rechengang ist mit jeweils verbessertem Schätzwert $\sigma_{bz,mittel}$ zu wiederholen, bis Rechenwert und Schätzwert übereinstimmen. Der Spannungsabfall im Spannstahl ist dann

$$\sigma_{z,k+s} = \sigma_{z,k+s}^{(0)} \cdot (1-\alpha) \tag{6.36}$$

In der Berechnung sind Verkürzungen, z. B. $\varepsilon_{s,ti,t}$ und Druckspannungen, z. B. $\sigma_{bz,v,ti}$ negativ einzusetzen.

Bei zweisträngiger Vorspannung (s. Abschn. 2.1.3 und Bild 2.10) liegen zwei Unbekannte, $\sigma_{z1,k+s}$ und $\sigma_{z2,k+s}$ vor. Die Veränderung der Spannkraft eines Stranges wirkt sich auf die kriecherzeugende Spannung des anderen Stranges aus. Für die Berechnung der Spannungsverluste infolge Kriechen und Schwinden wird analog zur einsträngigen Vorspannung folgender Berechnungsgang vorgeschlagen:

1. Schätzen der mittleren kriecherzeugenden Betonspannung für Strang 1 und Strang 2

$$\text{Strang 1: } \sigma_{bz1,mittel} \approx (0{,}8...0{,}9) \cdot (\sigma_{bz1,v,ti} + \sigma_{bz1,d})$$
$$\text{Strang 2: } \sigma_{bz2,mittel} \approx (0{,}8...0{,}9) \cdot (\sigma_{bz2,v,ti} + \sigma_{bz2,d}) \tag{6.37}$$

2. Spannbettspannung infolge Kriechen und Schwinden

$$\text{Strang 1: } \sigma_{z1,k+s}^{(0)} = n \cdot \left(E_b \cdot \varepsilon_{s,ti,t} + \sigma_{bz1,mittel} \cdot \varphi_{ti,t} \right)$$
$$\text{Strang 2: } \sigma_{z2,k+s}^{(0)} = n \cdot \left(E_b \cdot \varepsilon_{s,ti,t} + \sigma_{bz2,mittel} \cdot \varphi_{ti,t} \right) \tag{6.38}$$

3. Betonspannungen infolge Kriechen und Schwinden

$$\text{Strang 1: } \sigma_{bz1,k+s} = \frac{1}{n} \cdot \left(\sigma_{z1,k+s}^{(0)} \cdot \alpha_{11} + \sigma_{z2,k+s}^{(0)} \cdot \alpha_{12} \right)$$
$$\text{Strang 2: } \sigma_{bz2,k+s} = \frac{1}{n} \cdot \left(\sigma_{z2,k+s}^{(0)} \cdot \alpha_{22} + \sigma_{z1,k+s}^{(0)} \cdot \alpha_{21} \right) \tag{6.39}$$

4. Berechnen der mittleren kriecherzeugenden Betonspannung

$$\text{Strang 1: } \sigma_{bz1,mittel} = \sigma_{bz1,v,ti} + \sigma_{bz1,d} + \frac{\sigma_{bz1,k+s}}{2}$$
$$\text{Strang 2: } \sigma_{bz2,mittel} = \sigma_{bz2,v,ti} + \sigma_{bz2,d} + \frac{\sigma_{bz2,k+s}}{2} \tag{6.40}$$

6.3 Spannkraftverlust infolge von Kriechen und Schwinden für Vorspannung mit Verbund

5. Kontrolle der Übereinstimmung von Schätzwert nach Gl. 6.37 und Rechenwerten nach Gl. 6.40. Der Rechengang ist mit jeweils verbesserten Schätzwerten zu wiederholen, bis Rechenwerte und Schätzwerte übereinstimmen.

6. Berechnen des Spannungsabfalls infolge Kriechen und Schwinden

$$\text{Strang 1:} \quad \sigma_{z1,k+s} = \sigma_{z1,k+s}^{(0)} + n \cdot \sigma_{bz1,k+s}$$
$$\text{Strang 2:} \quad \sigma_{z2,k+s} = \sigma_{z2,k+s}^{(0)} + n \cdot \sigma_{bz2,k+s}$$

(6.41)

7. Berechnen der Betonrandspannungen infolge Kriechen und Schwinden nach dem Geradliniengesetz bei gegebenem $\sigma_{bz1,k+s}$ und $\sigma_{bz2,k+s}$

Im Regelfall ist die Spannkraft des Hauptstranges ca. 5...10 mal größer als die des Nebenstranges, so daß die kriecherzeugende Spannung in der Hauptstrangfaser durch die geringe Spannkraftveränderung infolge Kriechen und Schwinden im Nebenstrang kaum beeinflußt wird. In diesen Fällen kann der Spannungsabfall infolge Kriechen und Schwinden im Hauptstrang wie für einsträngige Vorspannung nach Gl. 6.21 bzw. Gl. 6.22 berechnet werden.

7 Nachweise zur Rissebeschränkung und Rißbreitenbeschränkung

7.1 Rissebeschränkung

Wie in Abschn. 2.2 dargelegt, werden durch das Einhalten zulässiger Spannungen im Gebrauchszustand zu große Verformungen vermieden, wodurch die Rißbildung beschränkt wird.

Gemäß Abschn. 10.1, DIN 4227 dürfen bei voller Vorspannung in der Regel keine Längszugspannungen auftreten. Bei beschränkter Vorspannung sind im Gebrauchszustand die Längszugspannungen gemäß Tab. 9, Zeilen 18 bis 26 (bei Brücken oder vergleichbaren Bauwerken Zeilen 36 bis 44) zulässig.

7.2 Rißbreitenbeschränkung

Die Beschränkung der Rißbreiten bei abgeschlossener Rißbildung erfolgt nach Abschn. 10.2, DIN 4227 für eine vorgegebene Beanspruchungskombination aus äußeren Lasten und Zwangseinwirkungen. Für eine solche Kombination ist die Stahlspannung σ_S ($\sigma_S \leq \beta_S$) im Betonstahl bzw. der Spannungszuwachs $\Delta\sigma_z$ sämtlicher im Verbund liegender Spannstähle nach Zustand II unter Zugrundelegung linear-elastischen Verhaltens zu ermitteln. Die größtmöglichen Stabdurchmesser ergeben sich aus der Bedingung

$$d_S \leq r \cdot \frac{\mu_z}{\sigma_S^2} \cdot 10^4 \qquad (7.1)$$

Es bedeuten:

d_S Größtmöglicher Stabdurchmesser der Längsbewehrung in [mm] für Stabstahl oder Spannstahl im sofortigen Verbund

r   Beiwert zur Berücksichtigung der Verbundeigenschaften und der Umweltbedingungen gemäß Tab. 10, DIN 1045

μ_z Auf die Zugzone A_{bz} (Bereich von Zugdehnungen) bezogener Bewehrungsgrad $(A_S + A_z) / A_{bz} \cdot 100$ in % ohne Berücksichtigung von Spanngliedern mit nachträglichem Verbund. Der Dehnungszustand ist für die zu wählende Beanspruchungskombination zu ermitteln. Die Zugzonenhöhe ist auf 80 cm begrenzt. Die Bewehrung ist gleichmäßig über die Zugzonenbreite zu verteilen.

A_S Querschnitt des Stabstahls in der Zugzone

A_z Querschnitt der Spannstähle mit sofortigem Verbund

σ_S Zugspannung im Betonstahl bzw. Spannungszuwachs $\Delta\sigma_z$ des Spannstahls im sofortigen Verbund in MN/m², ermittelt nach Zustand II für linear-elastisches Verhalten

7.2 Rißbreitenbeschränkung

Tafel 7.1 Beiwerte r zur Berücksichtigung der Verbundeigenschaften

	Bauteile mit Umweltbedingungen nach DIN 1045, Tab. 10		
	Zeile 1	Zeile 2	Zeilen 3 und 4 *)
zu erwartende Rißbreite	normal	normal	sehr gering
gerippter Betonstahl und gerippte Spannstähle in sofortigem Verbund	200	150	100
profilierter Spannstahl und Litzen in sofortigem Verbund	150	110	75
*) auch bei Bauteilen im Einflußbereich bis zu 10 m von Straßen, die mit Tausalzen behandelt werden, oder Eisenbahnstrecken, die vorwiegend mit Dieselantrieb befahren werden			

Gemäß Abschn. 10.2, DIN 4227 ist bei überwiegend auf Biegung beanspruchten, stabförmigen Bauteilen und Platten von folgender Beanspruchungskombination auszugehen:

- 1,0-fache ständige Last,
- 1,0-fache Verkehrslast (einschließlich Schnee und Wind),
- 0,9- bzw. 1,1-fache Summe aus statisch bestimmter und statisch unbestimmter Wirkung der Vorspannung unter Berücksichtigung von Kriechen und Schwinden; der ungünstigere Wert ist maßgebend,
- 1,0-fache Zwangschnittgröße aus Wärmewirkung (auch im Bauzustand), wahrscheinlicher Baugrundbewegung, Schwinden und aus Anheben zum Auswechseln von Lagern,
- 1,0-fache Schnittgröße aus planmäßiger Systemänderung,
- Zusatzmoment ΔM_1

$$\Delta M_1 = \pm 5 \cdot 10^{-5} \cdot \frac{E \cdot I}{d_0} \qquad (7.2)$$

Hierin bedeuten:

$E \cdot I$ Biegesteifigkeit im Zustand I im betrachteten Querschnitt

d_0 Querschnittsdicke im betrachteten Querschnitt (bei Platten ist $d_0 = d$ zu setzen)

Soweit diese Beanspruchungskombination ohne den statisch bestimmmten Anteil der Vorspannung örtlich geringere Biegemomente als den Mindestwert

$$M_2 = \pm 15 \cdot 10^{-5} \cdot \frac{E \cdot I}{d_0} \qquad (7.3)$$

ergibt, so ist dieses Moment M_2 in den durch Bild 7.1 gekennzeichneten Bereichen mit dem dort angegebenen Verlauf anzunehmen. Für den Nachweis nach Gl. 7.1 ist dabei von der mit M_2 ermittelten Grenzlinie und dem statisch bestimmten Anteil der 0,9- bzw. 1,1-fachen Vorspannung als Beanspruchungskombination auszugehen.

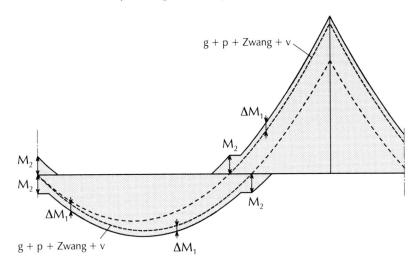

Bild 7.1 Abgrenzung der Anwendungsbereiche von M_2 (Grenzlinie der Biegemomente einschließlich der 0,9- bzw. 1,1-fachen statisch unbestimmten Wirkung der Vorspannung v und Ansatz von ΔM_1)

Dieser lastabhängige Nachweis der Rißbreitenbeschränkung entspricht dem Nachweis nach DIN 1045, Abschn. 17.6.3 unter dem häufig wirkenden Lastanteil. Unabhängig von diesem Nachweis ist grundsätzlich eine Mindestbewehrung nach DIN 4227, Abschn. 6.7.1, Tab. 4 und 5 anzuordnen, sofern sich aus konstruktiven Gründen oder durch die Bemessung keine größere Bewehrung ergibt.
In DIN 1045, Abschn. 17.6.2 wird der auf die Zugzone A_{bz} (Zustand I) bezogene Bewehrungsgehalt für die Mindestbewehrung aus der lastunabhängigen Rißschnittgröße unter Zugrundelegung einer Betonzugfestigkeit $\beta_{bz} = 0{,}25 \cdot \beta_{WN}^{2/3}$ ermittelt, wobei die vom Stabdurchmesser abhängige Stahlspannung σ_S beim Eintragen der

7.2 Rißbreitenbeschränkung

Rißlast in den Beton (Übergang in den Zustand II) den Grenzwert $0,8 \cdot \beta_S$ nicht überschreiten darf.

Ein ähnliches Verfahren zur Beschränkung der Breite von Einzelrissen bei Spannbetonbauteilen ist in Heft 320 DAfStb, Berlin 1989 angegeben.

Für den Nachweis der Rißbreitenbeschränkung sind nach Gl. 7.1 die Stellen maßgebend, an denen für die jeweils ungünstigste Beanspruchungskombination große Spannungen σ_s im Betonstahl, bzw. $\Delta\sigma_z$ im Spannstahl bei geringem Bewehrungsgrad μ_z auftreten. In Bild 7.2 sind Nachweisstellen für einen statisch bestimmt gelagerten Spannbettbinder eingetragen

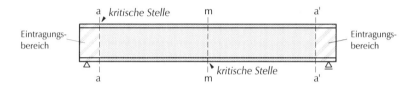

Bild 7.2 Nachweisstellen für die Rissebeschränkung

Schnitt a-a:

mögliche Beanspruchungskombination für den Obergurt:

$1,1 \cdot v + g_1 + \Delta M_1$ oder Anteil M_2 (etwa ½ M_2; s. Bild 7.1)

Bemerkung:
- *auch bei zweisträngiger Vorspannung wird im Regelfall wegen der 5 bis 10mal größeren Vorspannkraft im Hauptstrang der Faktor 1,1 gewählt, da beide Stränge als Einheit aufgefaßt werden.*
- *der Schnitt a-a wird wegen des nicht eindeutigen Verlaufs der Vorspannkraft im Eintragungsbereich am Ende dieses Bereichs geführt.*

Schnitt m-m:

mögliche Beanspruchungskombination für den Untergurt:

$0,9 \cdot (v + \max k+s) + g_1 + g_2 + p + \Delta M_1$

und ggf. für den Obergurt:

$1,1 \cdot v + g_1 + \Delta M_1$

Die Berechnung der Spannung σ_s im Betonstahl bzw. $\Delta\sigma_z$ im Spannstahl erfolgt am einfachsten und auf der sicheren Seite liegend über die Zugkeilkraft im Zustand I.

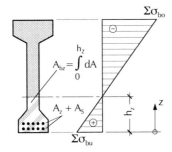

Bild 7.3 Zugkeil im Zustand I

Tab. 7.1
Ermittlung der Randspannungen

Lastfall	σ_{bo} [MN/m²]	σ_{bu} [MN/m²]
0,9 · v	...	...
0,9 · max k+s	...	...
g1	...	...
g2	...	...
p	...	...
ΔM_1	...	...
Σ	...	...

Nach Bild 7.3 erhält man die Zugkeilkraft

$$Z_b = \int_0^{h_z} \sigma_b(z)\,dA \quad (7.4)$$

und damit die Stahlspannung

$$\sigma_S = \frac{Z_b}{A_S + A_z} \quad (7.5)$$

Man beachte: $\sigma_S \leq \beta_S$

Die aus der Beanspruchungskombination sich ergebenden Betonrandspannungen werden zweckmäßig nach Tab. 7.1 ermittelt.

Werden Stähle mit unterschiedlichen Verbundeigenschaften verwendet, z. B. Betonrippenstahl und Spannstahl-Litzen im sofortigen Verbund, kann in Gl. 7.1 mit einem gemittelten Verbundbeiwert

$$r_m = \frac{r_S \cdot A_S}{A_S + A_z} + \frac{r_z \cdot A_z}{A_S + A_z} \quad (7.6)$$

gerechnet werden.

Es bedeuten:

A_S, r_S Querschnitt und Verbundbeiwert des Betonrippenstahls

A_z, r_z Querschnitt und Verbundbeiwert des Spannstahls (z. B. Litze)

Eine Berechnung von σ_S bzw. $\Delta\sigma_z$ nach Zustand II bedeutet:

Es ist ein Dehnungszustand im betrachteten Querschnitt zu ermitteln der, überlagert mit der Vordehnung, die Spannungsresultierende S_i liefert, wobei $S_i = -S_a$ (S_i = Schnittgrößen des inneren Widerstands, S_a = Schnittgrößen des äußeren Beanspruchungszustands). Die Berechnung kann mit Hilfstafeln (z. B. KUPFER: Bemessung von Spannbetonbauteilen nach DIN 4227 – einschließlich teilweiser Vorspannung, in: Betonkalender Teil I, 1994, S. 637ff) oder mit Bemessungs-

7.2 Rißbreitenbeschränkung

programmen erfolgen. Dieser Aufwand ist aber nur dann sinnvoll, wenn im betrachteten Schnitt ein geringer Bewehrungsgrad vorliegt und die Zugkeilkraft Z_b nach Gl. 7.2 eine zu hohe Betonstahlspannung σ_s ergibt, also nach Gl. 7.1 zu kleine Stabdurchmesser d_s ermittelt werden.

Bei Spannbettbindern tritt dieser Fall häufig im auflagernahen Schnitt des Obergurtes auf. Hier liegen i. allg. nur 2 bis 3 Spanndrähte und die Betonzugspannungen am oberen Rand können erheblich sein (s. Schnitt a-a in Bild 7.2). Dagegen ist der Untergurt eines Binders (Schnitt m-m in Bild 7.2) von Spanndrähten gut durchsetzt, so daß die Berechnung von σ_s sowohl nach Zustand I als auch nach Zustand II praktisch die gleichen Ergebnisse liefert.

Grundsätzlich wird man nach Zustand II geringere Stahlspannungen σ_s gegenüber der Berechnung nach Zustand I (Zugkeilkraft) bei den Querschnittsformen erhalten, bei denen der innere Hebel beim Übergang von Zustand I nach Zustand II sich nennenswert vergrößert (z. B. Rechteck, schwach profilierte Binder, T-Querschnitte). Bei starken Gurtungen (z. B. Hohlkastenquerschnitt) sind die inneren Hebel im Zustand I und Zustand II fast gleich und beide Berechnungsweisen liefern praktisch gleiche σ_s.

7.3 Berechnungsbeispiel zur Rißbreitenbeschränkung

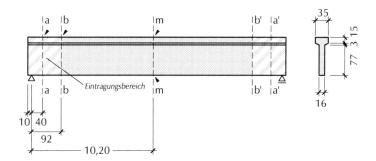

Bild 7.4 Nachweisstellen für die Rißbreitenbeschränkung

Angaben zum Träger

Beton B55;
Spannstahl Litze St 1570/1770 Nenndurchmesser 12,5 mm; Einzelquerschnitt $A_z = 0{,}93$ cm²; $\sigma_{zv}^{(0)} = 1000$ MN/m²

Mindestbewehrung BSt IV S (s. 6.7 und Tab. 4 und 5 DIN 4227)

Längsbewehrung im Steg (je Seite)

Für B55: Grundwert $\mu = 0{,}1\,\%$
(Tab. 5); erf $a_S = 0{,}5 \cdot \frac{0{,}1}{100} \cdot 16 \cdot 100 =$
$= 0{,}8\,\text{cm}^2/\text{m}$ (Tab. 4)
gewählt: $\varnothing\,8$, s = 17 cm,
vorh $a_S = 2{,}9\,\text{cm}^2/\text{m}$

Längsbewehrung an Trägerober- und Trägerunterseite

Oberseite:
erf $A_S = 0{,}5 \cdot \frac{0{,}1}{100} \cdot \left(16^2 + 2 \cdot 9{,}5 \cdot 16{,}5\right) =$
$= 0{,}28\,\text{cm}^2/\text{m}$ (Tab. 4)
gewählt: 3 $\varnothing$ 10, vorh $A_S = 2{,}4\,\text{cm}^2$

Unterseite:
erf $A_S = 0{,}5 \cdot \frac{0{,}1}{100} \cdot 16^2 = 0{,}13\,\text{cm}^2$
(Tab. 4); hier: Anrechnung von
9 Spanndrahtlitzen im sofortigen
Verbund mit
vorh $A_S = 9 \cdot 0{,}93 = 8{,}37\,\text{cm}^2$

Schubbewehrung (Bügel)

erf $A_S = 2 \cdot 0{,}1 \cdot 16 = 3{,}2\,\text{cm}^2/\text{m}$
(Tab. 4)
gewählt: $\varnothing\,8$, s = 20 cm,
vorh $a_S = 5{,}0\,\text{cm}^2/\text{m}$

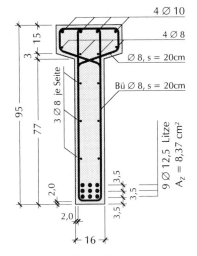

Bild 7.5 Bewehrung des Binders

Nachweis im Schnitt m-m, x = 10,20 m

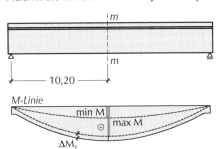

Bild 7.6 Momentenverlauf und Zusatzmoment ΔM_1

Tab. 7.2 Beton- und Spannstahlspannungen für x = 10,20 m

Längsspannungen für die Stelle x = 10,20 m				
Lastfall	Betonspannung [MN/m²]		Stahlspannung [MN/m²]	
	unten	oben	unten	oben
v	-17,24	5,47	922,18	
g1	7,84	-6,12	34,04	
g2	7,18	-5,60	31,19	
p	4,27	-3,34	18,57	
min k+s	1,37	-0,43	-73,07	
max k+s	2,20	-0,70	-117,85	

7.3 Berechnungsbeispiel zur Rißbreitenbeschränkung

$\Delta M_1 = \pm 5 \cdot 10^{-5} \cdot \frac{E \cdot I}{d_0}$. Mit $E = 39000$ MN/m², $I_i = 0,016236$ m⁴ und $d_0 = 0,95$ m

erhält man $\Delta M_1 = \pm 5 \cdot 10^{-5} \cdot \frac{39000 \cdot 0,016236}{0,95} = \pm 0,0333$ MNm $= \pm 33,3$ kNm.

Randspannungen infolge ΔM_1

$\sigma_{bo} = \pm 10 \cdot \frac{3330}{1623600} \cdot 41,6 = \pm 0,85$ MN/m² ; $\sigma_{bu} = \pm 10 \cdot \frac{3330}{1623600} \cdot 53,4 = \pm 1,10$ MN/m²

Nachweis am unteren Rand

Maßgebende Beanspruchungskombination:
0,9 · (v + max k+s) + g_1 + g_2 + p + ΔM_1

Randspannungen für diese Kombination s. Tab. 7.3

Die Zugkeilkraft wird nach Bild 7.7 ermittelt.

Tab. 7.3 Randspannungen für die maßgebende Kombination am unteren Rand

Lastfall	σ_{bu} [MN/m²]	σ_{bo} [MN/m²]
0,9 · v	-15,52	4,92
0,9 · max k+s	1,98	-0,63
g1	7,84	-6,12
g2	7,18	-5,60
p	4,27	-3,34
ΔM1	1,10	-0,85
Σ	6,85	-11,62

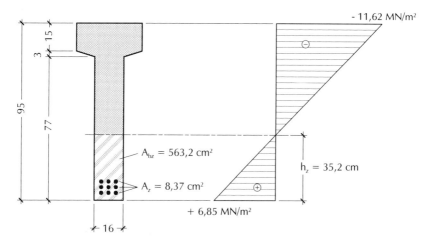

Bild 7.7 Spannungsverlauf und Zugzone A_{bz} im Zustand I für den unteren Rand in $x = 10,20$ m

Zugkeilkraft $Z_b = \frac{0,685}{2} \cdot 16 \cdot 35,2 = 192,9$ kN

Stahlspannung σ_S bzw. $\Delta\sigma_z = \frac{192,9}{8,37} = 23,0$ kN/cm² $< 50,0$ kN/cm² $= \beta_S$

Bewehrungsgrad der Zugzone $\mu_z = \frac{8,37}{563,2} \cdot 100 = 1,486$ %

Beiwert r für Verbundeigenschaften nach Tafel 7.1 für Umweltbedingung nach DIN 1045, Tab. 10 Zeile 2 und Litzen im sofortigen Verbund: r = 110

Damit wird max $d_S = 110 \cdot \frac{1{,}486}{230^2} \cdot 10^4 = 30{,}9$ mm > vorh $d_S = 12{,}5$ mm.

Die Rißbreitenbeschränkung und die Gebrauchstauglichkeit sind nachgewiesen.
Die Berechnung von σ_S nach Zustand II wäre hier nicht sinnvoll.

Nachweis am oberen Rand

Maßgebende Beanspruchungskombination:
$1{,}1 \cdot v + g_1 + \Delta M_1$

Randspannungen für diese Kombination s. Tab. 7.4
Die Zugkeilkraft wird nach Bild 7.8 ermittelt.

Tab. 7.4 Randspannungen für die maßgebende Kombination am oberen Rand

Lastfall	σ_{bu} [MN/m²]	σ_{bo} [MN/m²]
$1{,}1 \cdot v$	-19,96	6,02
g1	7,84	-6,12
ΔM1	-1,10	0,85
Σ	-13,22	0,75

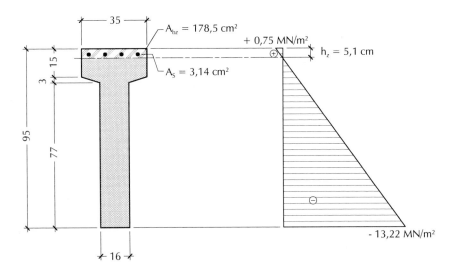

Bild 7.8 Spannungsverlauf und Zugzone A_{bz} im Zustand I für den oberen Rand in x = 10,20 m

Zugkeilkraft $Z_b = \frac{0{,}075}{2} \cdot 35 \cdot 5{,}1 = 6{,}69$ kN

Stahlspannung σ_S bzw. $\Delta\sigma_z = \frac{6{,}69}{3{,}14} = 2{,}13$ kN/cm² < 50,0 kN/cm² = β_S

Bewehrungsgrad der Zugzone $\mu_z = \frac{3{,}14}{178{,}5} \cdot 100 = 1{,}759\,\%$

Beiwert für Verbundeigenschaften für Rippenstahl, sonst wie unterer Rand: r = 150

7.3 Berechnungsbeispiel zur Rißbreitenbeschränkung

Damit wird $\max d_S = 150 \cdot \frac{1{,}759}{21{,}3^2} \cdot 10^4 = 5816 \text{ mm} \gg \text{vorh } d_S = 10{,}0 \text{ mm}$.

Die Rißbreitenbeschränkung und die Gebrauchstauglichkeit sind nachgewiesen.

Nachweis im Schnitt b-b, x = 0,92 m

ΔM_1 und Randspannungen infolge ΔM_1 wie im Schnitt m-m.

Nachweis am oberen Rand

Maßgebende Beanspruchungskombination: $1{,}1 \cdot v + g_1 + \Delta M_1$

Randspannungen für diese Kombination s. Tab. 7.6.

Bem.: Nach DIN 4227, Abschn. 10.2 Abs.(5) ist für den Fall, daß die Biegemomente der maßgebenden Kombination ohne den statisch bestimmten Anteil der Vorspannung kleiner sind als M_2, in den Bereichen der Momentennullpunkte das Moment M_2 gemäß dem Verlauf nach Bild 7.1 als maßgebende äußere Einwirkung anzunehmen. Mit $M_2 = 100$ kNm ergäbe sich an der Stelle $x = 0{,}92$ m $M_2(0{,}92) \approx 55$ kNm. Wegen der statisch bestimmten Lagerung ist nur mit geringem Zwang infolge abfließender Hydratationswärme zu rechnen. Außerdem treten bei statisch bestimmter Lagerung an den Auflagern keine erheblichen Schwankungen bei den Biegemomenten auf, wie bei den Momentennullpunkten an den Innenstützen durchlaufender Träger. Es wird deshalb für die maßgebende Kombination mit dem Zusatzmoment ΔM_1 gerechnet.

Die Zugkeilkraft wird nach Bild 7.9 ermittelt.

Tab. 7.5   Beton- und Spannstahlspannungen für $x = 0{,}92$ m

Längsspannungen für die Stelle x = 0,92 m				
Lastfall	Betonspannung [MN/m²]		Stahlspannung [MN/m²]	
	unten	oben	unten	oben
v	-17,24	5,47	922,18	
g1	1,34	-1,05	5,84	
g2	1,23	-0,96	5,35	
p	0,73	-0,57	3,18	
min k+s	2,05	-0,65	-109,57	
max k+s	4,13	-1,31	-220,93	

Tab. 7.6   Randspannungen für die maßgebende Kombination am oberen Rand

Lastfall	σ_{bu} [MN/m²]	σ_{bo} [MN/m²]
$1{,}1 \cdot v$	-19,96	6,02
g1	1,34	-1,05
$\Delta M1$	-1,10	0,85
Σ	-19,72	5,82

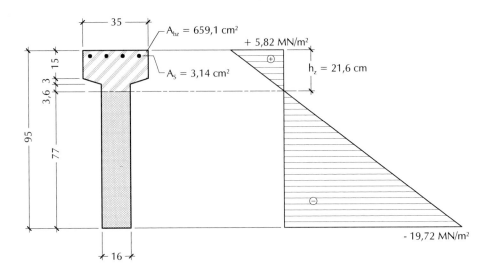

Bild 7.9 Spannungsverlauf und Zugzone A_{bz} für den oberen Rand in x = 0,92 m

Zugkeilkraft $Z_b = \frac{0{,}582 + 0{,}178}{2} \cdot 35 \cdot 15 + \frac{0{,}178}{2} \cdot 6{,}6 \cdot 16 + 2 \cdot 0{,}151 \cdot \frac{9{,}5 \cdot 3}{2} =$
$199{,}5 + 9{,}4 + 4{,}2 = 213{,}1\,\text{kN}$

Stahlspannung σ_S bzw. $\Delta\sigma_z = \frac{213{,}1}{3{,}14} = 67{,}9\,\text{kN/cm}^2 > 50{,}0\,\text{kN/cm}^2 = \beta_S$

Es muß Bewehrung zugelegt werden:
Zulage 3 ⌀ 12 mit 3,4 cm²; vorh A_S = 3,14 + 3,4 = 6,54 cm²; σ_S = 32,6 kN/cm²
< 50 kN/cm² = β_S. Bewehrungsgrad der Zugzone $\mu_z = \frac{6{,}54}{659{,}1} \cdot 100 = 0{,}992\,\%$;
Verbundbeiwert r = 150 (s. Schnitt m-m, oberer Rand).
Damit wird max $d_S = 150 \cdot \frac{0{,}992}{326^2} \cdot 10^4 = 14{,}0\,\text{mm} > \text{vorh } d_S = 12{,}0\,\text{mm}$.
Die Rißbreitenbeschränkung und die Gebrauchstauglichkeit sind nachgewiesen.
Hier wäre die Berechnung nach Zustand II sinnvoll:
Mit der Vordehnung $\varepsilon_{zv}^{(0)}$ = 5,12 ‰ und den Einwirkungen M_{g1} = 40,89 kNm und
ΔM_1 = −33,3 kNm erhält man für A_S = 3,14 cm² gemäß Bild 7.9 aus einem Bemessungsprogramm σ_S = 175,5 MN/m². Mit A_{bz} = 1195,1 cm² ist der Bewehrungsgrad der Zugzone $\mu_z = \frac{3{,}14}{1195{,}1} \cdot 100 = 0{,}263\,\%$.
Damit wird max $d_S = 150 \cdot \frac{0{,}263}{159{,}9^2} \cdot 10^4 = 15{,}4\,\text{mm} > \text{vorh } d_S = 10{,}0\,\text{mm}$.
Zulagen wären bei einer Berechnung nach Zustand II also nicht erforderlich.

7.3 Berechnungsbeispiel zur Rißbreitenbeschränkung

Nachweis Schnitt a-a, x = 0,40 m

Der Verlauf der Vorspannkraft im Eintragungsbereich ist nicht eindeutig. Nimmt man einen linearen Verlauf vom Balkenkopf bis Ende Eintragungsbereich an, so sind die Werte der Tab. 7.5 mit dem Faktor $\frac{40+10}{92+10} = 0,49$ (s. Bild 7.4) abzumindern.

Tab. 7.7 Beton- und Spannstahlspannungen für $x = 0,40$ m

Längsspannungen für die Stelle $x = 0,40$ m			
Last-fall	Betonspannung [MN/m²]		Stahlspannung [MN/m²]
	unten	oben	unten
v	0,49 · (-17,24)= -8,45	0,49 · 5,47= 2,68	0,49 · 922,18= 451,87
g1	0,60	-0,47	2,62
g2	0,55	-0,43	2,40
p	0,33	-0,26	1,43

Nachweis am oberen Rand

Maßgebende Beanspruchungskombination:

$1,1 \cdot v + g_1 + \Delta M_1$

Randspannungen für diese Kombination s. Tab. 7.8

Tab. 7.8 Randspannungen für die maßgebende Kombination am oberen Rand

Lastfall	σ_{bu} [MN/m²]	σ_{bo} [MN/m²]
$1,1 \cdot v$	-9,29	2,95
g1	0,60	-0,47
ΔM_1	-1,10	0,85
Σ	-9,79	3,33

Die Zugkeilkraft wird nach Bild 7.10 ermittelt.

Die Bemerkung zu Tab. 7.6 im Schnitt b-b, $x = 0,92$ m ist zu beachten.

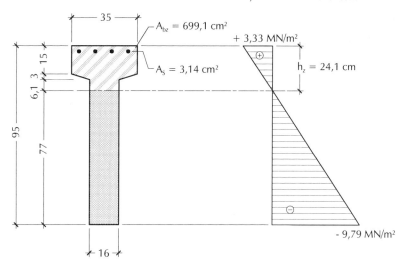

Bild 7.10 Spannungsverlauf und Zugzone A_{bz} für den oberen Rand in $x = 0,40$ m

Zugkeilkraft $Z_b = \frac{0{,}333 + 0{,}126}{2} \cdot 35 \cdot 15 + \frac{0{,}126}{2} \cdot 9{,}1 \cdot 16 + 2 \cdot 0{,}112 \cdot \frac{9{,}5 \cdot 3}{2} =$
$120{,}5 + 9{,}2 + 3{,}2 = 132{,}9$ kN

Stahlspannung σ_S bzw. $\Delta\sigma_z = \frac{132{,}9}{3{,}14} = 42{,}3$ kN/cm² $< 50{,}0$ kN/cm² $= \beta_S$

Bewehrungsgrad der Zugzone $\mu_z = \frac{3{,}14}{699{,}1} \cdot 100 = 0{,}449$ %

Verbundbeiwert r = 150 (s. Schnitt m-m, oberer Rand)

Größtzulässiger ⌀ max $d_S = 150 \cdot \frac{0{,}449}{423^2} \cdot 10^4 = 3{,}8$ mm $<$ vorh $d_S = 10{,}0$ mm.

Um auf vorh $d_S = 10$ mm zu kommen werden 2 ⌀ 10 zugelegt.

vorh $A_s = 3{,}14 + 1{,}57 = 4{,}71$ cm²; $\mu_z = \frac{4{,}71}{699{,}1} \cdot 100 = 0{,}674$ %

$\sigma_S = \frac{132{,}9}{4{,}71} = 28{,}2$ kN/cm² $< 50{,}0$ kN/cm² $= \beta_S$

max $d_S = 150 \cdot \frac{0{,}674}{282^2} \cdot 10^4 = 12{,}71$ mm $>$ vorh $d_S = 10{,}0$ mm

Im Schnitt a-a dicht am Auflager ist die erforderliche Bewehrung zur Rissebeschränkung geringer als im Schnitt b-b Ende Eintragungsbereich.

8 Nachweis der Biegebruchsicherheit

8.1 Sicherheit und rechnerische Bruchlast

Bauwerke oder Bauteile dürfen infolge der im Gebrauchszustand auftretenden oder zu erwartenden Beanspruchungen während der üblichen Lebensdauer keine Mängel aufweisen, die zur Minderung oder zum Verlust der Gebrauchstauglichkeit führen. Es ist deshalb auch im Gebrauchszustand eine ausreichende Sicherheit gegen zu große Verformungen und Rißbildung erforderlich. Durchbiegungen bleiben bekanntlich bei Balken im ungerissenen Zustand I des Stahl- bzw. Spannbetonquerschnittes klein und wachsen mit Auftreten der ersten Risse schnell an. Durch Einhalten der zulässigen Betonzugspannungen bei beschränkter Vorspannung wird ein Sicherheitsabstand von der Betonzugfestigkeit gewahrt und das Auftreten von Biegezugrissen weitgehend vermieden. Die zulässigen Betondruckspannungen zeigen bei ca. 0,4‰ Dehnung noch lineares Spannungs-Dehnungsverhalten (Bild 8.1).

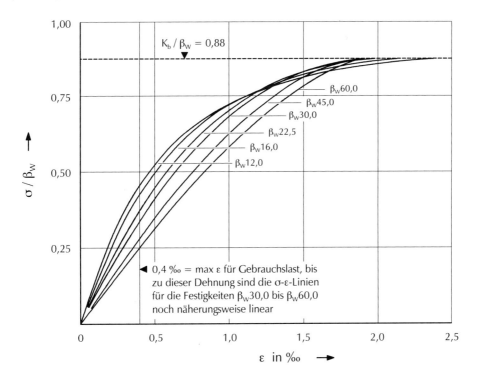

Bild 8.1   Spannungs-Dehnungslinien mittig gedrückter Prismen (nach Heft 120 DAfStb)

Allgemein kann man sagen, daß durch Einhalten der zulässigen Spannungen unter Gebrauchslast ausreichende Sicherheit gegen zu große Verformungen und Rißbildung gegeben und die Annahme eines homogenen Querschnitts gerechtfertigt ist.
Die Sicherheit gegen Versagen eines Bauteils durch Verlust der Tragfähigkeit ist definiert als Verhältnis der Last zum Zeitpunkt des Versagens zur maximalen Gebrauchslast. Bei Proportionalität zwischen Lastzuwachs und Spannungszunahme bis zum Bruch ergibt sich die Sicherheit aus dem Verhältnis Bruchfestigkeit der Baustoffe zu zulässiger Gebrauchsspannung. Auf der Grundlage bekannter Baustoffestigkeit kann nach Wahl einer Sicherheit eine zulässige Spannung definiert werden (Verfahren der zulässigen Spannungen). Im Stahlbeton- und Spannbetonbau ist das Verfahren der zulässigen Spannungen nicht brauchbar, weil bei Laststeigerung über die Gebrauchslast hinaus die Spannungen nicht linear mit der Last zunehmen und der Träger aus Zustand I in den Zustand II übergeht. Die Tragfähigkeit des Trägers wird deshalb für den rechnerischen Bruchzustand ermittelt. Nach DIN 4227, Teil 1, Abschn. 11.1 gilt für statisch bestimmt gelagerte Spannbetontragwerke als rechnerische Bruchlast die 1,75-fache Summe von ständiger Last und Verkehrslast. Der Sicherheitsbeiwert ist also $\gamma = \frac{\text{rechnerische Bruchlast}}{\text{max. Gebrauchslast}} = 1{,}75$. Das aufnehmbare innere Moment M_{Ui} muß demzufolge sein

$$M_{Ui} \geq 1{,}75 \cdot (M_g + M_p) = M_{Ua} \qquad (8.1)$$

Bei statisch unbestimmt gelagerten Tragwerken sind bei ungünstiger Wirkung zusätzlich Zwängungsmomente M_{Zw} infolge Temperatur (T), wahrscheinlicher Baugrundbewegung (S), Schwinden (s), sowie Vorspannung (V) (unter Berücksichtigung von Kriechen und Schwinden) mit dem Sicherheitsbeiwert $\gamma = 1{,}0$ zu berücksichtigen, womit

$$M_{Ui} = 1{,}75 \cdot (M_g + M_p) + 1{,}0 \cdot (M_{Zw,T} + M_{Zw,S} + M_{Zw,s} + M_{Zw,v,k+s}) = M_{Ua} \qquad (8.2)$$

Der Sicherheitsbeiwert $\gamma = 1{,}75$ hat pauschal sowohl für den Stahl als auch für den Beton die Unsicherheiten aus den verschiedenen Einflußbereichen, wie z. B. Lastannahmen, Wahl des statischen Systems, idealisiertes Werkstoffverhalten für Berechnungsverfahren, Streuung der Werkstofffestigkeiten und Toleranzen bei der Ausführung abzudecken. Da die Streuung der Werkstofffestigkeit des Betons – bedingt durch Material, Herstellung und Verarbeitung – größer ist als die des Stahls, wird für den Beton eine zusätzliche Sicherheit dadurch eingeführt, daß man die Nennfestigkeit β_{wN} auf den Rechenwert der Betondruckfestigkeit $\beta_R = 0{,}7 \cdot \beta_{wN}$ abmindert. Nach DIN 4227 gilt der Abminderungsbeiwert 0,7 – anders als nach DIN 1045, Tab. 12, Zeile 2 – für alle Festigkeitsklassen nach Abschn. 3.1. Der

8.1 Sicherheit und rechnerische Bruchlast

Abminderungsbeiwert 0,7 berücksichtigt sowohl das Verhältnis Prismenfestigkeit zur Würfelfestigkeit ($\approx 0,85$) als auch das Verhältnis Dauerstandfestigkeit zur Kurzzeitfestigkeit ($\approx 0,85$).

Im Spannbetonbau tritt bei den üblichen, schwach bewehrten Konstruktionen der Bruch wegen vorheriger großer Stahldehnung und damit verbundener deutlicher Rißbildung unter Vorankündigung ein. Hierfür legt DIN 1045 den Sicherheitsbeiwert $\gamma = 1,75$ fest. Bei seltener vorkommenden stark bewehrten Konstruktionen kann der Bruch wegen kaum merklicher Rißbildung auch ohne Vorankündigung eintreten. Hierfür legt DIN 1045 den Sicherheitsbeiwert $\gamma = 2,1$ fest.

DIN 4227 schreibt zur Vereinfachung der Berechnung generell den Sicherheitsbeiwert $\gamma = 2,1$ für den Beton vor und arbeitet daher mit einem nochmals abgeminderten Rechenwert für die Betondruckfestigkeit

$$\beta_R = 0,7 \cdot \frac{1,75}{2,1} \cdot \beta_{wN} \approx 0,6 \cdot \beta_{wN} \qquad (8.3)$$

8.2 Berücksichtigung der Vorspannung unter rechnerischer Bruchlast

Nach DIN 4227, Abschn. 11.2.4 wird die Wirkung der Vorspannung mit sofortigem oder nachträglichem Verbund dadurch berücksichtigt, daß die ihr entsprechende Vordehnung der Spannglieder nach Kriechen und Schwinden $\varepsilon_{z,v,k+s}^{(0)}$ zur Dehnung aus rechnerischer Bruchlast $\varepsilon_{z,qU}$ bzw. $\varepsilon_{bz,U}$ hinzugezählt wird. Die Gesamtdehnung unter rechnerischer Bruchlast ist dann

$$\varepsilon_{z,U} = \varepsilon_{zv,k+s}^{(0)} + \varepsilon_{z,qU} = \varepsilon_{zv,k+s}^{(0)} + \varepsilon_{bz,U} \qquad (8.4)$$

Die Vordehnung $\varepsilon_{z,v}^{(0)}$ ist die im Lastfall Vorspannung erzeugte Dehnwegdifferenz zwischen Spannstahl und Beton (vgl. Abschn. 2.1.1 und 3.1.2). Sie kann unter rechnerischer Bruchlast nur in Ansatz gebracht werden, wenn der Verbund bis zum Bruchzustand erhalten bleibt.

Für Vorspannung mit *sofortigem* Verbund erhält man die Vordehnung nach Bild 8.2 zum Zeitpunkt des Vorspannens unmittelbar aus der gegebenen Spannbettspannung

$$\varepsilon_{zv}^{(0)} = \frac{\sigma_{zv}^{(0)}}{E_z} \qquad (8.5)$$

Mit den Spannungen des Lastfalles Vorspannung nach dem Lösen der Verankerung wird

$$\varepsilon_{zv}^{(0)} = \varepsilon_{zv} - \varepsilon_{bz,v} = (\sigma_{zv} - n \cdot \sigma_{bz,v}) \cdot \frac{1}{E_z} \qquad (8.6)$$

oder mit Hilfe des Steifigkeitbeiwertes α

$$\varepsilon_{zv}^{(0)} = \frac{\varepsilon_{zv}}{1-\alpha} = \frac{\sigma_{zv}}{E_z \cdot (1-\alpha)} \qquad (8.7)$$

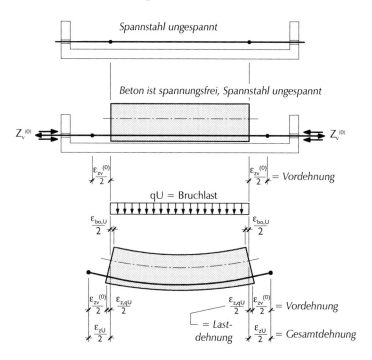

Bild 8.2 Vor- und Lastdehnung für Spannbettvorspannung

Der Dehnungsverlust aus Kriechen und Schwinden verringert die Vordehnung und damit die Vorspannkraft. Er ist deshalb zu berücksichtigen. Man erhält den Dehnungsverlust infolge Kriechen und Schwinden mit dem nach Abschn. 6 ermittelten Spannungsabfall $\sigma_{z,k+s}$ und der Betondehnung $\varepsilon_{bz,k+s}$ aus der Gleichung

$$\varepsilon_{z,k+s}^{(0)} = \varepsilon_{z,k+s} - \varepsilon_{bz,k+s} = \frac{\sigma_{z,k+s}}{E_z} - \frac{\sigma_{bz,k+s}}{E_b} = \frac{1}{E_z} \cdot (\sigma_{z,k+s} - n \cdot \sigma_{bz,k+s}) \qquad (8.8)$$

8.2 Berücksichtigung der Vorspannung unter rechnerischer Bruchlast

oder aus

$$\varepsilon_{z,k+s}{}^{(0)} = \frac{\varepsilon_{z,k+s}}{1-\alpha} = \frac{\sigma_{z,k+s}}{E_z \cdot (1-\alpha)} \tag{8.9}$$

Die Vordehnung oder Dehnungsdifferenz zwischen Spannstahl und umgebendem Beton nach Kriechen und Schwinden ist dann

$$\varepsilon_{z,v+k+s}{}^{(0)} = \frac{1}{E_z} \cdot \left(\sigma_{zv}{}^{(0)} + \frac{\sigma_{z,k+s}}{1-\alpha} \right) = \frac{1}{E_z} \cdot \left(\sigma_{z,v+k+s} - n \cdot \sigma_{bz,v+k+s} \right) \tag{8.10}$$

In allen Gleichungen sind Verkürzungen ε, Spannungsverlust $\sigma_{z,k+s}$ und Betondruckspannungen σ_{bz} negativ einzusetzen.

Für Vorspannung mit *nachträglichem* Verbund sind die Dehnungen in Bild 8.3 für den Lastfall v am gewichtslos gedachten Balken dargestellt. Dabei ist Z_v die reine Vorspannkraft. Nach Abschn. 3.1.3 ist aber in der Vorspannkraft (Pressenkraft) der Kraftanteil Z_v aus der beim Vorspannen vorhandenen Eigenlast des Trägers enthalten, weil der Träger sich von der Schalung abhebt.

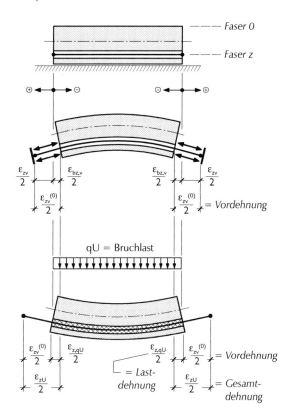

Bild 8.3 Vor- und Lastdehnung beim Vorspannen gegen den erhärteten Beton

Die Vordehnung wird dann

$$\varepsilon_{zv}{}^{(0)} = \varepsilon_{z,v+g1} - \varepsilon_{bz,v+g1} = \frac{\sigma_{z,v+g1}}{E_z} - \frac{\sigma_{bz,v+g1}}{E_b} =$$

$$= \frac{1}{E_z} \cdot \left(\sigma_{z,v+g1} - n \cdot \sigma_{bz,v+g1} \right) \qquad (8.11)$$

Hierbei ist $\sigma_{bz,v+g1} = -\frac{Z_{v+g1}}{A_n} + \frac{Z_{v+g1} \cdot z_{nz} + M_{g1}}{I_n} \cdot z_{nz}$. Man beachte, daß $Z_{v+g1} \cdot z_{nz}$ negativ ist.

Nach Kriechen und Schwinden wird mit Gl. 8.8

$$\varepsilon_{z,v+k+s}{}^{(0)} = \frac{1}{E_z} \cdot \left(\sigma_{z,v+g1+k+s} - n \cdot \sigma_{bz,v+g1+k+s} \right) \qquad (8.12)$$

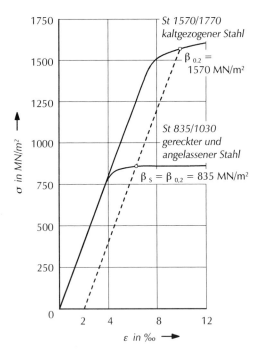

Mit der Gesamtdehnung $\varepsilon_{z,U}$ nach Gl. 8.4 wird die im Bruchzustand vorhandene Kraft mit Hilfe der σ-ε-Linien der Spannstähle (Bild 8.4) ermittelt zu

$$Z_U = \sigma(\varepsilon_{zU}) \cdot A_z \qquad (8.13)$$

Dabei ist zu beachten, daß für $\varepsilon_{zU} \geq \varepsilon_S$ bzw. $\varepsilon_{0,2}$

$$Z_U = \beta_S \cdot A_z$$

bzw. $\qquad (8.14)$

$$Z_U = \beta_{0,2} \cdot A_z$$

In Gl. 8.14 ist die Bedingung des Abschn. 11.2.2, DIN 4227 Teil 1 berücksichtigt, nach welcher auf die Zunahme der Stahlspannungen im Verfestigungsbereich oberhalb der Streck- bzw. $\beta_{0,2}$-Grenze verzichtet wird.

Bild 8.4   σ-ε-Linien von Spannstählen

8.2 Berücksichtigung der Vorspannung unter rechnerischer Bruchlast

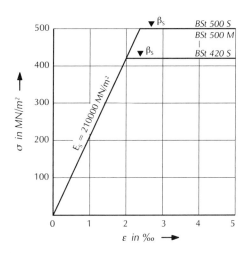

Bild 8.5 Rechenwerte für die Spannungsdehnungslinien der Betonstähle (nach Bild 5, DIN 4227)

Wird auch der Anteil A_S einer schlaffen Bewehrung berücksichtigt, so ist zu beachten, daß diese keine Vordehnung hat, sondern nur die Lastdehnung aufweist. In Höhe des Spannstranges ist $\varepsilon_{S,qU} = \varepsilon_{z,qU}$. Die zugehörigen Spannungen sind den σ-ε-Linien für Betonstähle nach DIN 4227, Teil 1, Abschn. 11.2.2 zu entnehmen (s. Bild 8.5).

Im allgemeinen liegen die Lastdehnungen über 2,4 ‰, so daß

$$Z_{AS,U} = A_S \cdot \beta_S \qquad (8.15)$$

andernfalls ist mit

$$Z_{AS,U} = A_S \cdot \sigma_S(\varepsilon_{SU}) \qquad (8.16)$$

zu rechnen.

Die unterschiedlichen Dehnungszustände von Spannstahl und Beton im rechnerischen Bruchzustand sind in Bild 8.6 und Bild 8.7 dargestellt.

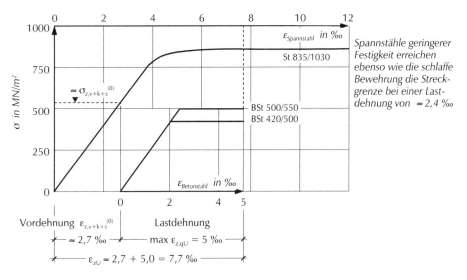

Bild 8.6 Unterschiede im Dehnungszustand zwischen Spannstahl St 835/1030 und schlaffer Bewehrung

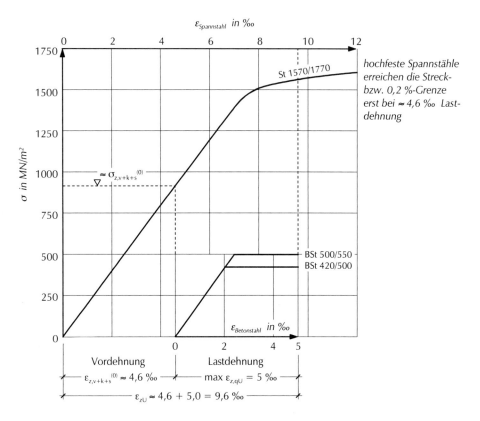

Bild 8.7 Unterschiede im Dehnungszustand zwischen Spannstahl St 1570/1770 und schlaffer Bewehrung

8.3 Brucharten bei verschiedenen Bewehrungsgraden

Das Dehnungsverhalten eines Stahl- bzw. Spannbetonquerschnittes ist abhängig vom Bewehrungsgrad. Die Grenzen der Lastdehnungen sind in Abschn. 11.2.4, DIN 4227 entsprechend DIN 1045 für Beton mit max $\varepsilon_{z,qU} = -3,5$ ‰ und für den Stahl mit max $\varepsilon_{z,qU} = 5$ ‰ festgelegt (kritischer Verformungszustand für den Biegebruch). Innerhalb dieser Grenzen können beliebige Dehnungszustände gewählt werden (s. Bild 8.8).

Aus Sicherheitsgründen ist die Vorankündigung eines Bruches durch deutliche Rißbildung erwünscht. Hierzu bedarf es einer ausreichenden Stahldehnung. Eine zu große Dehnung ist wegen übergroßer Verformung und zu starker Rißschäden zu vermeiden.

8.3 Brucharten bei verschiedenen Bewehrungsgraden

Das Dehnungsdiagramm nach Bild 8.8 kann je nach Bewehrungsgrad in vier Bereiche mit charakteristischem Bruchverhalten unterteilt werden.

Bereich 1 – schwache Bewehrung

Hier überschreitet auch ein hochfester Spannstahl bei der maximalen Lastdehnung $\varepsilon_{z,qU} = 5\ ‰$ die Streck- bzw. 0,2 ‰-Grenze. Der kritische Verformungszustand kündigt sich durch deutliche Rißbildung (z. B. 5 Risse pro Meter von je 1 mm Breite) an.
Bei der Gesamtdehnung von $\varepsilon_{zU} \approx 5{,}0 + 4{,}6 = 9{,}6\ ‰ > \varepsilon_{0,2}$ ist der Spannstahl mit $Z_U = (\beta_S$ bzw. $\beta_{0,2}) \cdot A_z$ voll ausgenutzt. Der Beton kann bei

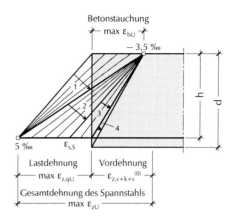

Bild 8.8
Dehnungszustände innerhalb der Grenzdehnungen nach DIN 4227 bzw. DIN 1045

einer Stauchung von $\varepsilon_{bU} = -3{,}5\ ‰$ bis zur maximalen Druckfestigkeit $\beta_R = 0{,}6 \cdot \beta_{WN}$ ausgenutzt werden.
Der Bruch des Trägers würde bei weiterer Laststeigerung (über die rechnerische Bruchlast hinaus) durch das sehr große Dehnvermögen des Stahls im Fließbereich (Dehnung bis $\approx 55\ ‰$ möglich) eingeleitet werden, weil mit zunehmender Stahldehnung die Nullinie sich so weit nach oben verlagert, bis der Beton infolge der extremen Verkleinerung der Druckzone zerstört wird (Bild 8.9).

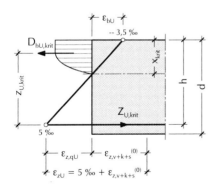 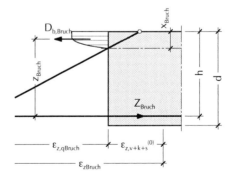

Bild 8.9 Einleitung des Bruches bei schwacher Bewehrung durch extreme Verkleinerung der Druckzone infolge sehr großer Stahldehnung

Bereich 2 – mittlere Bewehrung

Die Lastdehnung beträgt hier an der unteren Grenze noch $\varepsilon_{z,qU} \approx 2{,}4\,‰$ (Dehnung an der Streckgrenze eines BSt 500/550). Spannstähle geringerer Festigkeit (z. B. St 835/1030) erreichen oder überschreiten damit bei einer Vordehnung von $\varepsilon_{z,v+k+s} \approx 2{,}7\,‰$ mit der Gesamtdehnung $\varepsilon_{zv} \approx 2{,}4 + 2{,}7 = 5{,}1\,‰$ die Streckgrenze $\varepsilon_{z,S} \approx 4{,}1\,‰$. Die Festigkeit des Spannstahls ist auch hier mit $Z_U = \beta_S \cdot A_z$ ausgenutzt.

Stähle höherer Festigkeit (z. B. St 1375/1570) haben bei einer Vordehnung von $\varepsilon_{z,v+k+s} \approx 4{,}1\,‰$ eine Gesamtdehnung $\varepsilon_{zv} \approx 2{,}4 + 4{,}1 = 6{,}5\,‰$. Sie erreichen also nicht ganz den Fließbereich, der bei $\varepsilon_{z,S} \approx 6{,}8\,‰$ beginnt. Sie sind aber fast voll ausgenutzt. Der Beton hat bei 3,5 ‰ Stauchung seine maximale Druckfestigkeit. Die Vorankündigung des Bruches ist bei der geringeren Lastdehnung nicht mehr so deutlich.

Bereich 3 – starke Bewehrung

Hier erreicht der Spannstahl bei sehr kleiner Lastdehnung nicht die Streckgrenze ($\varepsilon_{zU} < \varepsilon_{z,S\,bzw.\,0{,}2}$); er ist nicht voll ausgelastet. Der Beton erreicht seine Grenzfestigkeit bei 3,5 ‰ Stauchung. Der Bruch erfolgt bei nicht mehr sichtbaren Rissen ohne Vorankündigung.

Bereich 4 – sehr starke Bewehrung

Die Betondruckzone versagt hier bereits im Zustand I ohne Vorankündigung.

Zusammenfassend ist festzustellen, daß wegen der Vorankündigung des Bruches durch gut sichtbare Risse auf der Biegezugseite die Bereiche 1 und 2 erwünscht sind. Bereich 4 und der untere Teil von Bereich 3 sollten durch die Wahl höherer Querschnitte mit besser ausgeprägten Druckzonen vermieden werden. Damit wäre eine Mindestlastdehnung des Stahls von ca. 2 ‰ zur Vorankündigung des Bruches und ein geringerer Stahlverbrauch gewährleistet.

Erwähnt sei noch der seltene Fall der sehr schwachen Bewehrung. Hier befindet sich der Träger unter rechnerischer Bruchlast noch im Zustand I. Das Betontragmoment $M_{Ui,I}$ ist also größer als das Lastmoment M_{Ua} im rechnerischen Bruchzustand ($M_{Ui,I} > M_{Ua}$).

Beim Auftreten von Rissen, also im Zustand II, ist der Stahl nicht in der Lage, mit seiner Kraftreserve die Biegezugkraft des Betons vom Zustand I zu übernehmen. Damit wird $M_{Ui,II} < M_{Ui,I}$ bzw. M_{Ua} und der Bruch tritt dann durch Versagen des Stahles plötzlich ein. Diese Bruchart kann durch Anordnung einer Mindestbewehrung vermieden werden.

8.3 Brucharten bei verschiedenen Bewehrungsgraden

Man erhält die Mindestbewehrung beispielsweise für einen Rechteckquerschnitt nach Bild 8.10.
Mit der Betonzugfestigkeit β_{bz} und der Zugzone A_{bz} ist $M_{Ui,I} = Z_{Ui,I} \cdot \frac{2}{3} \cdot d = A_{bz} \cdot \frac{1}{2} \cdot \beta_{bz} \cdot \frac{2}{3} \cdot d$. Beim Übergang in den Zustand II vergrößert sich der innere Hebel von $\frac{2}{3} \cdot d$ auf etwa $0{,}84 \cdot d$, so daß aus $M_{Ui,I} = M_{Ui,II}$ folgt $Z_{Ui,II} \approx 0{,}4 \cdot A_{bz} \cdot \beta_{bz}$. Für B35 bis B55 kann, auf der sicheren Seite liegend, für $\beta_{bz} \approx 0{,}1 \cdot \beta_{WN}$ gesetzt

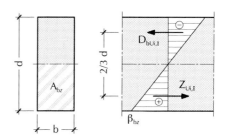

Bild 8.10 Inneres Moment des Betonquerschnitts im Zustand I ($M_{Ui,I}$)

werden. Setzt man für die Vordehnung $\sigma_{z,v+k+s}^{(0)} = \text{zul } \sigma_z = 0{,}55 \cdot \beta_z$ so bleibt zur Aufnahme von $Z_{Ui,II}$ die Spannung $\sigma'_{zv} = \beta_z - 0{,}55 \cdot \beta_z = 0{,}45 \cdot \beta_z$. Bezogen auf die Fläche der Betonzugzone A_{bz} im Zustand I erhält man den Bewehrungsgrad

$$\min \mu_{bz} = \frac{0{,}4 \cdot A_{bz} \cdot 0{,}1 \cdot \beta_{WN}}{0{,}45 \cdot \beta_z} \cdot \frac{1}{A_{bz}} \approx 0{,}09 \cdot \frac{\beta_{WN}}{\beta_z} \qquad (8.17)$$

β_{WN} Nennfestigkeit des Betons
β_z Zugfestigkeit des Spannstahls

Dieser Bewehrungsgrad gilt strenggenommen nur für den Rechteckquerschnitt.

8.4 Grundlagen zur Ermittlung des inneren Momenten M_{Ui} im rechnerischen Bruchzustand

Für die Ermittlung der inneren Kräfte werden folgende Voraussetzungen getroffen:

1. Die Querschnitte bleiben bei der Verformung eben (Hypothese von BERNOULLI); d.h. die Dehnungen nehmen proportional zum Abstand von der Nullinie zu.

2. Der Beton nimmt keine Zugkräfte auf; diese werden ausschließlich dem Stahl zugewiesen.

3. Es besteht voller Verbund zwischen Stahl und Beton; in Fasern gleichen Abstandes von der Nullinie erfahren Stahl und Beton gleiche Dehnungen.

Zur Ermittlung von M_{Ui} ist zunächst ein Lastdehnungszustand $\varepsilon_{bU}/\varepsilon_{z,qU}$ zu wählen und die Vordehnung $\varepsilon_{z,v+k+s}^{(0)}$ zu berechnen (s. Abschn. 8.2). Damit ist die Gesamtdehnung des Spannstahls $\varepsilon_{zU} = \varepsilon_{z,v+k+s}^{(0)} + \varepsilon_{z,qU}$ bekannt, so daß mit Hilfe der σ-ε-Linie die Zugkraft des Spannstahls nach Gl. 8.13 bzw. 8.14 berechnet werden kann. Soll auch die Zugkraft einer schlaffen Bewehrung A_S berücksichtigt werden, so ist sie für die der Lastdehnung $\varepsilon_{s,qU}$ entsprechenden Spannung nach Abschn. 8.2 zu berechnen.

Zur Ermittlung der Betondruckkraft im rechnerischen Bruchzustand $D_{bu} = \int_0^x \sigma_b(z) \cdot b(z)\, dz$ muß die Spannungsverteilung über die Druckzone in Abhängigkeit von der Dehnung (Stauchung) bekannt sein (s. Bild 8.11).

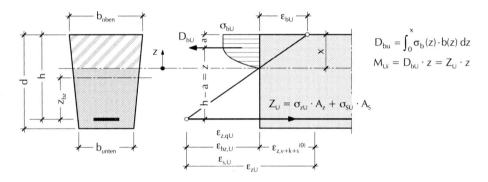

Bild 8.11 Die zur Bestimmung von M_{Ui} erforderlichen Größen für einen beliebigen Dehnungszustand $\varepsilon_{bU}/\varepsilon_{z,qU}$

Für die σ-ε-Linie des Betons gilt nach DIN 4227, Teil 1 das Parabel-Rechteck-Diagramm (P-R-Diagramm) (s. Bild 8.12). Diese Spannungs-Dehnungs-Linie gilt für alle Betongüten. Deren Form ist vergleichbar mit den σ-ε-Linien nach Bild 8.1. Die der Grenzstauchung max $\varepsilon_{bu} = 3,5\ ‰$ zugeordnete Grenzspannung (Rechenwert der Betondruckfestigkeit) beträgt $\beta_R = 0,6 \cdot \beta_{WN}$.

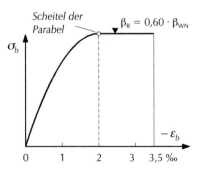

Bild 8.12
Rechenwerte für die Spannungs-Dehnungs-Linie des Betons nach DIN 4227, Teil 1

8.4 Grundlagen zur Ermittlung des erforderlichen Spannstahlquerschnittes

Man erhält die Rechenwerte $\sigma_b(\varepsilon_b)$ im Bereich $0 < \varepsilon_b \leq 2\,\permil$ zu

$$\sigma_b = 4 \cdot \beta_R \cdot \omega_R = 4 \cdot \beta_R \cdot \left[\frac{\varepsilon_b}{4\,\permil} - \left(\frac{\varepsilon_b}{4\,\permil}\right)^2 \right] = \frac{1}{4} \cdot \beta_R \cdot (4 - \varepsilon_b) \cdot \varepsilon_b \qquad (8.18)$$

im Bereich $2\,\permil < \varepsilon_b \leq 3{,}5\,\permil$ zu

$$\sigma_b = \beta_R = \text{const} \qquad (8.19)$$

Da mit dem gewählten Dehnungszustand die Lage der Nullinie bzw. die Höhe x der Druckzone und die Randstauchung ε_{bu} festliegen, wird $\varepsilon_b(z) = \varepsilon_{bu} \cdot \frac{z}{x}$. Bild 8.13 zeigt den Spannungsverlauf über die Druckzone für die Dehnungszustände $\frac{\varepsilon_{bu}}{\varepsilon_{z,qu}} = \frac{1{,}0\,\permil}{5{,}0\,\permil},\ \frac{2{,}0\,\permil}{5{,}0\,\permil}$ und $\frac{3{,}5\,\permil}{5{,}0\,\permil}$.

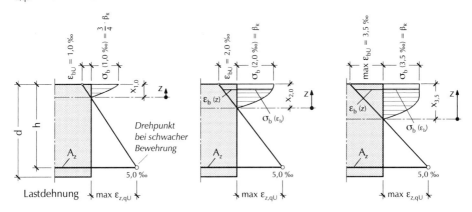

Bild 8.13 Betonrandspannungen und Spannungsverlauf über die Druckzone

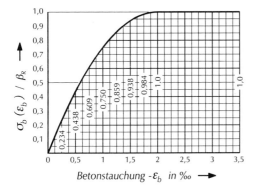

Man kann $\sigma_b(\varepsilon_b)$ direkt aus dem P-R-Diagramm nach Bild 8.14 entnehmen.

Bild 8.14
P-R-Diagramm zur Bestimmung von $\sigma_b(\varepsilon_b)$

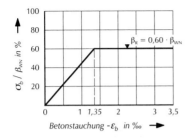

Nach DIN 4227, Teil 1, Abschn. 11.2.3 darf auch die vereinfachte, bilineare Spannungs-Dehnungs-Linie des Betons angewandt werden (s. Bild 8.15).

Bild 8.15 Vereinfachte Rechenwerte für die Spannungs-Dehnungs-Linie des Betons nach DIN 4227, Teil 1

8.5 Ermittlung des rechnerischen Bruchmomentes M_{Ui}

8.5.1 M_{Ui} für rechteckige Druckzone

Bei den hier angesprochenen Querschnittsformen, von denen einige in Bild 8.16 dargestellt sind, wird konstante Breite der Druckzone vorausgesetzt. Die Querschnitte gelten als einfach bewehrt, so daß schlaffe Bewehrung und Vorspannung in der Druckzone nicht berücksichtigt werden.

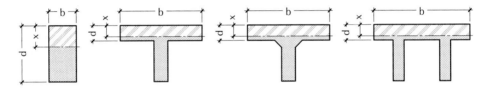

Bild 8.16 Querschnitte mit konstanter Druckzonenbreite

Für die Ermittlung von M_{Ui} sind die Stauchung am Druckrand ε_{bU} und die Lastdehnung $\varepsilon_{z,qU} = \varepsilon_{bz,U}$ im Bereich der Grenzdehnungen (s. Bild 8.8) so festzulegen, daß die Gleichgewichtsbedingung für die inneren Kräfte $D_{bU} + Z_U = 0$ erfüllt ist und $M_{Ui} = D_{bU} \cdot z = Z_U \cdot z = M_{Ua}$. Das zur Erfüllung der Gleichgewichtsbedingung gehörende Wertepaar ε_{bU} und $\varepsilon_{z,qU}$ kann nur durch Probieren gefunden werden.

Dabei ist es zweckmäßig, vom Grenzdehnungszustand max $\varepsilon_{bU} = -3,5$ ‰ und max $\varepsilon_{z,qU} = 5$ ‰ auszugehen, um festzustellen, ob man mit den vorgegebenen Querschnittswerten in den Bereich der schwachen, mittleren oder starken Bewehrung fällt (s. Bild 8.8 und Bild 8.17).

Mit $Z_U = \beta_S \cdot A_z$ befindet man sich

für $D_{bU} \geq Z_U$ im Bereich schwacher Bewehrung

für $D_{bU} < Z_U$ im Bereich mittlerer Bewehrung

für $D_{bU} \ll Z_U$ im Bereich starker Bewehrung.

8.5 Ermittlung des rechnerischen Bruchmomentes M_{Ui}

Liegt der Fall schwacher Bewehrung vor (vgl. Abschn. 8.3) wird nach Bild 8.17 unter Beibehaltung von max $\varepsilon_{z,qU} = 5$ ‰ (Drehpunkt D_1) durch Verkleinerung von ε_{bU} die Druckzonenhöhe x so lange verringert, bis $D_{bU} = Z_U$ ist.

Liegt der Fall mittlerer oder starker Bewehrung vor, wird unter Beibehaltung von max $\varepsilon_{bU} = -3,5$ ‰ (Drehpunkt D_2) durch Verkleinerung der Lastdehnung von $\varepsilon_{z,qU}$ die Druckzone vergrössert, bis $D_{bU} = Z_U$ ist. Hierbei

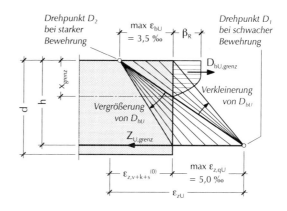

Bild 8.17
Verkleinerung der Druckzone bei schwacher Bewehrung (Drehpunkt D_1) und Vergrößerung der Druckzone bei starker Bewehrung (Drehpunkt D_2)

ist zu beachten, daß mit kleiner werdendem $\varepsilon_{z,qU}$ die Stahlspannung abnimmt, wenn die Gesamtdehnung $\varepsilon_{zU} < \varepsilon_{zS}$. Im Grenzfall sehr starker Bewehrung ($\varepsilon_{z,qU} \to 0$) würde der Spannstahl im Bruchzustand nur die Vorspannung $\sigma_{z,v+k+s}^{(0)}$ aufweisen. Nimmt man an, daß $\sigma_{z,v+k+s}^{(0)} \approx$ zul $\sigma_z = 0,55 \cdot \beta_z$ und bei den üblichen Spannstählen $\beta_z \approx 1,1 \cdot \beta_S$ beträgt, so ist $\sigma_{z,v+k+s}^{(0)} \approx 0,55 \cdot 1,1 \cdot \beta_S \approx 0,6 \cdot \beta_S$. Der Stahl wäre in diesem Grenzfall nur mit $\approx 60\%$ der Spannung an der Streckgrenze ausgenutzt.

Aus wirtschaftlichen Gründen und wegen der erwünschten Vorankündigung des Bruches, soll die sehr starke Bewehrung vermieden werden (vgl. Abschn. 8.3).

Die Berechnung von $D_{bU} = \int_0^x \sigma_b(z) \cdot b \, dz$ kann wie im Stahlbetonbau bei rechteckiger Druckzone mit konstanter Breite nach Bild 8.18 sehr einfach über die mittlere Betondruckspannung $\sigma_{b,mittel}$ erfolgen, die auf β_R bezogen ist. Es gilt

$$\sigma_{bm} = \alpha \cdot \beta_R \qquad (8.20)$$

In Gl. 8.20 ist α der Völligkeitsgrad. Er errechnet sich aus

$$D_{bU} = \sigma_{bm} \cdot b \cdot x = \alpha \cdot \beta_R \cdot b \cdot x = b \cdot \int_0^x \sigma_b(z) \, dz \qquad (8.21)$$

Wobei $z = x \cdot \frac{\varepsilon_b(z)}{\varepsilon_{bU}}$ und $dz = x \cdot \frac{d\varepsilon_b}{\varepsilon_{bU}}$ (vergl. Bild 8.13). Aus diesem Ansatz erhält man den Völligkeitsgrad α in Abhängigkeit von ε_{bU}.

Für $0 < \varepsilon_{bU} \leq 2$ ‰ ist

$$\alpha = \frac{\varepsilon_{bU}}{12} \cdot (6 - \varepsilon_{bU}) \qquad (8.22)$$

und für 2 ‰ $\leq \varepsilon_{bU} \leq 3{,}5$ ‰ ist

$$\alpha = \frac{3 \cdot \varepsilon_{bU} - 2}{3 \cdot \varepsilon_{bU}} \qquad (8.23)$$

Damit kann die Druckresultierende

$$D_{bU} = \alpha \cdot \beta_R \cdot b \cdot x \qquad (8.24)$$

für jede Randstauchung ε_{bU} berechnet werden.

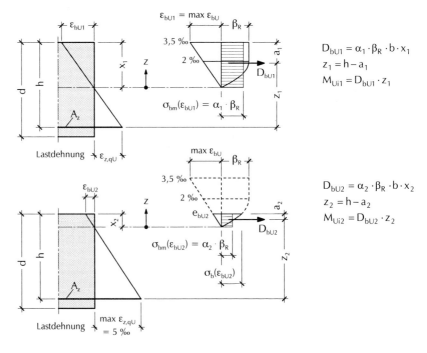

Bild 8.18 Berechnung von D_{bU} und z bei rechteckiger Druckzone konstanter Breite mit dem Völligkeitsbeiwert α und dem Abstandsbeiwert k_a

8.5 Ermittlung des rechnerischen Bruchmomentes M_{Ui}

Die Lage von D_{bU} ist durch den Abstand vom Druckrand festgelegt (s. Bild 8.18)

$$a = k_a \cdot x \qquad (8.25)$$

Der Abstand a kann aus der Bestimmungsgleichung ($\Sigma M = 0$; bezogen auf die Nullinie) berechnet werden

$$(x - a) \cdot D_{bU} = b \cdot \int_0^x \sigma_b(z) \cdot z \, dz \qquad (8.26)$$

Der Abstandsbeiwert ergibt sich aus dem Verhältnis

$$\frac{a}{x} = k_a \qquad (8.27)$$

Für $0 < \varepsilon_{bU} \leq 2\,\text{\textperthousand}$ ist

$$k_a = \frac{8 - \varepsilon_{bU}}{4 \cdot (6 - \varepsilon_{bU})} \qquad (8.28)$$

und für $2\,\text{\textperthousand} \leq \varepsilon_{bU} \leq 3,5\,\text{\textperthousand}$ ist

$$k_a = \frac{\varepsilon_{bU} \cdot (3 \cdot \varepsilon_{bU} - 4) + 2}{2 \cdot \varepsilon_{bU} \cdot (3 \cdot \varepsilon_{bU} - 2)} \qquad (8.29)$$

Der innere Hebel ist dann nach Bild 8.18

$$z = h - a = h - k_a \cdot x \qquad (8.30)$$

Tafel 8.1 Zusammenstellung der Völligkeitsbeiwerte α und der Abstandsbeiwerte k_a

Bereich	Völligkeitsbeiwert $\alpha = \dfrac{\sigma_{bm}}{\beta_R}$	Abstandsbeiwert $k_a = \dfrac{a}{x}$
$0 < \varepsilon_{bU} \leq 2\,\text{\textperthousand}$	$\alpha = \dfrac{\varepsilon_{bU}}{12} \cdot (6 - \varepsilon_{bU})$	$k_a = \dfrac{8 - \varepsilon_{bU}}{4 \cdot (6 - \varepsilon_{bU})}$
$\varepsilon_{bU} = 2\,\text{\textperthousand}$	$\alpha = 0{,}667$	$k_a = 0{,}375$
$2\,\text{\textperthousand} \leq \varepsilon_{bU} \leq 3{,}5\,\text{\textperthousand}$	$\alpha = \dfrac{3 \cdot \varepsilon_{bU} - 2}{3 \cdot \varepsilon_{bU}}$	$k_a = \dfrac{\varepsilon_{bU} \cdot (3 \cdot \varepsilon_{bU} - 4) + 2}{2 \cdot \varepsilon_{bU} \cdot (3 \cdot \varepsilon_{bU} - 2)}$
$\varepsilon_{bU} = 3{,}5\,\text{\textperthousand}$	$\alpha = 0{,}81$	$k_a = 0{,}416$

In Tafel 8.1 sind die Hilfswerte α und k_a zur Berechnung von D_{bU} und z zusammengestellt, womit $M_{Ui} = D_{bU} \cdot z$ leicht zu ermitteln ist.

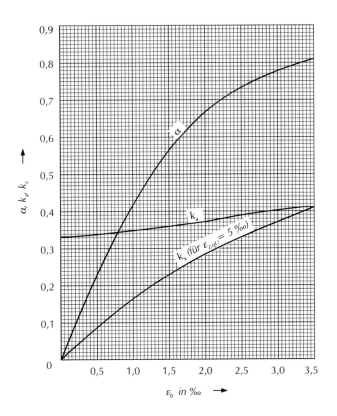

Will man das Auswerten der Gleichungen für α und k_a vermeiden, so können für die Stahldehnung $\varepsilon_{z,qU} = 5\ ‰$ (schwache Bewehrung, Drehpunkt D_1 nach Bild 8.18) diese Werte dem Bild 8.19 entnommen werden.

Bild 8.19
Völligkeitsbeiwert α, Abstandsbeiwert k_a und k_x für Rechteckquerschnitte

Zur Bestimmung des Wertepaares (ε_{bU}; $\varepsilon_{z,qU}$) bzw. der Nullinie, wofür die Bedingung $D_{bU} + Z_U = 0$ erfüllt ist, kann man das zeichnerische Verfahren nach MÖRSCH anwenden (s. Bild 8.20).
Für schwach bewehrte Querschnitte zeichnet man vom Drehpunkt D_1 ($\varepsilon_{z,qU} = 5\ ‰$) für verschiedene ε_{bU} die ε-Geraden und legt damit die entsprechenden Nullinienlagen x fest. In jeder Lage trägt man nun die zugehörigen Druckkräfte D_{bU} auf und verbindet die Endpunkte zur D_{bU}-Kurve. Durch den Schnittpunkt der D_{bU}-Kurve mit der Z_U-Geraden läuft die gesuchte Nullinie.
Bei einsträngiger Vorspannung wird im Schwerpunkt des Spannstranges $Z_U = \beta_S \cdot A_z$, da die heute gebräuchlichen Spannstähle bei einer Lastdehnung von 5 ‰ immer die Streckgrenze erreichen (vgl. Bild 8.6 und Bild 8.7).

8.5 Ermittlung des rechnerischen Bruchmomentes M_{Ui}

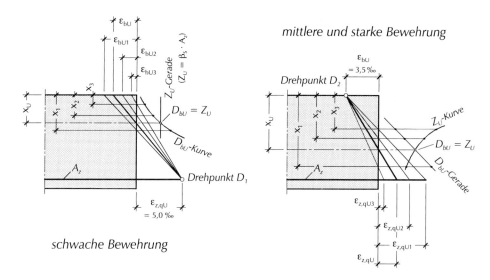

Bild 8.20 Zeichnerische Ermittlung der Nullinie bzw. des Wertepaares (ε_{bU}; $\varepsilon_{z,qU}$) für $D_{bU} + Z_U = 0$

Für stark bewehrte Querschnitte zeichnet man die ε-Geraden vom Drehpunkt D_2 ($\varepsilon_{bU} = -3{,}5\ ‰$) für verschiedene $\varepsilon_{z,qU}$. In den verschiedenen Nullinienlagen werden wieder die zugehörigen D_{bU} und Z_U aufgetragen. Der Schnittpunkt der D_{bU}-Geraden mit der Z_U-Kurve liefert die gesuchte Nullinienlage.
Dafür erhält man mit $M_{Ui} = D_{bU} \cdot z$ für statistisch bestimmte Träger die rechnerische Bruchsicherheit

$$\text{vorh } \gamma = \frac{M_{Ui}}{\max M_q} \geq 1{,}75 \qquad (8.31)$$

Für $D_{bU} = Z_U$ erhält man den Größtwert von vorh γ. Man kann auf die Erfüllung der Gleichgewichtsbedingung $D_{bU} = Z_U$ verzichten und das innere Moment M_{Ui} mit den Kräften D_{bU} oder Z_U des gewählten Dehnungszustandes $\varepsilon_{bU} / \varepsilon_{z,qU}$ berechnen. Da hierbei $D_{bU} \neq Z_U$, ist der kleinere Wert für die Berechnung von M_{Ui} maßgebend. Für $Z_U < D_{bU}$ (schwache Bewehrung) ist $M_{Ui} = Z_U \cdot z$.
Ausreichende Sicherheit ist vorhanden, wenn

$$Z_U \cdot z \geq 1{,}75 \cdot M_q \qquad (8.32)$$

Wenn $Z_U \cdot z < 1{,}75 \cdot M_q$, dann kann durch eine kleiner gewählte Betonstauchung ε_{bU} (Drehpunkt D_1) die Nullinie nach oben verlagert und der Hebelarm z vergrößert werden, bis $Z_U = 1{,}75 \cdot M_q$.

Für $D_{bU} < Z_U$ (starke Bewehrung) ist $M_{Ui} = D_{bU} \cdot z$ einzusetzen. Ausreichende Sicherheit ist vorhanden, wenn

$$D_{bU} \cdot z \geq 1{,}75 \cdot M_q \qquad (8.33)$$

Andernfalls muß durch eine kleiner gewählte Lastdehnung $\varepsilon_{z,qU}$ (Drehpunkt D_2) die Nullinie nach unten verlagert und D_{bU} vergrößert werden, bis $D_{bU} \cdot z = 1{,}75 \cdot M_q$. Bleiben $Z_U \cdot z$ oder $D_{bU} \cdot z$ kleiner als $1{,}75 \cdot M_q$, dann ist keine ausreichende Sicherheit vorhanden und der Querschnitt muß vergrößert werden.

Diese Vorgehensweise sollte nur dann gewählt werden, wenn $D_{bU} \approx Z_U$, weil bei größeren Abweichungen die Wirtschaftlichkeit vermindert wird.

8.5.2 M_{Ui} für beliebige Form der Druckzone

Auch hier ist das Wertepaar (ε_{bU}; $\varepsilon_{z,qU}$) bzw. die Nullinie durch Probieren so festzulegen, daß die Gleichgewichtsbedingung $D_{bU} + Z_U = 0$ erfüllt ist. Desgleichen wird mit den Grenzdehnungen max $\varepsilon_{bU} = -3{,}5$ ‰ und max $\varepsilon_{z,qU} = 5$ ‰ festgestellt, ob der Bereich der schwachen, mittleren oder starken Bewehrung vorliegt (vgl. Bild 8.17 und Abschn. 8.5.1). Die Betondruckkraft D_{bU} und deren Abstand a vom Druckrand können aber nicht mehr mit dem Völligkeitsgrad α und dem Abstandsbeiwert k_a bestimmt werden. Hier muß der Spannungsverlauf über die Druckzone nach Gl. 8.18 bzw. Gl. 8.19 oder mit Hilfe des P-R-Diagramms nach Bild 8.14 für das gewählte ε_{bU} aufgetragen werden. Auch die bilineare Spannungs–Dehnungs-Linie nach Bild 8.15 kann benutzt werden. Entsprechend Bild 8.21 wird die Druckzone in Abschnitte unterteilt, und man berechnet die Teilflächenkräfte D_{bU1}, D_{bU2} usw. sowie die Teilmomente $M_{Ui1} = D_{bU1} \cdot z_1$, $M_{Ui2} = D_{bU2} \cdot z_2$ usw.

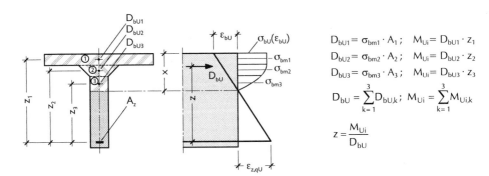

Bild 8.21 Berechnung von D_{bU}, M_{Ui} und z für beliebige Form der Druckzone

8.5 Ermittlung des rechnerischen Bruchmomentes M_{Ui}

Damit wird

$$D_{bU} = \sum_{k=1}^{n} D_{bU,k} \qquad (8.34)$$

und

$$M_{Ui} = \sum_{k=1}^{n} M_{Ui,k} \qquad (8.35)$$

Der Hebel der Druckresultierenden D_{bU} ist

$$z = \frac{M_{Ui}}{D_{bU}} \qquad (8.36)$$

Mit diesen Werten kann nun, wie in Abschn. 8.5.1 beschrieben, die zu $D_{bU} + Z_U = 0$ gehörige Nullinie nach dem zeichnerischen Verfahren von MÖRSCH gemäß Bild 8.20 ermittelt werden. Man beachte jedoch, daß hier bei starker Bewehrung die D_{bU}-Gerade zu einer Kurve wird. Auch der Nachweis, daß vorh $\gamma \geq$ erf γ bzw. $M_{Ui} \geq 1{,}75 \cdot M_q$ kann entsprechend Abschnitt 8.5.1 geführt werden. Dieses Verfahren ist für die Handrechnung sehr aufwendig, für die Programmierung aber geeignet.

Von Hand arbeitet man am einfachsten mit dem Spannungsblock nach Heft 220 DAfStb. Der Spannungsblock arbeitet mit der reduzierten konstanten Spannung $\beta_R' = 0{,}95 \cdot \beta_R$ und mit verkleinerter Druckzonenhöhe $x' = 0{,}8 \cdot x$ (s. Bild 8.22).

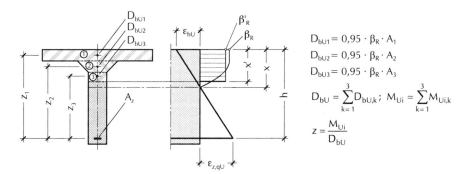

Bild 8.22 Ermittlung von D_{bU} mit dem Spannungsblock

Da die Betonspannung über die Druckzonenhöhe konstant ist, liegen die Druckresultierenden $D_{bU,k}$ der Teilflächen in den Teilflächenschwerpunkten.

8.6 Bemessung des erforderlichen Spannstahlquerschnitts für rechnerische Bruchlast

Die Bemessung erfolgt wie im Stahlbetonbau für die rechnerischen Bruchschnittgrößen $M_U = 1{,}75 \cdot M_q$ und $N_U = 1{,}75 \cdot N$.
Bezogen auf den Spannstrangschwerpunkt ist

$$M_{zU} = M_U - N_U \cdot z_{bz} \qquad (8.37)$$

Die erforderliche Betondruckkraft ist

$$\text{erf } D_{bU} = \frac{M_{zU}}{z} \qquad (8.38)$$

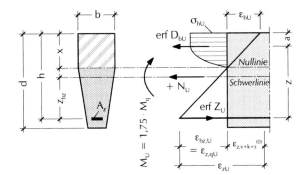

Auf die Schwerlinie des Stahls bezogen ist $M_{zU} = M_U - N_U \cdot z_{bz} = 1{,}75 \cdot M_q - N_U \cdot z_{bz}$
(N_U als Druckkraft negativ)

$a = x \cdot k_a$
$x = h \cdot k_x$
$z = h \cdot k_z$

$\varepsilon_{z,qU} = \varepsilon_{bU} \cdot \dfrac{h-x}{x} = \varepsilon_{bU} \cdot \dfrac{1-k_x}{k_x}$

Bild 8.23 Bemessungsgrößen

Das Gleichgewicht $\sum H = 0$

$$\text{erf } Z_U - D_{bU} - N_U = 0 \qquad (8.39)$$

Die erforderliche Kraft im Spannstahl

$$\text{erf } Z_U = \text{erf } D_{bU} + N_U = \frac{M_{zU}}{z} + N_U \qquad (8.40)$$

Der erforderliche Spannstahlquerschnitt

$$\text{erf } A_z = \frac{\text{erf } Z_U}{\sigma_{zU}} = \frac{1}{\sigma_{zU}} \cdot \left(\frac{M_{zU}}{z} + N_U \right) \qquad (8.41)$$

N_U als Druckkraft negativ.

8.6 Bemessung des erforderlichen Spannstahlquerschnitts für rechnerische Bruchlast

Die Stahlspannung erhält man aus der σ-ϵ-Linie für $\epsilon_{zU} = \epsilon_{z,v+k+s}^{(0)} + \epsilon_{z,qU}$. Für $\epsilon_{zU} > \epsilon_{z,S}$ bzw. $\epsilon_{z,0,2}$ ist $\sigma_{zU} = \beta_S$ bzw. $\beta_{0,2}$.

8.6.1 Einfach bewehrte Querschnitte mit rechteckiger Druckzone

Hier ist das Bemessungsverfahren vorteilhaft, da die dem bezogenen Bruchmoment $m_{zU} = \frac{M_{zU}}{b \cdot h^2 \cdot \beta_R}$ zugeordneten Hilfswerte wie Lastdehnung $\epsilon_{z,qU}$ und innerer Hebel z dem Diagramm (Bild 8.24) entnommen werden können.

Die Hilfswerte lassen sich folgendermaßen berechnen:
Aus $M_{Ui} = M_{zU}$ folgt erf $D_{bU} \cdot z = \alpha \cdot \beta_R \cdot b \cdot x \cdot z = M_{zU}$ mit $k_x = \frac{x}{h}$ und $k_z = \frac{z}{h}$ wird erf $D_{bU} \cdot z = \alpha \cdot \beta_R \cdot b \cdot h^2 \cdot k_x \cdot k_z = M_{zU}$ und $m_{zU} = \frac{M_{zU}}{b \cdot h^2 \cdot \beta_R} = \alpha \cdot k_x \cdot k_z$ mit $k_z = \frac{z}{h} = \frac{h-a}{h} = 1 - \frac{k_a \cdot x}{h} = 1 - k_a \cdot k_x$ kann man schreiben

$$m_{zU} = \alpha \cdot k_x \cdot (1 - k_a \cdot k_x) \qquad (8.42)$$

Die Werte α und k_a sind nur von der Betonstauchung ϵ_{bU} abhängig und können nach Tafel 8.1 berechnet, oder dem Diagramm Bild 8.19 entnommen werden.
Die Zuordnung der Hilfswerte $\epsilon_{z,qU}$ und k_z zu dem bezogenen Moment m_{zU} nimmt man am besten bereichsweise vor.

Bereich der schwachen Bewehrung (Drehpunkt D_1 nach Bild 8.17)

Hier ist $\epsilon_{z,qU} = 5\,\text{\textperthousand} = $ const. Man wählt Werte für ϵ_{bU} von 0 bis 3,5 ‰ bestimmt dafür α, k_a und $k_x = \frac{\epsilon_{bU}}{\epsilon_{bU} + \epsilon_{z,qU}}$ und berechnet damit nach Gl. 8.42 das jeweils zugehörige m_{zU}.

Bereich der starken Bewehrung (Drehpunkt D_2 nach Bild 8.17)

Hier ist die Stauchung $\epsilon_{bU} = 3,5$ ‰ konstant. Dafür liegen $\alpha = 0,81$ und $k_a = 0,416$ fest. Mit $k_x = \frac{1}{2 \cdot k_a} \cdot \left(1 - \sqrt{1 - \frac{4 \cdot k_a \cdot m_{zU}}{\alpha}}\right)$ nach Gl. 8.42 ist die Zuordnung von k_x zu beliebig gewählten m_{zU}-Werten gegeben.

Die Werte für das Diagramm sind nach vorgenannten Verfahren berechnet.

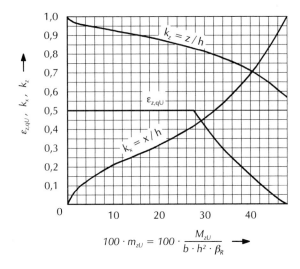

Bild 8.24
Hilfswerte $\varepsilon_{z,qU}$, k_z und k_x zur Bemessung des Spannstahlquerschnitts für Querschnitte mit rechteckiger Druckzone

$$100 \cdot m_{zU} = 100 \cdot \frac{M_{zU}}{b \cdot h^2 \cdot \beta_R}$$

8.6.2 Einfach bewehrte Querschnitte mit annähernd rechteckiger Druckzone

Hier kann bei hoher Nullinienlage, also nicht ausgenutzter Druckzone, auch bei stärkeren Abweichungen vom Rechteck das Verfahren für rechteckige Druckzone unter Benutzung des Diagramms (Bild 8.24) angewandt werden.

Man schätzt nach Bild 8.25 zunächst eine mittlere Breite b_{m1}, bestimmt dafür $m_{zU1} = \frac{M_{zU}}{b_{m1} \cdot h^2 \cdot \beta_R}$ und erhält aus dem Diagramm x_1. Wenn $x_1 \cdot b_{m1} \approx A_{bD}$ (A_{bD} = wirkliche Fläche der Druckzone), war die Breite b_{m1} richtig geschätzt. Andernfalls ist b_{m2}

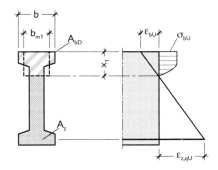

Bild 8.25
Schätzen der mittleren Breite b_{m1} bei annähernd rechteckiger Druckzone und hoher Nullinienlage (kleines m_{zU})

neu zu wählen und der Rechnungsgang zu wiederholen. Bei tiefer Nullinienlage (großes m_{zU}) und starker Abweichung vom Rechteck ist das Verfahren wegen des Fehlers beim inneren Hebel z nicht anwendbar. es ist nach Abschn. 8.6.3 vorzugehen.

8.6.3 Einfach bewehrte Querschnitte mit beliebiger Form der Druckzone

Hier werden die nach Abschn. 8.5.2 und Bild 8.21 berechneten Druckresultierenden $D_{bU} = \sum D_{bU,k}$ und die inneren Momente $M_{Ui} = \sum M_{Ui,k}$ für verschiedene Nullinienlagen nach Bild 8.26 auf der jeweiligen Nullinie auftragen. Auf der Momentenskala trägt man nun das rechnerische Bruchlastmoment $M_{zU} = 1{,}75 \cdot M_q - N_U \cdot z_{bz}$ ab und erhält auf der M_{Ui}-Kurve die zu M_{zU} gehörige Nullinienlage auf der x-Skala. Gleichzeitig liefert der Schnittpunkt dieser Nullinie mit der D_{bU}-Linie das erf D_{bU}. Damit ist

$$\text{erf } A_{zU} = \frac{1}{\sigma_{zU}} \cdot \left(\text{erf } D_{bU} + N_U\right) \qquad (8.43)$$

wobei D_{bU} positiv und N_U als Druckkraft negativ einzusetzen sind.
σ_{zU} ist der σ-ε-Linie des Spannstahls für $\varepsilon_{zU} = \varepsilon_{z,v+k+s}^{(0)} + \varepsilon_{z,qU}$ zu entnehmen. Für schwache Bewehrung ist $\varepsilon_{z,qU} = 5\ ‰$ und für starke Bewehrung ist mit dem ermittelten x-Wert $\varepsilon_{z,qU} = 3{,}5 \cdot \frac{h-x}{x}$.

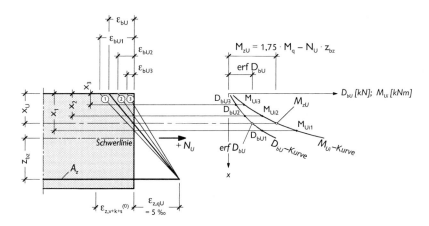

Bild 8.26 Ermittlung von erf D_{bU} für erf A_{zU} bei beliebiger Form der Druckzone

8.6.4 Doppelt bewehrte Querschnitte mit beliebiger Form der Druckzone

Das Verfahren nach Abschn. 8.6.3 kann auch hier angwandt werden. Dabei ist lediglich zu beachten, daß jetzt nach Bild 8.27 die resultierende Kraft der Druckzone lautet

$$D_{bU} + D_{A'_S} - Z_{2U} = D_{U,res} \qquad (8.44)$$

und das resultierende Moment mit $M_{Ui} = \sum M_{Ui,k} = M_{bUi}$

$$M_{bUi} + D_{A'_S} \cdot (h - h'_{A'_S}) - Z_{2U} \cdot (h - h'_{z2}) = M_{Ui,res} \qquad (8.45)$$

Mit dem rechnerischen Bruchlastmoment $M_{z1U} = 1{,}75 \cdot M_q - N_U \cdot z_{bz}$ erhält man jetzt entsprechend Abschn. 8.6.3 erf $D_{U,res}$ auf der $D_{U,res}$-Linie.

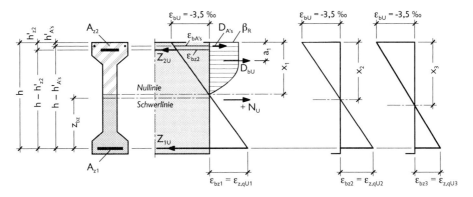

Nach Gl. 8.44 $D_{U,res}$ für x_1 entsprechend für x_2 und x_3; nach Gl. 8.45 $M_{Ui,res}$ für x_1 entsprechend für x_2 und x_3; damit $D_{U,res}$-Linie und $M_{Ui,res}$-Linie sowie erf $D_{U,res}$ entsprechend Bild 8.26

Bild 8.27 Kräfte in der Druckzone aus A_S' und A_{z2} für doppelt bewehrte Querschnitte

Die erforderliche Bewehrung für den Hauptstrang A_{z1} ist dann

$$\text{erf } A_{z1,U} = \frac{1}{\sigma_{z1,U}} \cdot \left(\text{erf } D_{U,res} + N_U \right) \qquad (8.46)$$

Auch hier ist erf $D_{U,res}$ positiv und N_U als Druckkraft negativ einzusetzen.

8.6 Bemessung des erforderlichen Spannstahlquerschnitts für rechnerische Bruchlast

Für die Ermittlung von $D_{A'S}$ ist die Stauchung dieser Faser

$$\varepsilon_{b,A'S} = -3,5\,\text{‰} \cdot \frac{x - h'_{A'S}}{x} \qquad (8.47)$$

einzusetzen, womit der σ-ε-Linie für Betonstähle (Bild 8.5) σ'_s entnommen werden kann.
Es ist für $\varepsilon_{b,A'S} < \varepsilon_s$ auch $\sigma'_s = E_s \cdot \varepsilon_{b,A'S}$. Damit wird

$$D_{A'S} = \sigma'_s \cdot A'_s \qquad (8.48)$$

Man beachte, daß für $\varepsilon_{b,A'S} \geq \varepsilon_s$, die abgeminderte Spannung $\frac{1,75}{2,1} \cdot \beta_S$ bzw. $\beta_{0,2}$ gem. DIN 4227, Teil 1, Abschn. 11.2.2 einzusetzen ist.

Für den Spannstahl in Strang 2 (A_{z2}) ist die Laststauchung

$$\varepsilon_{bz2} = -3,5\,\text{‰} \cdot \frac{x - h'_{z2}}{x} \qquad (8.49)$$

Unter Berücksichtigung der Vordehnung $\varepsilon_{z2,v+k+s}^{(0)}$ wird die Gesamtdehnung

$$\varepsilon_{z2,U} = \varepsilon_{z2,v+k+s}^{(0)} + \varepsilon_{bz2} \qquad (8.50)$$

Die Spannung erhält man bei nur kleinen Dehnungen $\varepsilon_{z2,U}$ aus

$$\sigma_{z2,U} = \varepsilon_{z2,U} \cdot E_z \qquad (8.51)$$

Die Kraft Z_{2U} wird damit

$$Z_{2U} = \sigma_{z2,U} \cdot A_{z2} \qquad (8.52)$$

Für $|\varepsilon_{bz2}| > \varepsilon_{z2,v+k+s}^{(0)}$, d.h. für Stauchung im Spannstahl, ist in den Gl. 8.44 und Gl. 8.45 der Wert für Z_{2U} negativ einzusetzen.

8.6.5 Näherung für schlanke Plattenbalken

Bei Querschnitten mit $b/b_0 > 5$ können die Druckspannungen im Steg schlanker Plattenbalken i. allg. vernachlässigt werden. Man nimmt dann an, daß die Druckresultierende D_{bU} im Abstand $a = d/2$ vom oberen Rand liegt und der innere Hebel

$$z = h - d/2 \qquad (8.53)$$

ist (Bild 8.28).

Damit wird nach Gl. 8.40 für vorh $\gamma = $ erf γ

$$\text{erf } Z_U = \frac{M_{zU}}{h - d/2} + N_U \qquad (8.54)$$

und der erforderliche Spannstahlquerschnitt erf $A_{zU} = \frac{\text{erf } Z_U}{\sigma_{zU}}$.

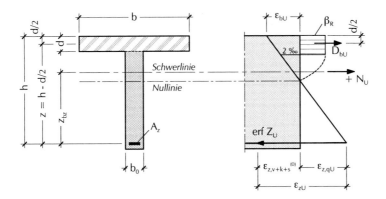

Bild 8.28 Vereinfachte Annahmen beim schlanken Plattenbalken $b/b_0 > 5$

In der Regel wird bei diesen Querschnitten schwache Bewehrung vorliegen. Die Dehnung des Spannstahls muß dann mit $\varepsilon_{zU} = \varepsilon_{z,v+k+s}^{(0)} + \varepsilon_{z,qU} \geq \varepsilon_S$ bzw. $\varepsilon_{0,2}$ die Streckgrenze erreichen oder überschreiten, womit

$$\sigma_{zU} = \beta_S \quad \text{und} \quad \text{erf } A_{zU} = \frac{1}{\beta_S} \cdot \left(\frac{M_{zU}}{h - d/2} + N_U \right) \qquad (8.55)$$

wird.

8.6 Bemessung des erforderlichen Spannstahlquerschnitts für rechnerische Bruchlast

Tafel 8.2 Mindestlastdehnungen

Spannstahl	Lastdehnung $\varepsilon_{z,qU}$
bis St 835/1030	≈ 2,5 ‰
bis St 1375/1570	≈ 3,5 ‰
bis St 1570/1770	≈ 4,5 ‰

Mit der üblichen Vorspannung, die nach dem Kriech-Schwind-Verlust etwas unter der zulässigen Spannung liegen wird, erreichen oder überschreiten die Spannstähle mit den in Tafel 8.2 angegebenen Lastdehnungen $\varepsilon_{z,qU}$ i. allg. die Streckgrenze.

Für den Nachweis vorh $D_{bU} \geq \frac{M_{zU}}{h-d/2}$ wird die Betonstauchung am oberen Plattenbalken mit max $\varepsilon_{bU} = -3,5$ ‰ festgelegt. Damit verzichtet man im Bereich der schwachen Bewehrung auf viele mögliche Nullinienlagen und weist nach, daß im Grenzdehnungszustand $\varepsilon_{bU} = -3,5$ ‰ und $\varepsilon_{z,qU}$

$$\max D_{bU} \geq \frac{M_{zU}}{h-d/2} \qquad (8.56)$$

Zweckmäßig wird max D_{bU} mit Hilfe der mittleren Betonspannung in der Platte bestimmt

$$\max D_{bU} = \sigma_{bm} \cdot b \cdot d = \alpha \cdot \beta_R \cdot b \cdot d \qquad (8.57)$$

Die Völligkeit α ist abhängig von der Betonstauchung ε_b am unteren Plattenrand. Mit festgelegter Lastdehnung $\varepsilon_{z,qU}$ kann sie nach Bild 8.29 durch das Verhältnis d/h ausgedrückt werden

$$\varepsilon_b = 3,5 - \frac{d}{h} \cdot (3,5 + \varepsilon_{z,qU}) \qquad (8.58)$$

Bei $\quad \dfrac{d}{h} = \dfrac{x}{h} = \dfrac{3,5}{3,5 + \varepsilon_{z,qU}} \qquad (8.59)$

liegt der untere Plattenrand in der Nullinie. Hierfür ist $\varepsilon_b = 0$ und $\alpha = 0,81$.
Für $\frac{d}{h} = \frac{1,5}{3,5 + \varepsilon_{z,qU}}$ beträgt $\varepsilon_b = 2$ ‰, und die Völligkeit wird $\alpha = 1$.
Wenn am unteren Plattenrand $0 < \varepsilon_b \leq 2$ ‰ wird, so ist

$$\alpha = \frac{34 - (6 - \varepsilon_b) \cdot \varepsilon_b^2}{12 \cdot (3,5 - \varepsilon_b)} \qquad (8.60)$$

und für 2 ‰ $\leq \varepsilon_b \leq 3,5$ ‰ $\alpha = 1$.

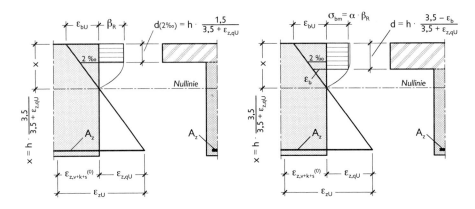

Bild 8.29 Völligkeit α in Abhängigkeit vom Verhältnis d/h bei festgelegter Lastdehnung $\varepsilon_{z,qU}$

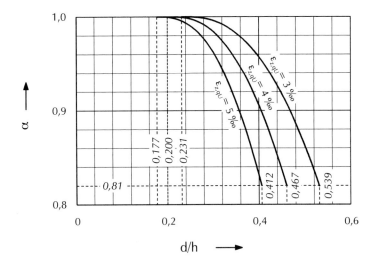

Bild 8.30 Völligkeitsbeiwerte α zur Ermittlung von $\sigma_{bm} = \alpha \cdot \beta_R$

Die α-Werte sind für die Lastdehnungen $\varepsilon_{z,qU}$ = 3 ‰, 4 ‰ und 5 ‰ in Abhängigkeit von d/h dem Diagramm Bild 8.30 zu entnehmen.

Die Stauchungen am unteren Plattenrand sollten nicht zu weit unter ε_b = 2 ‰ liegen, weil sonst mit z = h − d/2 zu ungünstig gerechnet wird.

8.7 Berechnungsbeispiele zur Biegebruchsicherheit
8.7.1 Pfetten mit Rechteckquerschnitt

Pfette 1   B55; St 1570/1770 (Litze)
$M_{g1} = 6{,}75$ kNm
$M_{g2} = 21{,}60$ kNm
$M_p = 16{,}88$ kNm

Pfette 2   B55; St 1570/1770 (Litze)
$M_{g1} \leq 6{,}75$ kNm
$M_{g2} = 42{,}25$ kNm
$M_p = 16{,}88$ kNm

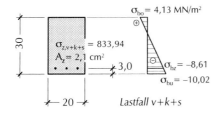
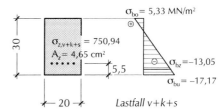

Bild 8.31   Pfetten mit Daten für den Nachweis der Biegebruchsicherheit

Pfette 1
Nachweis der Biegebruchsicherheit:

Bruchmoment M_{Ui} (s. Bild 8.11)

Annahme: Grenzdehnungszustand $\dfrac{\varepsilon_{bU}}{\varepsilon_{z,qU}} = \dfrac{-3{,}5\,‰}{5\,‰}$

$D_{bU} = \alpha \cdot \beta_R \cdot b \cdot x =$
$0{,}81 \cdot 3{,}3 \cdot 20 \cdot 11{,}12 = 594{,}48$ kN

$\alpha = 0{,}81$ (s. Tafel 8.1)
$\beta_R = 0{,}6 \cdot 55 = 33$ MN/m²
$h = 30 - 3 = 27$ cm
$k_x = \dfrac{3{,}5}{3{,}5 + 5} = 0{,}412$
$x = h \cdot k_x = 27 \cdot 0{,}412 = 11{,}12$ cm

Annahme: $\varepsilon_{zU} > \varepsilon_{z,S}$ bzw. $\varepsilon_{z,0{,}2}$

damit $\sigma_z(\varepsilon_{zU}) = \beta_{0{,}2} = 1570$ MN/m²

$Z_U = \sigma_z(\varepsilon_{zU}) \cdot A_z = 157 \cdot 2{,}1 = 329{,}7$ kN

der innere Hebel
$z = h - a = h - k_a \cdot x =$
$27 - 11{,}12 \cdot 0{,}416 = 22{,}37$ cm

$k_a = 0{,}416$ (s. Tafel 8.1)

Da $D_{bU} = 594{,}48 > Z_U = 329{,}7$ kN liegt schwache Bewehrung vor.
vorh $M_{Ui} = 329{,}7 \cdot 0{,}2237 = 73{,}77$ kNm (s. Abschn. 8.5.1, Gl. 8.32)

Nach Gl. 8.31 ist vorh $\gamma = M_{Ui} / \max M_q$. Für Pfette 1 ist max $M_q = 6{,}75 + 21{,}6 +$
$+ 16{,}88 = 45{,}23$ kNm und vorh $\gamma = 73{,}77 / 45{,}23 = 1{,}63 < 1{,}75$.
Nach Abschn. 8.5.1 und Bild 8.17 wird $\varepsilon_{z,qU} = 5$ ‰ (Drehpunkt D_1) beibehalten.
Die Betonstauchung ε_{bU} wird schrittweise verkleinert, bis $D_{bU} = Z_U$. Die Ermittlung der Nullinie erfolgt zeichnerisch nach Bild 8.20.
Für $Z_U = A_z \cdot \sigma(\varepsilon_{zU})$ ist die Vordehnung $\varepsilon_{z,v+k+s}^{(0)}$ zu berechnen.

$\varepsilon_{z,v+k+s}^{(0)} = \dfrac{\sigma_{z,v+k+s} - n \cdot \sigma_{bz,v+k+s}}{E_z} =$

$\dfrac{833{,}94 + 5 \cdot 8{,}61}{195000} = 0{,}0045 = 4{,}5$ ‰

$E_z = 195000$ MN/m²
$E_b = 39000$ MN/m²
$n = 5$
$\sigma_{z,v+k+s} = 833{,}94$ MN/m² (s. Bild 8.31)
$\sigma_{bz,v+k+s} = -8{,}61$ MN/m² (s. Bild 8.31)

$\varepsilon_{zU} = 4{,}5 + 5{,}0 =$
$9{,}5$ ‰ $> \varepsilon_{z, 0{,}2} \approx 8{,}8$ ‰

$\sigma_{zU} = \beta_{0{,}2} = 1570$ MN/m²
$Z_U = 2{,}1 \cdot 157 = 329{,}7$ kN

Tab. 8.1 $D_{bU} = f(\varepsilon_{bU})$

ε_{bU} [‰]	$\varepsilon_{z,qU}$ [‰]	k_x	x [cm]	α	D_{bU} [kN]
3,5		0,412	11,12	0,81	594,5
3,0		0,375	10,13	0,78	525,5
2,5	5,0	0,333	8,99	0,73	433,1
2,0		0,286	7,72	0,67	341,4
1,5		0,231	6,24	0,56	230,6

Die Werte $D_{bU} = f(\varepsilon_{bU})$ sind Tab. 8.1 zu entnehmen.

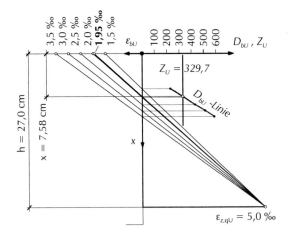

Bild 8.32
Zeichnerische Ermittlung der Nullinienlage für $D_{bU} = Z_U$

8.7 Berechnungsbeispiele zur Biegebruchsicherheit

Die zeichnerische Ermittlung der Nullinienlage für $D_{bU} = Z_U$ nach Bild 8.32 ergibt $x = 7{,}58$ cm und $\varepsilon_{bU} = 1{,}95\,‰$. Dafür erhält man nach Tafel 8.1
$\alpha = \dfrac{1{,}95}{12} \cdot (6 - 1{,}95) = 0{,}658$ und $k_a = \dfrac{8 - 1{,}95}{4 \cdot (6 - 1{,}95)} = 0{,}3735$.

Die Druckresultierende ist $D_{bU} = 0{,}658 \cdot 3{,}3 \cdot 20{,}0 \cdot 7{,}58 = 329{,}2$ kN.
Mit dem inneren Hebel $z = h - k_a \cdot x = 27 - 0{,}3735 \cdot 7{,}58 = 24{,}17$ cm wird
$M_{Ui} = 329{,}2 \cdot 0{,}2417 = 79{,}57$ kNm und vorh $\gamma = \dfrac{M_{Ui}}{\max M_q} = \dfrac{79{,}57}{45{,}23} = 1{,}76 > 1{,}75$.

Die Biegebruchsicherheit ist gewährleistet.

Bemessung des erforderlichen Spannstahlquerschnittes für den rechnerischen Bruchzustand:

Nach Gl. 8.41 ist erf $A_z = \dfrac{\text{erf } Z_U}{\sigma_{zU}} = \dfrac{1}{\sigma_{zU}} \cdot \left(\dfrac{M_{zU}}{z} + N_U\right)$.

$M_{zU} = 1{,}75 \cdot (6{,}75 + 21{,}6 + 16{,}88) = 79{,}15$ kN; $N_U = 0$

Mit dem bezogenen Moment $m_{zU} = \dfrac{M_{zU}}{b \cdot h^2 \cdot \beta_R} = \dfrac{0{,}07915}{0{,}2 \cdot 0{,}27^2 \cdot 33} = 0{,}1645$ erhält man aus dem Diagramm Bild 8.24 die Hilfswerte $k_x \approx 0{,}280$; $k_z \approx 0{,}895$; $\varepsilon_{z,qU} = 5\,‰$.

Die Vordehnung beträgt $\varepsilon_{z,v+k+s}^{(0)} = 4{,}5\,‰$ (s. Biegebruchsicherheit) und die Gesamtdehnung $\varepsilon_{zv} = 4{,}5 + 5 = 9{,}5\,‰$, womit $\sigma_{zv} = \beta_S = 1570$ MN/m².

Der innere Hebel ist $z = h \cdot k_z = 27 \cdot 0{,}895 = 24{,}17$ cm.

Der erforderliche Spannstahlquerschnitt erf A_z ist damit erf $A_z = \dfrac{1}{157} \cdot \left(\dfrac{79{,}15}{0{,}2417} + 0\right) = 2{,}08$ cm² $<$ vorh $A_z = 2{,}1$ cm².

Pfette 2

Nachweis der Biegebruchsicherheit:

Annahme: Grenzdehnungszustand $\dfrac{\varepsilon_{bU}}{\varepsilon_{z,qU}} = \dfrac{-3{,}5\,‰}{5\,‰}$

Für diesen Dehnungszustand ist $\alpha = 0{,}81$; $k_a = 0{,}416$; $k_x = 0{,}412$. Mit $x = h \cdot k_x = (30 - 5{,}5) \cdot 0{,}412 = 10{,}09$ cm wird $D_{bU} = 0{,}81 \cdot 3{,}3 \cdot 20 \cdot 10{,}09 = 539{,}4$ kN.

$Z_U = \sigma_z(\varepsilon_{zU}) \cdot A_z = 157 \cdot 4{,}65 = 730{,}1$ kN für $\varepsilon_{zU} > \varepsilon_{z,S}$ bzw. $\varepsilon_{z\,0,2}$
ist $\sigma_z(\varepsilon_{zU}) = \beta_{0,2} = 1570$ MN/m²

Pfette 2 ist stark bewehrt.

Mit dem inneren Hebel $z = 24{,}5 - a = 24{,}5 - 0{,}416 \cdot 10{,}09 = 20{,}3$ cm wird $M_{Ui} = D_{bU} \cdot z = 539{,}4 \cdot 0{,}203 = 109{,}5$ kNm.

Das maximale Lastmoment beträgt max $M_q = 6{,}75 + 42{,}75 + 16{,}88 = 66{,}4$ kNm und vorh $\gamma = \frac{M_{Ui}}{\max M_q} = \frac{109{,}5}{66{,}4} = 1{,}65 < 1{,}75$.

Um D_{bU} zu vergrößern, wird $\varepsilon_{bU} = -3{,}5$ ‰ beibehalten (Drehpunkt D_2) und durch Verkleinerung von $\varepsilon_{z,qU}$ die Druckzonenhöhe x vergrößert (s. Abschn. 8.5.1 und Bild 8.17). Die Nullinienlage für $D_{bU} = Z_U$ wird zeichnerisch aus den Werten der Tab. 8.2 ermittelt.

Die Vordehnung für die Pfette 2 beträgt nach den Daten von Bild 8.31

$$\varepsilon_{z,v+k+s}^{(0)} = \frac{\sigma_{z,v+k+s} - n \cdot \sigma_{bz,v+k+s}}{E_z} = \frac{750{,}94 + 5 \cdot 13{,}05}{195000} = 0{,}00419 = 4{,}19\ ‰.$$

Tab. 8.2 Werte für D_{bU} und Z_U

ε_{bU} [‰]	$\varepsilon_{z,qU}$ [‰]	k_x	x [cm]	β_R [kN/cm²]	α	D_{bU} [kN]	$\varepsilon_{z,v+k+s}^{(0)}$ [‰]	ε_{zU} [‰]	σ_{zU} [kN/cm²]	Z_U [kN]
	4,0	0,467	11,44			611,6		8,19	157,0	730,1
−3,5	3,0	0,538	13,18	3,3	0,81	704,6	4,19	7,19	140,2	651,9
	2,0	0,636	15,58			832,9		6,19	120,7	561,3

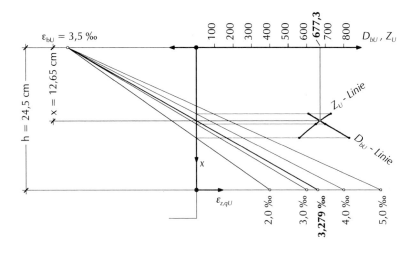

Bild 8.33 Zeichnerische Ermittlung der Nullinienlage für $D_{bU} = Z_U$

Nach Bild 8.33 ist $x = 12{,}65$ cm und $\varepsilon_{z,qU} = 3{,}279$ ‰. Die Gesamtdehnung des Spannstahls wird damit $\varepsilon_{zU} = 3{,}279 + 4{,}19 = 7{,}469$ ‰ (elastischer Bereich); der Spannstahl hat die Spannung $\sigma_z(\varepsilon_{zU}) = E_z \cdot \varepsilon_{zU} = 195000 \cdot 7{,}469 \cdot 10^{-3} =$

8.7 Berechnungsbeispiele zur Biegebruchsicherheit

1456,5 MN/m² und die Zugkraft $Z_U = 145{,}65 \cdot 4{,}65 = 677{,}3$ kN. Die Betondruckkraft ist $D_{bU} = 0{,}81 \cdot 3{,}3 \cdot 20 \cdot 12{,}65 = 676{,}3$ kN.
Das rechnerische Bruchmoment $M_{Ui} = D_{bU} \cdot z = 676{,}3 \cdot (24{,}5 - 0{,}416 \cdot 12{,}65) = 13010$ kNcm $= 130{,}1$ kNm.
Die Biegebruchsicherheit wird vorh $\gamma = \dfrac{130{,}1}{66{,}4} = 1{,}96 > 1{,}75$.

Bemessung des erforderlichen Spannstahlquerschnittes für den rechnerischen Bruchzustand:
Mit $M_{zU} = 1{,}75 \cdot M_q = 1{,}75 \cdot 66{,}4 = 116{,}2$ kNm erhält man das bezogene Moment $m_{zU} = \dfrac{M_{zU}}{b \cdot h^2 \cdot \beta_R} = \dfrac{0{,}1162}{0{,}2 \cdot 0{,}245^2 \cdot 33} = 0{,}2933$.
Dem Diagramm Bild 8.24 entnimmt man dafür die Hilfswerte $k_x \approx 0{,}45; k_z \approx 0{,}82$ und $\varepsilon_{z,qU} \approx 4{,}3\,\text{‰}$. Die Vordehnung beträgt 4,19 ‰ (s. Biegebruchsicherheit), womit $\varepsilon_{zU} = 4{,}3 + 4{,}19 = 8{,}49\,\text{‰}$. Die Stahlspannung beträgt $\sigma_{zU} \approx 1570$ MN/m².
Mit dem inneren Hebel $z = h \cdot k_z = 24{,}5 \cdot 0{,}82 = 20{,}09$ cm erhält man
erf $A_z = \dfrac{1}{157} \cdot \left(\dfrac{116{,}2}{0{,}2009} + 0 \right) = 3{,}68$ cm² $<$ vorh $A_z = 4{,}65$ cm².

8.7.2 Querschnitt mit beliebiger Form der Druckzone

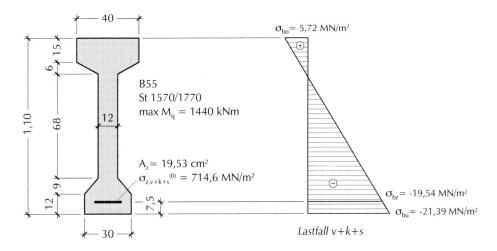

Bild 8.34 Hallenbinder mit Daten für den Nachweis der Biegebruchsicherheit

Ermittlung von M_{Ui} mit Hilfe des P-R-Diagramms (s. Abschn. 8.52 und Bild 8.21):

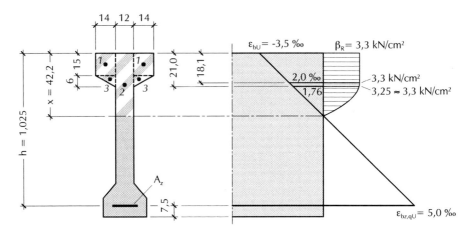

Bild 8.35 Teilflächen und Schwerpunkte der Druckkräfte der Teilflächen, sowie Spannungsverlauf üder die Druckzone für P-R-Diagramm

Für den Dehnungszustand $\frac{\varepsilon_{bU}}{\varepsilon_{z,qU}} = \frac{-3,5\ ‰}{5\ ‰}$ erhält man nach Bild 8.35 die Druckkräfte der Teilflächen

$D_{bU1} = 3,3 \cdot 210 \cdot 2 =$ \hfill 1386,0 kN
$D_{bU2} = \alpha \cdot \beta_R \cdot A_2 = 0,81 \cdot 3,3 \cdot 506,4 =$ \hfill 1353,0 kN
$D_{bU3} \cong 3,3 \cdot 42 \cdot 2 =$ \hfill 277,2 kN
\hfill $D_{bU} = 3016,2$ kN

Das innere Moment ist
$D_{bU1} \cdot z_1 = 1386,0 \cdot \left(1,025 - \frac{0,15}{2}\right) = 1386,0 \cdot 0,95 =$ \hfill 1316,7 kNm
$D_{bU2} \cdot z_2 = 1353,0 \cdot (1,025 - 0,416 \cdot 0,422) = 1353,0 \cdot 0,8494 =$ \hfill 1149,2 kNm
$D_{bU3} \cdot z_3 = 277,2 \cdot \left(1,025 - 0,15 - \frac{0,06}{3}\right) = 277,2 \cdot 0,855 =$ \hfill 237,0 kNm
\hfill $M_{Ui} = 2702,9$ kNm

Der innere Hebel ergibt sich zu $z = \frac{M_{Ui}}{D_{bU}} = \frac{2702,9}{3016,2} = 0,896$ m.

Die Vordehnung des Spannstahls $\varepsilon_{z,v+k+s}^{(0)} = \frac{1}{E_z} \cdot (\sigma_{z,v+k+s} - n \cdot \sigma_{bz,v+k+s})$ wird mit den Werten nach Bild 8.34 $\varepsilon_{z,v+k+s}^{(0)} = \frac{1}{195000} \cdot (714,6 + 5 \cdot 19,54) = 0,00417 = 4,17$ ‰. Die Gesamtdehnung ist $\varepsilon_{zU} = 4,17 + 5,0 = 9,17$ ‰, sie liegt damit über der 0,2 %-Grenze und die Stahlspannung ist $\sigma_{zU} = \beta_{0,2} = 157$ kN/cm², womit

8.7 Berechnungsbeispiele zur Biegebruchsicherheit

$Z_U = \sigma_{zU} \cdot A_z = 157 \cdot 19{,}53 = 3066{,}2$ kN. Da $Z_U = 3066{,}2 > D_{bU} = 3016{,}2$ kN liegt starke Bewehrung vor.

Mit dem Lastmoment max $M_q = 1440$ kNm (s. Bild 8.34) und min $M_{Ui} = D_{bU} \cdot z = 3016{,}2 \cdot 0{,}896 = 2702{,}5$ kNm erhält man die Sicherheit vorh $\gamma = \frac{M_{Ui}}{\max M_q} = \frac{2702{,}5}{1440} = 1{,}88 > 1{,}75$. Eine Korrektur der Nullinienlage durch Verkleinerung von $\varepsilon_{z,qU}$ ist bei der geringen Differenz zwischen D_{bU} und Z_U nicht erforderlich.

Ermittlung von M_{Ui} mit Hilfe des Spannungsblocks (s. Abschn. 8.5.2 und Bild 8.22):

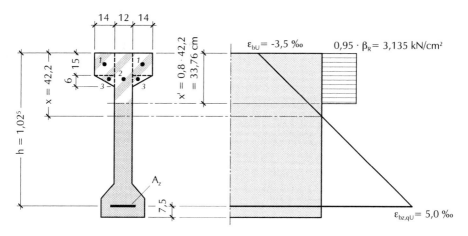

Bild 8.36 Teilflächen und Schwerpunkte der Druckkräfte der Teilflächen, sowie Spannungsverlauf über die Druckzone für den Spannungsblock

Für den Dehnungszustand $\frac{\varepsilon_{bU}}{\varepsilon_{z,qU}} = \frac{-3{,}5 \text{‰}}{5 \text{‰}}$ wird $x' = 0{,}8 \cdot x = 33{,}76$ cm.

Die Druckkräfte der Teilflächen sind nach Bild 8.36

$D_{bU1} = 3{,}135 \cdot 210 \cdot 2 =$ $\qquad = 1316{,}7$ kN
$D_{bU2} = 3{,}135 \cdot 405{,}12 =$ $\qquad = 1270{,}1$ kN
$D_{bU3} = 3{,}135 \cdot 42 \cdot 2 =$ $\qquad = 263{,}3$ kN
$\qquad\qquad D_{bU} = 2850{,}1$ kN

Das innere Moment ist
$D_{bU1} \cdot z_1 = 1316{,}7 \cdot 0{,}95 =$ $\qquad = 1250{,}9$ kNm
$D_{bU2} \cdot z_2 = 1270{,}1 \cdot 0{,}8562 =$ $\qquad = 1087{,}5$ kNm
$D_{bU3} \cdot z_3 = 263{,}3 \cdot 0{,}855 =$ $\qquad = 225{,}1$ kNm
$\qquad\qquad M_{bUi} = 2563{,}5$ kNm

Der innere Hebel ergibt sich zu $z = \frac{2563{,}5}{2850{,}1} = 0{,}899$ m.

Mit gleicher Vordehnung und Lastdehnung wie bei dem P-R-Diagramm ist ebenfalls $Z_U = 3066{,}2$ kN. Wegen $Z_U = 3066{,}2 > D_{bU} = 2850{,}1$ kN wird die Nullinienlage korrigiert.

Annahme: $\dfrac{\varepsilon_{bU}}{\varepsilon_{z,qU}} = \dfrac{-3{,}5\,‰}{3{,}9\,‰}$

Man erhält $x = \dfrac{3{,}5}{3{,}5+3{,}9} \cdot 102{,}5 = 48{,}4$ cm und $x' = 0{,}8 \cdot 48{,}48 = 38{,}78$ cm. Damit wird $D_{bU} = 1316{,}7 + 38{,}78 \cdot 12 \cdot 3{,}135 + 263{,}3 = 3038{,}9$ kN, $M_{Ui} = 1250{,}9 + 1458{,}9 \cdot (1{,}025 - 0{,}3878/2) + 225{,}1 = 2688{,}5$ kNm und der innere Hebel $z = \dfrac{2688{,}5}{3038{,}9} = 0{,}885$ m.

Die Lastdehnung des Spannstahls beträgt $\varepsilon_{z,qU} = 3{,}9\,‰$. Das ergibt eine Gesamtdehnung von $\varepsilon_{zU} = 4{,}19 + 3{,}9 = 8{,}07\,‰$. Da $\sigma_{zU} = 195000 \cdot 0{,}0807 = 1573{,}6$ MN/m² wird mit $\sigma_{zU} = \beta_{0,2} = 1570$ MN/m² gerechnet. Man erhält $Z_U = 157 \cdot 19{,}53 = 3066{,}2$ kN. Damit ist $Z_U = 3066{,}2 > D_{bU} = 3038{,}9$ kN. Bei dieser geringen Differenz ist eine weitere Korrektur nicht erforderlich. Mit $M_{Ui} = D_{bU} \cdot z = 3038{,}9 \cdot 0{,}885 = 2689$ kNm wird vorh $\gamma = \dfrac{2689}{1440} = 1{,}87 > 1{,}75$.

Das P-R-Diagramm ergab $\gamma = 1{,}88$. Der Spannungsblock liefert also recht gute Ergebnisse bei geringem Rechenaufwand.

Bemessung des erforderlichen Spannstahlquerschnittes für den rechnerischen Bruchzustand:

Die Bemessung soll nach Abschn. 8.6.2 und Bild 8.25 erfolgen.

Es wird zunächst eine Breite $b_{m1} = 25$ cm gewählt (s. Bild 8.37).
Für $b_{m1} = 25$ cm erhält man nach Bild 8.24 für $M_{zU} = 1{,}75 \cdot \max M_q = 1{,}75 \cdot 1440 = 2520$ kNm und $m_{zU} = 100 \cdot \dfrac{M_{zU}}{b_{m1} \cdot h^2 \cdot \beta_R} = 100 \cdot \dfrac{2{,}52}{0{,}25 \cdot 1{,}025^2 \cdot 33} = 29{,}07$, $k_{x1} \approx 0{,}44$; $k_{z1} \approx 0{,}82$; $\varepsilon_{z,qU1} \approx 4{,}4\,‰$.

Für $x_1 = 102{,}5 \cdot 0{,}44 = 45{,}1$ cm ist die Druckzonenfläche des Ersatzrecht-

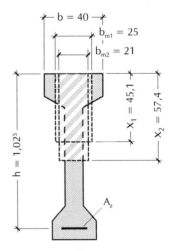

Bild 8.37 Bemessung als Rechteckquerschnitt mit geschätzten Breiten b_m

ecks $A_{b1} = x_1 \cdot b_{m1} = 45{,}1 \cdot 25 = 1127{,}5$ cm². Die vorhandene Fläche ist $A_{b,vorh} = 45{,}1 \cdot 12 + 2 \cdot 14 \cdot 15 + 2 \cdot 0{,}5 \cdot 14 \cdot 6 = 1045{,}2$ cm².
Da $A_{b1} > A_{b,vorh}$, wird b_m neu gewählt.

8.7 Berechnungsbeispiele zur Biegebruchsicherheit

Für $b_{m2} = 21$ cm wird $m_{zU} = 29{,}07 \cdot \frac{25}{21} = 34{,}6$, $k_{x2} \approx 0{,}56$; $k_{z2} \approx 0{,}77$; $\varepsilon_{z,qU2} \approx 2{,}7$ ‰. Mit $x_2 = 102{,}5 \cdot 0{,}56 = 57{,}4$ cm, $A_{b2} = 57{,}4 \cdot 21 = 1205{,}4$ cm² und $A_{b,vorh} = 57{,}4 \cdot 12 + 2 \cdot 14 \cdot 15 + 2 \cdot \frac{1}{2} \cdot 14 \cdot 6 = 1192{,}8$ cm² ist $A_{b2} \approx A_{b,vorh}$. Das Ersatzrechteck liefert aber eine zu tiefe Nullinienlage und damit einen zu kleinen inneren Hebel $z_2 = h \cdot k_{z2} = 102{,}5 \cdot 0{,}77 = 78{,}92$ cm (der Hebel beim P-R-Diagramm ist $z = 89{,}6$ cm). Der zu kleine Hebel und die zu geringe Lastdehnung des Spannstahls $\varepsilon_{z,qU} = 2{,}7$ ‰ ergeben einen zu großen Spannstahlquerschnitt ($A_z = 23{,}8$ cm²). Das Ergebnis ist nicht brauchbar.

Eine brauchbare Bemessung ohne Iteration ergibt sich aus der Kombination der Bemessungshilfen für den Rechteckquerschnitt (Bild 8.24) und den Plattenbalken (Bild 8.30).
Man kann nach Bild 8.38 wie folgt vorgehen:

- Druckgurt beliebiger Form in ein flächengleiches Rechteck umwandeln
- Für den Wert d/h erhält man α und $\varepsilon_{z,qU1}$ nach Bild 8.30
- Berechnung von $D_{bU1} = \alpha \cdot \beta_R \cdot A_1$
- Berechnung von $M_{U1} = D_{bU1} \cdot z_1$
- Berechnung von $M_{zU} = 1{,}75 \cdot M_q - N_U \cdot z_{bz}$
- Zuweisung des Restmomentes $\Delta M_U = M_{zU} - M_{U1}$ an den Steg mit der Breite b_0

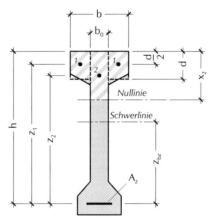

Bild 8.38 Kombinierte Bemessung für Plattenbalken und Rechteck

- Für $m_{zU} = \dfrac{\Delta M_U}{b_0 \cdot h^2 \cdot \beta_R}$ entnimmt man dem Diagramm Bild 8.24 die Werte k_{x2}, k_{z2} und $\varepsilon_{z,qU2}$ und erhält $x_2 = h \cdot k_{x2}$ sowie $z_2 = h \cdot k_{z2}$
- Die Druckkraft der Teilfläche A_2 wird $D_{bU} = \dfrac{\Delta M_U}{z_2}$
- Berechnung von $\varepsilon_{zU} = \varepsilon_{z,v+k+s}^{(0)} + \varepsilon_{z,qU}$
  Für $\varepsilon_{z,qU}$ ist der kleinere Wert von beiden ($\varepsilon_{z,qU1}$ bzw. $\varepsilon_{z,qU2}$) zu nehmen.
- Mit $\sigma_{zU} = f(\varepsilon_{zU})$ erhält man der erforderlichen Spannstahlquerschnitt zu erf $A_z = \dfrac{1}{\sigma_{zU}} \cdot (D_{bU1} + D_{bU2} + N_U)$

Für das Beispiel wird d = 15 + 6/2 = 18 cm; h = 102,5 cm; d/h = 18/102,5 = 0,176. Dem Diagramm Bild 8.30 entnimmt man α = 1,0; $\varepsilon_{z,qU}$ = 5 ‰. Damit wird D_{bU1} = 1,0 · 3,3 · 14 · 18 · 2 = 1663,2 kN und M_{U1} = 1663,2 · (1,025 − 018/2) = 1555 kNm.
Für N_U = 0 ist M_{zU} = 1,75 · 1440 = 2520 kNm, womit ΔM_U = 2520 − 1555 = 965 kNm vom Steg aufzunehmen ist. Die Hilfswerte für den Steg werden für
$$m_{zU} = \frac{0,965}{0,12 \cdot 1,025^2 \cdot 33} = 0,232$$ dem Diagramm Bild 8.24 entnommen. Man erhält $k_{x2} \approx 0,35$; $k_{z2} \approx 0,86$; $\varepsilon_{z,qU}$ = 5,0 ‰. Die Druckzonenhöhe des Steges wird x_2 = 102,5 · 0,35 = 35,9 cm, der innere Hebel z_2 = 102,5 · 0,86 = 88,15 cm. Die Druckkraft im Steg ist $D_{bU2} = \frac{965}{0,882} = 1094$ kN.
Der erforderliche Stahlquerschnitt ergibt sich für $\varepsilon_{zU} = \varepsilon_{z,v+k+s}^{(0)} + \varepsilon_{z,qU}$ = 4,17 + 5,0 = 9,17 ‰ und $\sigma_{zU} = \beta_{0,2}$ = 157 kN/cm² zu erf $A_z = \frac{1}{\sigma_{zU}} \cdot (D_{bU1} + D_{bU2})$ = $\frac{1}{157} \cdot (1663,2 + 1094)$ = 17,56 cm² < 19,53 cm² = vorh A_z.

8.7.3 Plattenbalken

Für die in Abschnitt 5 berechnete Fußgängerbrücke wird die Biegebruchsicherheit für max M_q in Feld 1 nachgewiesen.

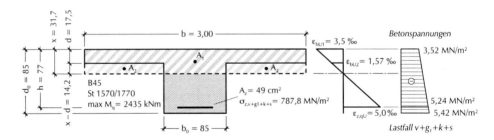

Bild 8.39 Vereinfachter Querschnitt der Fußgängerbrücke, Grenzdehnungszustand −3,5‰ / 5‰ sowie Daten zur Ermittlung von $\varepsilon_{z,v+k+s}^{(0)}$

Ermittlung von M_{Ui} mit Hilfe des P-R-Diagramms:

$$k_x = \frac{3,5}{3,5 + 5,0} = 0,412 \; ; \; x = h \cdot k_x = 77 \cdot 0,412 = 31,7 \text{ cm}$$

nach Bild 8.19 für ε_{bU1} = −3,5 ‰ : $\quad \alpha_1$ = 0,810; k_{a1} = 0,416 (Plattenoberseite)
$\quad\quad\quad\quad\quad\quad\;\;\varepsilon_{bU2}$ = −1,57 ‰ : $\quad \alpha_2$ = 0,580; k_{a2} = 0,363 (Plattenunterseite)

8.7 Berechnungsbeispiele zur Biegebruchsicherheit

$D_{bU1} = \alpha_1 \cdot \beta_R \cdot A_1 = 0{,}81 \cdot 2{,}7 \cdot 300 \cdot 31{,}7 = 20798$ kN
$D_{bU2} = 2 \cdot \alpha_2 \cdot \beta_R \cdot A_2 = 2 \cdot 0{,}58 \cdot 2{,}7 \cdot 107{,}5 \cdot 14{,}2 = 4781$ kN
$D_{bU} = D_{bU1} - D_{bU2} = 16017$ kN

Die Vordehnung $\varepsilon_{z,v+k+s}^{(0)}$ ergibt sich nach Gl. 8.12 zu $\varepsilon_{z,v+k+s}^{(0)} =$
$\frac{1}{E_z} \cdot (\sigma_{z,v+g1+k+s} - n \cdot \sigma_{bz,v+g1+k+s}) = \frac{1}{195000} \cdot (787{,}8 + 5{,}27 \cdot 5{,}24) = 0{,}00418 = 4{,}18\,‰$.
$\varepsilon_{zU} = 4{,}18 + 5{,}0 = 9{,}18\,‰$; $\sigma_{zU} = \beta_S = 157$ kN/cm² ;
$Z_U = 49 \cdot 157 = 7693$ kN $\ll D_{bU} = 16017$ kN
Die Stauchung auf der Plattenoberseite ist zu verkleinern und die Nullinienlage für $D_{bU} = Z_U$ festzulegen. Die Stahldehnung $\varepsilon_{z,qU} = 5{,}0\,‰$ bleibt konstant. Die Werte D_{bU} für verkleinerte ε_{bU} sind in Tab. 8.3 berechnet.

Tab. 8.3 Berechnung von $D_{bU} = f(\varepsilon_{bU1})$ mit dem P-R-Diagramm

ε_{bU1} [‰]	$\varepsilon_{z,qU}$ [‰]	k_x	x [cm]	A_1 [cm²]	α_1	D_{bU1} [kN]	ε_{bU2} [‰]	α_2	A_2 [cm²]	D_{bU2} [kN]	D_{bU} [kN]
−3,5		0,412	31,7	9510	0,810	20798	−1,57	0,580	3053	4781	16017
−2,5		0,333	25,6	7680	0,733	15199	−0,79	0,343	1742	1613	13586
−2,0	5,0	0,286	22,0	6600	0,667	11886	−0,41	0,101	968	264	11622
−1,5		0,231	17,8	5340	0,563	8117	−0,03	0,015	64,5	3	8114
−1,0		0,167	12,9	3870	0,417	4357	0,00	0,000	0	0	4357

Bestimmung der Lage der Nullinie s. Bild 8.40.

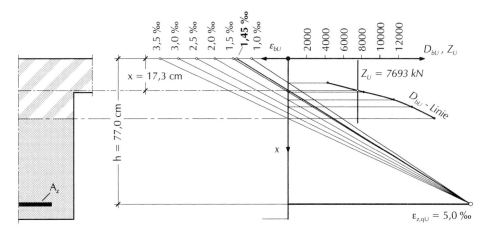

Bild 8.40 Lage der Nullinie für $D_{bU} = Z_U$

Für $\varepsilon_{bU1} = 1{,}45$ erhält man $k_x = \frac{1{,}45}{1{,}45 + 5} = 0{,}2248$; $x = h \cdot k_x = 77 \cdot 0{,}2248 = 17{,}3$ cm; $\alpha = 0{,}5498$; $k_a = 0{,}36$.

Die Druckkraft des Betons ist $D_{bU} = 0{,}5498 \cdot 2{,}7 \cdot 300 \cdot 17{,}3 = 7704$ kN $\approx Z_U = 7693$ kN, der Hebelarm $z = h - a = 77 - 17{,}3 \cdot 0{,}36 = 70{,}8$ cm und $M_{Ui} = 7693 \cdot 0{,}708 = 5447$ kNm.

Die Sicherheit beträgt $\text{vorh } \gamma = \dfrac{M_{Ui}}{\max M_q} = \dfrac{5447}{2435} = 2{,}23 > 1{,}75$.

Ermittlung von M_{Ui} mit Hilfe des Spannungsblocks:

Nach Abschn. 8.5.2 und Bild 8.22 ist $\beta_R' = 0{,}95 \cdot \beta_R$ und $x' = 0{,}8 \cdot x$. Die Druckkraft der Platte ist $D_{bU} = 0{,}95 \cdot 2{,}7 \cdot 300 \cdot 17{,}5 = 13466 > Z_U = 7693$ kN. Die Nullinie muß also in der Platte liegen.

Da β_R' von ε_{bU} unabhängig ist, läßt sich die Druckzonenhöhe aus $D_{bU} = 0{,}95 \cdot \beta_R \cdot b \cdot x' = 0{,}95 \cdot \beta_R \cdot b \cdot 0{,}8 \cdot x = 0{,}76 \cdot \beta_R \cdot b \cdot x$ bestimmen. Es ist $D_{bU} = 0{,}76 \cdot 2{,}7 \cdot 300 \cdot x = Z_U = 7693$ kN mit $x = \frac{7693}{0{,}76 \cdot 2{,}7 \cdot 300} = 12{,}5$ cm; die Druckkraft liegt im Abstand $a = 0{,}5 \cdot x' = 0{,}5 \cdot 0{,}8 \cdot x = 0{,}4 \cdot x = 0{,}4 \cdot 12{,}5 = 5$ cm vom oberen Rand entfernt.

Der innere Hebel beträgt $z = h - a = 77 - 5 = 72$ cm und $M_{Ui} = 7693 \cdot 0{,}72 = 5539$ kNm.

Die Sicherheit beträgt $\text{vorh } \gamma = \dfrac{M_{Ui}}{\max M_q} = \dfrac{5539}{2435} = 2{,}27 > 1{,}75$.

Der Spannungsblock sollte für Rechteckquerschnitte nicht genommen werden. Er liegt für kleine Stauchungen (etwa bei $\varepsilon_{bU} < 1{,}5$ ‰) geringfügig auf der unsicheren Seite.

Bemessung des erforderlichen Spannstahlquerschnittes:

Die Bemessung erfolgt nach Bild 8.41 kombiniert für Plattenbalken und Rechteck.

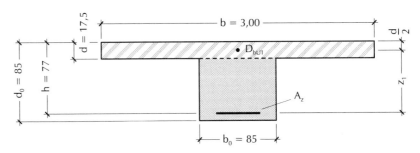

Bild 8.41   Vereinfachter Querschnitt

8.7 Berechnungsbeispiele zur Biegebruchsicherheit

$d/h = 17,5/77 = 0,227$; aus dem Diagramm Bild 8.30 erhält man für $\varepsilon_{z,qU} = 5\,‰$ $\alpha \approx 0,99$. Damit erhält die Platte die Druckkraft $D_{bU} = 0,99 \cdot \beta_R \cdot b \cdot d = 0,99 \cdot 2,7 \cdot 300 \cdot 17,5 = 14033$ kN.
Mit dem Hebel $z_1 = h - d/2 = 77 - 17,5/2 = 68,25$ cm wird $M_{Ui} = 14033 \cdot 0,6825 = 9577$ kNm. Aus äußeren Lasten ist das Moment für $N_{Ua} = 0$ $M_{Ua} = 1,75 \cdot 2435 = 4261$ kNm. Die Platte kann also allein das Lastmoment M_{Ua} aufnehmen.

Man erhält als Näherung mit $\sigma_{zU} = 157$ kN/cm² erf $A_z = \frac{4261}{0,6825 \cdot 157} = 39,8$ cm²; vorh $A_z = 49,0$ cm². Es ist ausreichende Sicherheit vorhanden.

Der innere Hebel $z = h - d/2$ ist ungünstig, da die Nullinie in der Platte liegt und die Druckkraft D_{bU} nach dem P-R-Diagramm oberhalb der Plattenmitte liegt. Mit dem Bemessungsdiagramm nach Bild 8.24 erhält man für $m_{zU} = \frac{M_{Ua}}{b \cdot h^2 \cdot \beta_R} = \frac{4,261}{3 \cdot 0,77^2 \cdot 27} = 8,9$ die Hilfswerte $k_x \approx 0,19$, $k_z \approx 0,93$ und $\varepsilon_{z,qU} = 5\,‰$. Die Druckzonenhöhe ist $x = 0,19 \cdot 77 = 14,63$ cm $< d = 17,5$ cm.
Die Druckkraft D_{bU} liegt im Abstand $a = (1 - 0,93) \cdot 77 = 5,39$ cm vom oberen Rand. Der innere Hebel wird $z = h - a = 77 - 5,39 = 71,61$ cm $> 68,25$ cm.
Der genauere Wert für den erforderlichen Spannstahlquerschnitt ist erf $A_z = \frac{4261}{0,7161 \cdot 157} = 37,9$ cm².

9 Schubsicherung und schiefe Hauptspannungen im Gebrauchszustand

9.1 Allgemeines

Die bisher erbrachten Nachweise im Gebrauchszustand (Einhaltung zulässiger Spannungen zur Beschränkung von Biegezugrissen) und im rechnerischen Bruchzustand (Sicherheit gegen Versagen durch Biegebruch) wurden ohne Berücksichtigung der Querkraft, für reine Biege– bzw. Längsspannungen geführt.

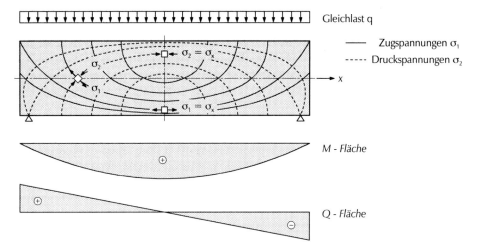

Bild 9.1 Hauptspannungsverlauf bei einem Balken unter Gleichlast (Zustand I)

Im Bereich größerer Querkräfte sind folgende Nachweise zu führen

- im Gebrauchszustand:

  Einhaltung der nach Zustand I berechneten schiefen Hauptzugspannungen zur Beschränkung von Schrägrissen

- im rechnerischen Bruchzustand:

  Einhaltung der zulässigen schiefen Hauptdruckspannungen (Zone a, Zustand II) oder Einhaltung des zulässigen Rechenwertes der Schubspannung (Zone b, Zustand II) zur Vermeidung eines Schubbruches. Ferner ist bei Überschreiten des Grenzwertes der Hauptzugspannung σ_I (Zone a, Zustand I) oder der Schubspannung τ_R (Zone b, Zustand II) die Schubbewehrung nachzuweisen.

9.1 Allgemeines

Die unterschiedlichen Nachweisarten für die Zonen a und b sind erforderlich, weil bei einem vorgespannten Träger auflagernahe Bereiche sich im Zustand I befinden, während für weiter entfernte und Mittenbereiche der Zustand II maßgebend ist.

In Zone a
sind Biegerisse nicht zu erwarten;

in Zone b
können Biegerisse auftreten, woraus sich Schubrisse entwickeln.

Die Grenze zwischen den Zonen a und b ist nach DIN 4227, Abschn. 12.3.1 durch Werte für die Randzugspannung festgelegt. Werden die Werte eingehalten, so liegt der Querschnitt in Zone a; werden sie überschritten, so liegt er in Zone b (s. Bild 9.2).

Tafel 9.1
Obere Grenzwerte der Randzugspannung für die Zone a unter rechnerischer Bruchlast

B25	2,5 N/mm²
B35	2,8 N/mm²
B45	3,2 N/mm²
B55	3,5 N/mm²

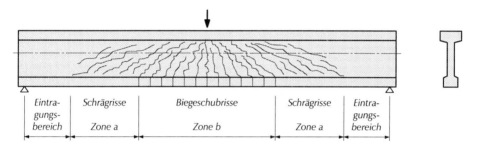

Bild 9.2 Schubrissverlauf in den Zonen a und b

Die Biegezugspannungen werden nach Zustand I für die jeweilige Schnittgrößenkombination unter rechnerischer Bruchlast ermittelt.

Maßgebende Schnittgrößenkombinationen können sein
    Größtwert Q mit zugehörigem M_T und M
oder Größtwert M_T mit zugehörigem Q und M
oder Größtwert M mit zugehörigem Q und M_T.

Im Regelfall wird die Kombinationen mit dem Größtwert Q die maßgebende sein.

9.2 Ermittlung der Hauptspannungen im Zustand I

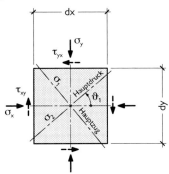

Im allgemeinen ebenen Spannungszustand sind die Normalspannungen σ_x und σ_y, sowie die Schubspannung $\tau_{xy} = \tau_{yx}$ vorhanden. Die Berechnung der Hauptspannungen σ_1 und σ_2, sowie des Richtungswinkels ϑ_1 erfolgt nach den bekannten Formeln

Bild 9.3 Der allgemeine ebene Spannungszustand

$$\sigma_{1,2} = \frac{\sigma_x + \sigma_y}{2} \pm \sqrt{\left(\frac{\sigma_x + \sigma_y}{2}\right)^2 + \tau_{xy}^2} \qquad (9.1)$$

und $\quad \tan 2 \cdot \overline{\alpha} = \dfrac{2 \cdot \tau_{xy}}{\sigma_x - \sigma_y}$ \hfill (9.2)

Da im Regelfall die Normalspannung σ_y, die von einer Quervorspannung herrühren kann oder sonst nur punktuell auftritt, nicht vorhanden ist, lassen sich die Gln. 9.1 und 9.2 für Normalspannung σ_x (aus Biegung, Vorspannung und Normalkraft) und Schubspannung τ_{xy} vereinfacht wie folgt darstellen

$$\sigma_{1,2} = \frac{\sigma_x}{2} \pm \sqrt{\left(\frac{\sigma_x}{2}\right)^2 + \tau_{xy}^2} \qquad (9.3)$$

$$\tan 2 \cdot \overline{\alpha} = \frac{2 \cdot \tau_{xy}}{\sigma_x} \qquad (9.4)$$

In den Gln. 9.1, 9.2, 9.3 und 9.4 sind die Koordinatenspannungen σ_x, σ_y und τ_{xy} mit Vorzeichen einzusetzen (Zug positiv, Druck negativ, τ mit dem Querkraftvorzeichen).

9.2 Ermittlung der Hauptspannungen im Zustand I

Die Winkel ϑ_1 (zwischen x-Achse und σ_2) sowie α (zwischen x-Achse und σ_1) können nach Bild 9.4 ermittelt werden.

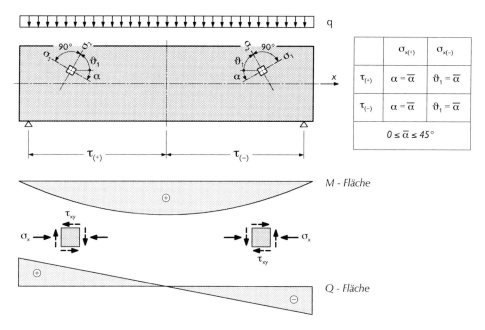

Bild 9.4 Bestimmung der Hauptspannungsrichtungen

9.3 Spannungsnachweise im Gebrauchszustand

Im Gebrauchszustand ist nachzuweisen, daß die nach Zustand I berechneten Hauptzugspannungen σ_1 im Bereich von Längsdruckspannungen die Werte, der Tab. 9, Zeile 46 bis 49 nicht überschreiten. Sind Gurte vorhanden vorhanden, erfolgt der Nachweis in der Mittelfläche von Gurten und Stegen; bei Zuggurten auch im Bereich von Längszugspannungen. Sind Querbiegespannungen vorhanden, so sind die Werte der Tab. 9, Zeile 46 bis 49 für ständige Last und Vorspannung auch unter deren Berücksichtigung einzuhalten.

Der Verlauf der schrägen Hauptzugspannungen über die Trägerhöhe im Bereich großer Querkräfte (Auflagerkräfte) ist für die üblichen Streckenlasten in den Bildern 9.5 und 9.6 dargestellt.

182 9 Schubsicherung und schiefe Hauptzugspannungen im Gebrauchszustand

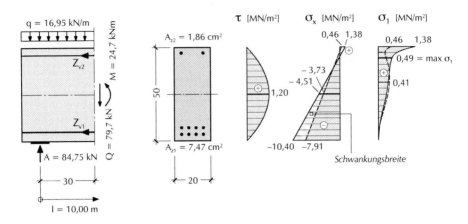

Bild 9.5 Verlauf der schrägen Hauptzugspannungen σ_1 über die Trägerhöhe bei einer Spannbettpfette

Bei den in den Bildern 9.5 und 9.6 dargestellten Bauteilen ist im Regelfall die maßgebende Schnittgrößenkombination durch den Größtwert von Q gegeben. Die Schwankungsbreiten bei den Beton-Längsspannungen σ_x ergeben sich aus den durch Kriechen und Schwinden bedingten Spannkraftverlusten für Kurzzeit und Langzeit (min k+s und max k+s).

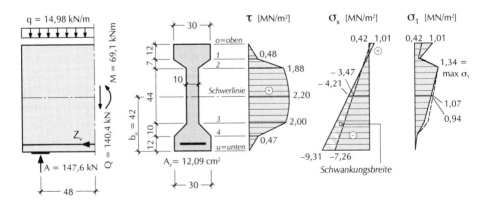

Bild 9.6 Verlauf der schiefen Hauptzugspannungen σ_1 über die Trägerhöhe bei einem Spannbettbinder

9.3 Spannungsnachweise im Gebrauchszustand

Der Nachweis der Hauptzugspannung σ_1 soll, wie schon erwähnt, die Schrägrißgefahr verringern.

In Heft 320 DAfStb „Erläuterung zu DIN 4227 Spannbeton" wird als Alternative dazu vorgeschlagen, *grundsätzlich eine Rißbreitenbeschränkung zu fordern und die Betonstahlbewehrung für das Einhalten zulässiger Rißbreiten zu bemessen.*

Ferner wird darauf hingewiesen, daß trotz der Beschränkung der Hauptzugspannungen eine Mindestschubbewehrung gemäß Abschn. 6.7, DIN 4227 erforderlich ist.

Die für die Ermittlung der Hauptspannungen $\sigma_{1,2}$ erforderliche Normalspannung σ_x ist nach den Abschnitten 2 und 3 zu berechnen.

Die Schubspannung infolge der auf den Betonquerschnitt wirkenden Querkraft Q_b wird für Balken gleichbleibenden Querschnitts nach der bekannten Gleichung

$$\tau = \frac{Q_b \cdot S}{I_b \cdot b} \qquad (9.5)$$

berechnet (s. Bild 9.7).

Bei geneigtem Spannglied und konstantem Querschnitt (s. Bild 9.7) entfällt auf den Betonquerschnitt die Querkraft

$$Q_b = Q_q - Z_{v+q+k+s} \cdot \sin\varphi = Q_q - A_z \cdot \sigma_{z,v+q+k+s} \cdot \sin\varphi \qquad (9.6)$$

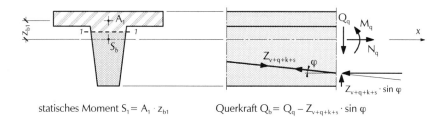

statisches Moment $S_1 = A_1 \cdot z_{b1}$ Querkraft $Q_b = Q_q - Z_{v+q+k+s} \cdot \sin\varphi$

Bild 9.7   Zur Berechnung des statischen Moments S_1 und der Querkraft Q_b

Bei veränderlicher Balkenhöhe haben die geneigten Betondruck- und Betonzugspannungen aus M und N eine in Richtung der Querkraft wirkende Komponente. Diese zusätzliche Beeinflussung der Schubspannung durch Biegemoment und Längskraft kann näherungsweise durch Abminderung der Querkraft Q_b um ΔQ_b berücksichtigt werden. Dabei wird ΔQ_b am einfachsten aus den geneigten Spannungsresultierenden D_b und Z_b als in Richtung von Q_b wirkende Komponente ermittelt. Dazu berechnet man Größe und Angriffspunkt von D_b und Z_b im untersuchten Querschnitt (Bild 9.8, Schnitt 1–1) für die Schnittgrößen $N_{b,v+q}$ und $M_{b,v+q}$, sowie die Angriffspunkte von D_b und Z_b im benachbarten Querschnitt für die gleichen Schnitgrößen. Die Neigungen von D_b und Z_b sind dann durch die Verbindungslinien der Angriffspunkte ausreichend genau gegeben. Man erhält nach Bild 9.8

$$\Delta Q_b = D_{b1} \cdot \tan \gamma_D + Z_{b1} \cdot \tan \gamma_Z \qquad (9.7)$$

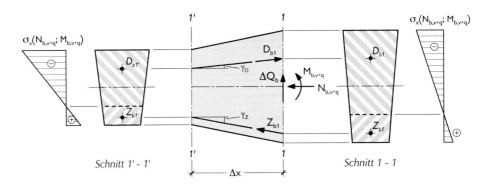

Bild 9.8   Ermittlung von ΔQ_b

Bei Querschnitten mit breiten Gurtplatten werden D_b und Z_b etwa in Plattenmitte angreifen, so daß hier die Winkel γ_D und γ_Z der Neigung der Plattenmittelfläche entsprechen.

Für geneigtes Spannglied und veränderliche Trägerhöhe kann nun die Schubspannung nach Gl. 9.5 mit Hilfe der reduzierten Querkraft

$$\begin{aligned} \text{red } Q_b &= Q_b - \Delta Q_b = \\ &= Q_q - Z_{v+q+k+s} \cdot \sin \varphi - D_{b1} \cdot \tan \gamma_D - Z_{b1} \cdot \tan \gamma_Z \end{aligned} \qquad (9.8)$$

berechnet werden.

Oft wird man – sofern ΔQ_b die Querkraft Q_b verkleinert – auf den Anteil ΔQ_b verzichten. Bewirkt ΔQ_b eine Vergrößerung von Q_b, ist es zu berücksichtigen. Der Anteil ΔQ_b wirkt vermindernd, wenn der Betrag von M *und* die Trägerhöhe sich in Längsrichtung gleichsinnig ändern. Bei gegenläufiger Tendenz wirkt ΔQ_b vergrößernd (Bild 9.9).

9.3 Spannungsnachweise im Gebrauchszustand

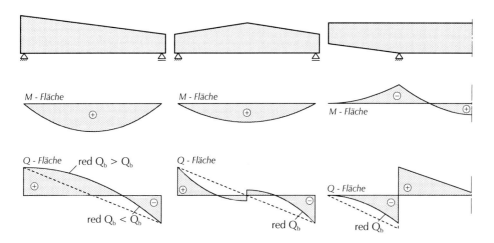

Bild 9.9 Vergrößerung und Verkleinerung von Q_b durch ΔQ_b

Die Torsions-Schubspannungen werden im Zustand I mit den aus der Festigkeitslehre bekannten Gleichungen ermittelt zu

$$\tau_T = \frac{M_T}{W_T} \tag{9.9}$$

Die Torsionswiderstandsmomente W_T können der Literatur entnommen werden. Für den Rechteck- und Kastenquerschnitt sowie für den zusammengesetzten, offenen Querschnitt sind die Werte der Tafel 9.2 zu entnehmen.

Bei dieser Berechnung wird vorausgesetzt, daß die Drillung „zwangsfrei", also ohne Wölbbehinderung in Balkenlängsrichtung erfolgen kann. Dies gilt nur bei konstanter Querschnittswölbung über die Länge und bei ungehinderter Wölbung der Endquerschnitte. Andernfalls entstehen Normalspannungen, die bei den gedrungenen Stahlbeton- oder Spannbetonquerschnitten i. allg. vernachlässigt werden.

Die Torsionsschubspannungen τ_T sind bei der Berechnung der schiefen Hauptzugspannungen zu berücksichtigen. Die zulässigen schiefen Hauptzugspannungen sind bei gleichzeitiger Wirkung von Querkraft und Torsion höher als bei Einzelwirkung.

Tafel 9.2 Torsionsträgheits- und Widerstandsmomente I_T und W_T (nach Heft 220 DAfStb)

Querschnittsform	I_T	W_T
Rechteck ($d > b$)	$\alpha \cdot b^3 \cdot d$	$\beta \cdot b^2 \cdot d$

d/b	1,00	1,25	1,50	2,00	3,00	4,00	6,00	10,00	∞
α	0,140	0,171	0,196	0,229	0,263	0,281	0,299	0,313	0,333
β	0,208	0,221	0,231	0,246	0,267	0,282	0,299	0,313	0,333

Querschnittsform	I_T	W_T
Kastenquerschnitt $t_1, t_2 \ll b\;;\; t_3, t_4 \ll d$	$\dfrac{4 \cdot b \cdot d}{\dfrac{1}{b} \cdot \left(\dfrac{1}{t_1} + \dfrac{1}{t_2}\right) + \dfrac{1}{d} \cdot \left(\dfrac{1}{t_3} + \dfrac{1}{t_4}\right)}$	$2 \cdot b \cdot d \cdot \min t$
Zusammengesetzter offener Querschnitt	$\sim \dfrac{1}{3} \cdot \sum b_i^3 \cdot d_i$	*Die Aufteilung des Torsionsmoments für die Bemessung auf die einzelnen Querschnittsteile kann unter der Voraussetzung vorgenommen werden, daß sich alle Teile gleich verdrehen. Es gilt dann für das anteilige Torsionsmoment* $M_{Ti} = M_T \cdot \dfrac{I_{Ti}}{\sum I_{Ti}}$ *wobei I_{Ti} das Torsionsträgheitsmoment des Querschnittsteils i ist.*
Geschlossener dünnwandiger Querschnitt	$\dfrac{4 \cdot A_m^2}{\oint ds/t}$ für $t = \text{const}$: $\dfrac{4 \cdot A_m^2 \cdot t}{U}$	$2 \cdot A_m \cdot \min t$

9.4 Spannungsnachweise im rechnerischen Bruchzustand

9.4.1 Nachweis der schiefen Hauptdruckspannung in Zone a

Die Berechnung der schiefen Hauptdruckspannungen aus Querkraftbeanspruchung erfolgt nach der Fachwerkanalogie unter der Annahme, daß die schiefen Hauptzugspannungen des Betons ausfallen.
Die Berechnung von σ_{2U}^{II} und Z_U erfolgt nach Bild 9.10.

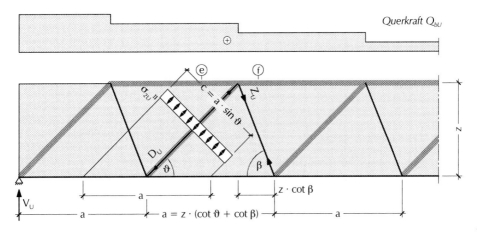

Bild 9.10 Fachwerkmodell zur Ermittlung von σ_{2U}^{II} und Z_U

Aus Schnitt e–e folgt $D_U = \frac{Q_{bU}}{\sin \vartheta}$. Mit der Stegbreite b erhält man $\sigma_{2,Q_U}^{II} = \frac{D_U}{c \cdot b} = \frac{Q_{bU}}{\sin \vartheta \cdot c \cdot b} = \frac{Q_{bU}}{\sin \vartheta \cdot a \cdot \sin \vartheta \cdot b}$. Setzt man für $a = z \cdot (\cot \vartheta + \cot \beta)$, dann wird $\sigma_{2,Q_U}^{II} = \frac{Q_{bU}}{\sin^2 \vartheta \cdot z \cdot (\cot \vartheta + \cot \beta) \cdot b}$ und mit $\frac{Q_{bU}}{z} = \tau_U \cdot b$

$$\sigma_{2,Q_U}^{II} = \frac{\tau_U}{\sin^2 \vartheta \cdot (\cot \vartheta + \cot \beta)} = \frac{\tau_U \cdot \sin \beta}{\sin \vartheta \cdot \sin(\vartheta + \beta)} \qquad (9.10)$$

Gl. 9.10 gilt für eine beliebige Zugstrebenneigung β. Für lotrechte Bügel $\beta = 90°$ ist

$$\sigma_{2,Q_U}^{II} = \frac{\tau_U}{\sin \vartheta \cdot \cos \vartheta} \qquad (9.11)$$

Die schiefen Hauptdruckspannungen σ_{2,Q_U}^{II} dürfen die Werte der Tab. 9, Zeile 62 bzw. 63, DIN 4227 nicht überschreiten.

9 Schubsicherung und schiefe Hauptzugspannungen im Gebrauchszustand

Die Druckstrebenneigung ist nach Gl. 11, DIN 4227 für Zone a

$$\tan \vartheta = \tan \vartheta_1 \cdot \left(1 - \frac{\Delta \tau}{\tau_U}\right) \quad (9.12)$$

$\tan \vartheta \geq 0{,}4$

$$\tan 2 \cdot \vartheta_1 = \frac{2 \cdot \tau_U}{\sigma_{xU}} ; \quad \tau_U = \frac{Q_{bU} \cdot S}{I_b \cdot b}$$

Hierin bedeuten:

$\tan \vartheta_1$	Neigung der Hauptdruckspannungen unter rechnerischer Bruchlast gegen die Querschnittsnormale im Zustand I in der Schwerlinie des Trägers bzw. in Druckgurten am Anschnitt	$\tan 2 \cdot \vartheta_1 = \dfrac{2 \cdot \tau_U}{\sigma_{xU}} ; \tau_U = \dfrac{Q_{bU} \cdot S}{I_b \cdot b}$ σ_{xU} ist die Längsdruckspannung gem. Abschn. 2
τ_U	der Höchstwert der Schubspannung im Querschnitt aus Querkraft im rechnerischen Bruchzustand, ermittelt nach Zustand I ohne Berücksichtigung von Spanngliedern als Schubbewehrung	
$\Delta\tau$	60% der Werte nach Tab. 9, Zeile 50, DIN 4227	
σ_{xU}	Längsdruckspannung gem. Abschn. 2	

Die Druckstrebenneigung ϑ ist abhängig vom Beanspruchungszustand (Faktor $(1 - \frac{\Delta\tau}{\tau_U})$ in Gl. 9.12). Sie wird der Bemessung der Schubbewehrung zugrunde gelegt. Mit der Forderung $\tan \vartheta \geq 0{,}4$ wird die Mindestschubbewehrung gewährleistet. Das entspricht der Forderung in DIN 1045, Gl. 17 $\tau \geq 0{,}4 \cdot \tau_0$.

Für den Fall $\tan \vartheta_1 < 0{,}4$ d.h. Druckstrebenneigung kleiner als 21,8° sollte der Berechnung von σ_{zU}^{II} der kleinere Winkel zugrunde gelegt werden, weil flacher geneigte Druckstreben größere Hauptdruckspannungen aufweisen.

Eine Torsionsbeanspruchung ist bei der Ermittlung der Hauptdruckspannungen zu berücksichtigen. Die Druckstrebenneigung ist dabei unter 45° anzunehmen. Die Torsionsschubspannungen τ_{TU} werden bei Vollquerschnitten für einen Ersatzhohlquerschnitt gem. Bild 9.11 ermittelt.

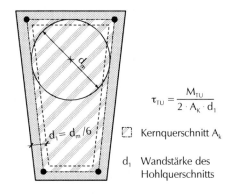

$$\tau_{TU} = \frac{M_{TU}}{2 \cdot A_K \cdot d_1}$$

▢ Kernquerschnitt A_k

d_1 Wandstärke des Hohlquerschnitts

Bild 9.11 Ersatzhohlquerschnitt

9.4 Spannungsnachweise im rechnerischen Bruchzustand

Die Hauptdruckspannung aus Torsion wird für die Druckstrebenneigungen 45° entsprechend den Gln. 9.10 und 9.11 für beliebige Zugstrebenneigung β

$$\sigma_{2,TU}^{II} = \frac{2 \cdot \tau_{TU} \cdot \sin\beta}{\sin\beta + \cos\beta} \qquad (9.13)$$

für lotrechte Bügel, β = 90°

$$\sigma_{2,TU}^{II} = 2 \cdot \tau_{TU} \qquad (9.14)$$

Die Hauptdruckspannung aus Querkraft und Torsion ist in brauchbarer Näherung

$$\sigma_{2,Q+TU}^{II} \approx \sigma_{2,QU}^{II} + \sigma_{2,TU}^{II} \qquad (9.15)$$

Die schiefen Hauptdruckspannungen $\sigma_{2,QU+TU}^{II}$ dürfen die Werte der Tab. 9, Zeilen 62 bis 63, DIN 4227 nicht überschreiten.
Auf den Nachweis der schiefen Hauptdruckspannungen $\sigma_{2,QU}^{II}$ bzw. $\sigma_{2,QU+TU}$ darf bei druckbeanspruchten Gurten verzichtet werden, wenn die maximale Schubspannung im rechnerischen Bruchzustand kleiner ist als $0,1 \cdot \beta_{WN}$.
In Trägerstegen darf nach Herstellen des Verbundes der Nachweis der schiefen Hauptdruckspannung vereinfachend in der Schwerlinie des Trägers geführt werden. Bei nicht konstanter Stegdicke ist die minimale Stegdicke einzusetzen.

9.4.2 Nachweise in Zone b

Die maßgebende Spannungsgröße ist hier der Rechenwert τ_R
- für Querkraft im Zustand II

$$\tau_{R,Q} = \frac{Q_U}{b_0 \cdot z} \qquad (9.16)$$

Für den inneren Hebel z darf im betrachteten Schnitt der Hebel vom Biegebruchsicherheitsnachweis genommen werden. Bei Trägern konstanter Höhe darf mit dem Hebel für den Biegebruchsicherheitsnachweis für max M im gleichen Querkraftbereich gerechnet werden.

- Bei Zuggurten kann die Schubspannung für Querkraft aus der Zugkraftdifferenz der Gurtlängsbewehrung zweier benachbarter Querschnitte oder nach Zustand I berechnet werden.

- Für Torsion nach Zustand I ist

$$\tau_{R,T} = \frac{M_{TU}}{W_T}$$

W_T s. Tafel 9.2

oder, wie in den „Erläuterungen zu DIN 4227" empfohlen, für den Ersatzhohlquerschnitt nach Bild 9.11

$$\tau_{R,T} = \frac{M_{TU}}{2 \cdot A_K \cdot d_1}$$

Die Rechenwerte $\tau_{R,Q}$ bzw. $\tau_{R,T}$ sowie bei gleichzeitiger Wirkung von Querkraft und Torsion $\tau_{R,Q+T}$, dürfen die Werte in Tab. 9, Zeilen 56 bis 61 nicht überschreiten.
Die für die Bemessung der Schubbewehrung anzunehmende Druckstrebenneigung gegen die Querschnittsnormale ist hier wegen rechnerisch nicht angesetzter Normalspannung

$$\tan \vartheta = 1 - \frac{\Delta \tau}{\tau_{R,Q}} \qquad (9.17)$$

$$\tan \vartheta \geq 0{,}4$$

Hierin bedeuten:

$\tau_{R,Q}$ der nach Zustand II ermittelte Rechenwert der Schubspannung aus Querkraft im rechnerischen Bruchzustand

$\Delta \tau$ 60% der Werte nach Tab. 9, Zeile 50

Die Druckstrebenneigung bewegt sich hier also zwischen 21,8° und 45°.

In Abschnitt 12.3.2, DIN 4227 wird darauf hingewiesen, daß in Zone a vereinfachend wie in Zone b verfahren werden kann. Man wird also die Nachweise nach Zone a, die einen erheblich höheren Rechenaufwand erfordern, nur dann erbringen, wenn beim Nachweis nach Zone b die Nachweisgrenzen überschritten werden, oder wenn die Zone a sich über einen größeren Bereich erstreckt, so daß die Einsparung an Schubbewehrung sich wirtschaftlich bemerbar macht.

9.4.3 Bemessung der Schubbewehrung

Die Schubbewehrung ist nachzuweisen, wenn die Hauptzugspannung σ_1 (Zustand I) bzw. die Schubspannung τ_R (Zustand II) im rechnerischen Bruchzustand die Nachweisgrenzen Tab. 9, Zeilen 50 bis 55 überschreiten. Bleiben die Spannungen σ_1 bzw τ_R unterhalb der Nachweisgrenze, so ist die Mindestbewehrung nach Abschnitt 6.7.3 und 6.7.5, Tab. 4 und Tab. 5 einzulegen.

Schubbewehrung zur Aufnahme der Querkräfte:

Die Bemessung der Schubbewehrung erfolgt nach der Fachwerkanalogie. Die Kraft der Zugstrebe $Z_{SU,Q}$ erhält man nach Bild 9.12 aus Schnitt f–f zu $Z_{SU,Q} = \frac{Q_U}{\sin \beta}$. Auf die Längeneinheit bezogen ist $Z'_{SU,Q} = \frac{Z_{SU,Q}}{a} = \frac{Q_U}{\sin \beta \cdot z \cdot (\cot \vartheta + \cot \beta)}$ und mit der Schubkraft $T'_{U,Q} = \frac{Q_U}{z}$ wird

$$Z'_{SU,Q} = \frac{T'_{U,Q}}{\sin \beta \cdot (\cot \vartheta + \cot \beta)} = T'_{U,Q} \cdot \frac{\sin \vartheta}{\sin (\vartheta + \beta)} \qquad (9.18)$$

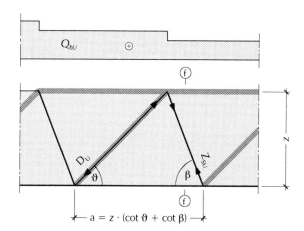

Gl. 9.18 gilt für beliebige Neigung β der Schubbewehrung, die im allgemeinen zwischen 90° und 45° liegt. Flachere Neigungen als 35° sind nicht zulässig.

Bild 9.12
Fachwerkmodell zur Ermittlung der Zugstrebenkraft Z_{SU}

Werden nur Bügel gewählt ($\beta = 90°$) vereinfacht sich Gl. 9.18 wie folgt

$$Z'_{SU,Q} = T'_{U,Q} \cdot \tan \vartheta \qquad (9.19)$$

Die Schubkraft ist in Zone a $\quad T'_{U,Q} = \tau_U \cdot b$
in Zone b $\quad T'_{U,Q} = \tau_R \cdot b$

Bei veränderlicher Stegbreite ist für b die Breite einzusetzen, die der Berechnung von τ_U bzw. τ_R zugrunde gelegt wurde.

Für Betonstahl erhält man die Schubbewehrung pro Längeneinheit

$$\text{erf } a_{S,Q} = \frac{Z'_{SU,Q}}{\beta_S} \qquad (9.20)$$

Bild 9.13 zeigt, daß in Zone b für Querkraft und max τ_R nach Tab. 9, Zeile 56 mit dem Abminderungsglied $\frac{\Delta\tau}{\max \tau_R} \approx 0{,}15$ der größtmögliche Winkel für $\tan \vartheta = 1 - 0{,}15 = 0{,}85$ etwa 40° beträgt. Der kleinstmögliche Winkel ist durch $\tan \vartheta = 0{,}4$ mit 21,8° gegeben. Für Bügel ($\beta = 90°$) ist die Mindestschubbewehrung für $Z'_{SU,Q} = T'_{U,Q} \cdot 0{,}4$ zu bemessen und im höchsten Beanspruchungszustand für $Z'_{SU,Q} = T'_{U,Q} \cdot 0{,}85$.

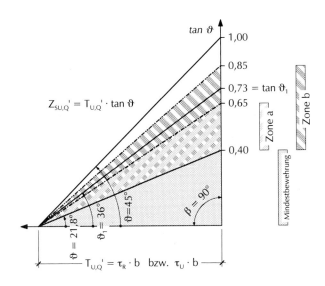

Bild 9.13 Bereiche der Zonen a und b für Bügelbemessung ($\beta = 90°$) auf Querkraft

Dazwischen beträgt $Z'_{SU,Q} = T'_{U,Q} \cdot \tan \vartheta$. Eine Abstufung in Schubbereiche wie in DIN 1045 gibt es hier nicht.

In Zone a ist für $\frac{\tau}{\sigma_x} \approx 1{,}5$, also für eine sehr kleine Längsdruckspannung $\tan 2 \cdot \vartheta_1 \approx 3$ und $\vartheta_1 \approx 36°$. Rechnet man für den höchsten Beanspruchungszustand mit $\frac{\Delta\tau}{\tau_U} = 0{,}1$, so wird $\tan \vartheta = \tan \vartheta_1 \cdot 0{,}9 = 0{,}65$, also $\vartheta = 33°$. Es ergibt sich hier eine geringere Schubbewehrung als in Zone b.

Schubbewehrung zur Aufnahme der Torsionsmomente:

Die Schubbewehrung wird ebenfalls nach der Fachwerkanalogie bemessen (räumlicher Fachwerkkasten) mit einer Druckstrebenneigung von 45°. Die Zugstreben können auch hier geneigt sein von 90° bis 45°, aber höchstens bis 35°.

9.4 Spannungsnachweise im rechnerischen Bruchzustand

Die Zugstrebenkraft $Z'_{SU,T}$ wird auch, hier mit Hilfe des Fachwerkmodells für die konstante Druckstrebenneigung $\vartheta = 45°$ berechnet (vgl. Bild 9.12).

Man erhält nach Gl. 9.18

$$Z'_{SU,T} = T'_{U,T} \cdot \frac{\sin 45°}{\sin(45° + \beta)} = \frac{T'_{U,T}}{\sin\beta + \cos\beta} \qquad (9.21)$$

Die Schubkraft ist

$$T'_{U,T} = \tau_{TU} \cdot d_1 \qquad (9.22)$$

Die Torsionsschubspannung τ_{TU} und die Wandstärke d_1 werden nach Bild 9.11 am Ersatzhohlquerschnitt ermittelt. Die Torsionsbewehrung besteht i. allg. aus Bügeln und Längsstäben (s. Bild 9.14).

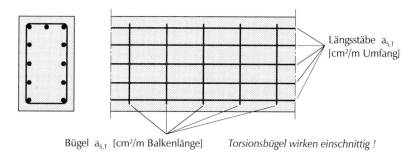

Bild 9.14 Die übliche Torsionsbewehrung

Sowohl für Bügel, als auch für die Längsstäbe ist der erforderliche Querschnitt je Längeneinheit

$$a_{S,T} = \frac{Z'_{SU,T}}{\beta_S} \qquad (9.23)$$

Bei Querkraft und Torsion ergibt sich der Bügelquerschnitt aus der Überlagerung

$$a_{S,Q+T} = a_{S,Q\text{ einschnitig}} + a_{S,T} \qquad (9.24)$$

9.4.4 Beispiel zum Nachweis der schiefen Hauptspannungen und der Schubsicherung

Die Berechnung erfolgt für den Dachbinder der Lagerhalle gemäß Abschn. 2.3, für den dort die Längsspannungen im Gebrauchszustand nachgewiesen wurden.

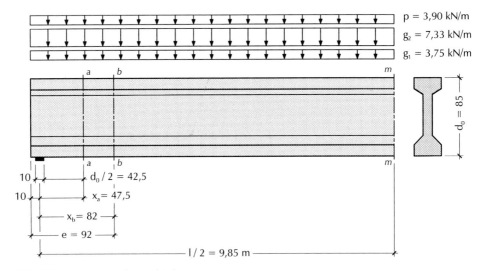

Bild 9.15 Nachweisstellen und Belastung

9.4.4.1 Nachweis der schiefen Hauptzugspannungen im Gebrauchszustand

Die schiefen Hauptzugspannungen sind im Bereich von Längsdruckspannungen nachzuweisen. Größtwerte für σ_1 erhält man in den Bereichen großer Querkräfte, also in Auflagernähe und über die Trägerhöhe betrachtet im Bereich geringer Längsdruckspannungen σ_x und großer Schubspannungen τ.

Nach DIN 4227, Abschn. 12.1, Abs. (2) darf der Nachweis bei unmittelbarer Stützung im Schnitt $0{,}5 \cdot d_0$ vom Auflagerrand geführt werden, hier Schnitt a-a bei $x_a = 47{,}5$ cm. Der Schnitt liegt im Eintragungsbereich, in dem der Verlauf der Vorspannkraft nicht eindeutig ist. Es wird, wie allgemein üblich, eine lineare Zunahme der Spannkraft vom Balkenkopf (Spannkraft Null) bis Ende Eintragungsbereich (volle Spannkraft) angenommen.

Die Beanspruchungskombination wird so gewählt, daß bei größtmöglicher Querkraft im Bereich von max τ die kleinste Längsdruckspannung σ_x auftritt. Das trifft hier für die Kombination $v+g_1+g_2+p+\max k+s$ zu, die der Ermittlung von σ_x und τ im Schnitt a-a zugrundegelegt wird.

9.4 Spannungsnachweise im rechnerischen Bruchzustand

Tab. 9.1 Schnittgrößen sowie Beton- und Spannstahlspannungen für x = 0,475 m

Schnittgrößen für die Stelle x = 0,475 m		
Lastfall	Moment M [kNm]	Querkraft Q [kN]
g_1	17,12	—
g_2	33,47	—
p	17,81	—
q	—	140,44

Beachte Abminderungsfaktor $\frac{57,5}{92}$
für Lastfall v, min k+s und max k+s

Längsspannungen für die Stelle x = 0,475 m				
Lastfall	Betonspannung [MN/m²]		Stahlspannung [MN/m²]	
	unten	oben	unten	oben
$v \cdot \frac{57,5}{92}$	−13,23	3,32	593,75	137,71
g_1	0,52	−0,55	2,18	−2,52
g_2	1,01	−1,08	4,27	−4,92
p	0,54	−0,58	2,27	−2,62
min k+s $\cdot \frac{57,5}{92}$	1,97	−0,96	−87,38	−0,34
max k+s $\cdot \frac{57,5}{92}$	3,99	−1,08	−178,03	−19,65
g_1+g_2+p+ (v+min k+s) $\cdot \frac{57,5}{92}$	−9,19	0,55	—	—
g_1+g_2+p+ (v+max k+s) $\cdot \frac{57,5}{92}$	−7,17	0,03	—	—

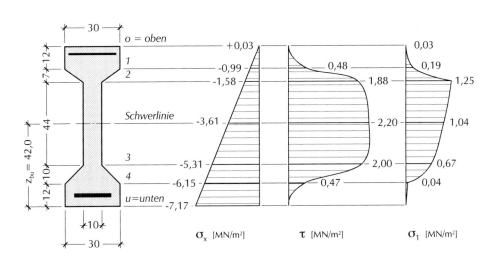

Bild 9.16 Verlauf von σ_x, τ und σ_1 über die Balkenhöhe

Die Schubspannungen nach Zustand I werden für gleichbleibenden Querschnitt nach Gl. 9.5 $\tau = \frac{Q_b \cdot S}{I_b \cdot b}$ berechnet mit $I_b = 1286725$ cm^4 (s. Abschn. 2.3).
Die Hauptspannung σ_1 ist nach Gl. 9.3 zu berechnen. Die maximale schiefe Hauptzugspannung beträgt nach Bild 9.16 max $\sigma_1 = 1{,}25$ MN/m^2 < zul $\sigma_1 = 3{,}0$ MN/m^2 gem. DIN 4227, Tab. 9, Zeile 48.

Tab. 9.2
Schubspannungen nach Zustand I

Schnitt s. Bild 9.16	S [cm^3]	τ [MN/m^2]
o–o	0	0,0
1–1	13320	0,48
2–2	17252	1,88
Schwerlinie	20132	2,20
3–3	18129	2,00
4–4	12960	0,47
u–u	0	0,0

9.4.4.2 Spannungsnachweise im rechnerischen Bruchzustand

Zunächst ist festzustellen, ob der Nachweis für die Zone a oder Zone b zu führen ist, also in welcher Zone der Schnitt a-a in $x = 0{,}475$ m liegt. Die Randzugspannung an der Grenze zwischen Zone a und b ist nach Bild 9.2 für den Beton B55 unter rechnerischer Bruchlast mit $\sigma_{bU} = 3{,}5$ MN/m^2 festgelegt.
Für die Kombination von Größtwert Q und zugehörigem M ergibt sich für Schnitt a-a mit $q_u = 1{,}75 \cdot (3{,}75 + 7{,}33 + 3{,}9) = 26{,}22$ kN/m aus der Gleichung

$$\sigma_{bu,v+\max ks+q_U} = \sigma_{bu,v} + \sigma_{bu,\max ks} + \frac{q_u \cdot (l \cdot x - x^2)}{2 \cdot W_{iu}}.$$

Für $x = 0{,}475$ m $\sigma_{bu,v+\max ks+q_U} = -13{,}23 + 3{,}99 + 0{,}02622 \cdot \dfrac{19{,}7 \cdot 0{,}475 - 0{,}475^2}{2 \cdot 0{,}03304} =$

$-5{,}62$ MN/m^2 < 3,5 MN/m^2.
Der Schnitt liegt in Zone a.

Die Grenze zwischen Zone a und b liegt bei $x = 2{,}94$ m. Man erhält mit $\sigma_{bu,v} = -21{,}17$ MN/m^2, $\sigma_{bu,\max k+s} = 5{,}14$ MN/m^2 und $M_{qu} = 1{,}75 \cdot 369{,}07 = 645{,}87$ kNm für diesen Schnitt $\sigma_{bu,v+\max ks+q_U} = -21{,}17 + 5{,}14 + \dfrac{0{,}64587}{0{,}03304} = 3{,}52$ MN/m^2.

9.4 Spannungsnachweise im rechnerischen Bruchzustand

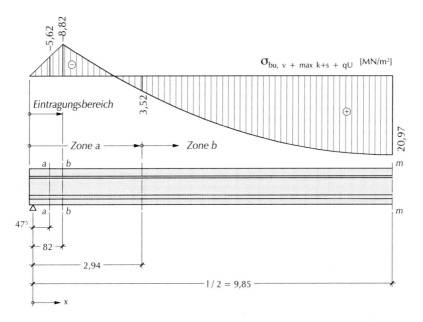

Bild 9.17 Zonenbereiche a und b, sowie Verlauf der Betonspannung am unteren Trägerrand unter rechnerischer Bruchlast

Nachweis der schiefen Hauptdruckspannung σ_{2U}^{II} in Zone a für den maßgebenden Schnitt x = 0,475 m

Der Nachweis wird in der Schwerlinie des Trägers geführt. Die Neigung der Hauptdruckspannungen im Zustand I ergibt sich aus $\tan 2\vartheta_1 = \frac{2 \cdot \tau_U}{\sigma_{xU}}$. Nach Bild 9.16 ist $\tau_U = 1{,}75 \cdot 2{,}2 = 3{,}85 \, \text{MN/m}^2$ und $\sigma_x = -3{,}61 \, \text{MN/m}^2$. Damit wird $\tan 2\vartheta_1 = \frac{2 \cdot 3{,}85}{-3{,}61} = -2{,}133$; $\vartheta_1 = 32{,}4°$ (vgl. Bild 9.4) und $\tan \vartheta_1 = 0{,}636$. Nach Gl. 9.12 ist mit $\tau_U = 3{,}85 \, \text{MN/m}^2$ und $\Delta\tau = 0{,}6 \cdot 2{,}2 = 1{,}32 \, \text{MN/m}^2$ (Tabellenwert 2.2 gem. DIN 4227, Tab. 9, Zeile 50) $\tan \vartheta = 0{,}636 \cdot \left(1 - \frac{1{,}32}{3{,}85}\right) = 0{,}418 > 0{,}4$. Die Neigung der Druckstrebe (s. Bild 9.10) beträgt 22,7°. Für lotrechte Bügel wird die schiefe Hauptdruckspannung nach Gl. 9.11 $\sigma_{2U}^{II} = \frac{3{,}95}{\sin 22{,}7 \cdot \cos 22{,}7} = 10{,}8 \, \text{MN/m}^2 < \text{zul } \sigma = 25{,}0 \, \text{MN/m}^2$ (DIN 4227, Tab. 9, Zeile 62). Nach Abschnitt 12.3.2, DIN 4227 darf in Zone a auch wie in Zone b verfahren werden. Die maßgebende Spannungsgröße ist hier nach Gl. 9.16 der Rechenwert $\tau_R = \frac{Q_U}{b_0 \cdot z}$. Der innere Hebel z wird hier, auf der sicheren Seite liegend, vom Biegebruchsicherheitsnachweis in

$x = l/2 = 9{,}85$ m (Stelle max M) mit $z = 0{,}68$ m übernommen. Mit $Q_U = 1{,}75 \cdot 140{,}44 = 245{,}77$ kN erhält man $\tau_R = \frac{245{,}77}{0{,}1 \cdot 0{,}68} = 3{,}61$ MN/m² < zul $\tau = 9{,}0$ MN/m² (DIN 4227, Tab. 9, Zeile 56). Die Neigung der Druckstrebe ergibt sich mit $\tan \vartheta = 1 - \frac{\Delta \tau}{\tau_R} = 1 - \frac{0{,}6 \cdot 2{,}2}{3{,}61} = 0{,}634 > 0{,}4$ zu $\vartheta = 32{,}39°$. Bei der Berechnung nach Zone b steht die Druckstrebe mit $\vartheta = 32{,}39°$ steiler als bei der Berechnung nach Zone a mit $\vartheta = 22{,}7°$. Die Berechnung nach Zone b erfordert also eine größere Schubbewehrung als die nach Zone a (vgl. Bild 9.13).

9.4.4.3 Bemessung der Schubbewehrung

Nach DIN 4227, Abschn. 12.4.1, Abs. 1 ist die Schubbewehrung nachzuweisen, wenn die Hauptzugspannung unter rechnerischer Bruchlast im Zustand I σ_{1U}^I den Grenzwert nach DIN 4227, Tab. 9, Zeilen 50 bis 55 überschreitet. Für den Schnitt $x = 0{,}475$ beträgt der Grenzwert für Querkraft nach Zeile 50 σ_{1U}^I bzw. $\tau_R = 2{,}2$ MN/m². Mit $\tau_U = 1{,}75 \cdot 2{,}2 = 3{,}85$ MN/m² und $\sigma_x = -3{,}61$ MN/m² (s. Bild 9.16) wird nach Gl. 9.3 $\sigma_{1U}^I = \frac{-3{,}61}{2} + \sqrt{\left(\frac{-3{,}61}{2}\right)^2 + 3{,}85^2} = 2{,}45$ MN/m² $> 2{,}2$ MN/m². Die Schubbewehrung ist nachzuweisen.

Berechnung nach Zone a:
Die Schubkraft beträgt $T_U' = \tau_U \cdot b = 3{,}85 \cdot 0{,}10 = 0{,}385$ MN/m $= 385$ kN/m.
Für die Schubbewehrung werden senkrechte Bügel gewählt. Die Bügelzugkraft wird nach Gl. 9.19 $Z_{SU}' = T_U' \cdot \tan \vartheta = 385 \cdot 0{,}418 = 160{,}93$ kN/m und der erforderliche Bügelquerschnitt für BSt 500S erf $a_{S,Bü} = \frac{160{,}93}{50{,}00} = 3{,}2$ cm²/m.

Berechnung nach Zone b:
Die Schubkraft beträgt $T_U' = \tau_U \cdot b = 3{,}61 \cdot 0{,}10 = 0{,}361$ MN/m $= 361$ kN/m.
Die Bügelzugkraft erhält man nach Gl. 9.19 zu $Z_{SU}' = T_U' \cdot \tan \vartheta = 361 \cdot 0{,}634 = 228{,}94$ kN/m. Der erforderliche Bügelquerschnitt wird für BSt 500S erf $a_{S,Bü} = \frac{228{,}94}{50{,}00} = 4{,}6$ cm²/m. Der Mehrverbrauch gegenüber der Berechnung nach Zone a beträgt ca. 44 %.

Die Mindestbewehrung nach DIN 4227, Tab. 4, Zeile 5 mit $\mu = 0{,}1\%$ nach Tab. 5, Zeile 4 würde betragen erf $a_{S,Bü} = 2 \cdot \frac{0{,}1}{100} \cdot 10 \cdot 100 = 2{,}0$ cm²/m.

10 Eintragung der Spannkräfte und Verankerung

Nach den allgemeinen bauaufsichtlichen Bestimmungen ist für den Spannstahl und für das Spannverfahren eine Zulassung erforderlich (s. auch Abschn. 2.1, DIN 4227). In den Zulassungen sind die durch Versuche und Berechnungen ermittelten, für die Anwendung des Verfahrens maßgebenden technischen Daten festgelegt. Dazu gehören die zulässigen Spannkräfte, Angaben über die Hüllrohre (Durchmesser, Reibungskennwert, ungewollter Umlenkwinkel), sowie über die Abmessungen der Ankerkörper und deren Achs- und Randabstände in Abhängigkeit von Spannkraft und Betonfestigkeitsklassen.

Auf zulassungsrelevante Fragen wird hier nicht eingegangen. Im Folgenden sollen nur die Fragen der Eintragung der Spannkraft in den Beton behandelt werden.

10.1 Krafteintragung durch Ankerkörper

Um die Ankerplatten klein zu halten, werden die hohen zulässigen Pressungen für Teilflächenbelastungen ausgenutzt. Die konzentriert eingetragene Spannkraft breitet sich innerhalb der Eintragungs- bzw. Störungslänge aus und wirkt dann nach dem Prinzip von DE SAINT-VENANT als Resultierende einer über den Querschnitt linear verteilten Spannung (Bild 10.1). Die Störungslänge s ist etwa gleich der Verteilungsbreite, also i. allg. gleich der Trägerhöhe.

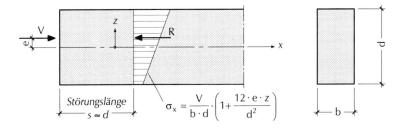

Bild 10.1 Lineare Spannungsverteilung nach der Störungslänge (Prinzip von DE SAINT-VENANT)

Innerhalb der Störungslänge wird der Kraftfluß durch die Hauptspannungstrajektorien dargestellt, deren Verlauf mit Hilfe der Spannungsoptik oder der Scheibentheorie bestimmt werden kann (s. Bild 10.2). Durch die Kraftausbreitung entstehen quer zur Kraftrichtung Zugspannungen. Die Resultierenden dieser Querzugspannungen, die Spaltzugkräfte, sind durch Bewehrung aufzunehmen. Zur Ermittlung der Spaltzugkräfte dienen Auswertungen wissenschaftlicher Arbeiten oder einfache Modelle zur Bestimmung von Umlenkkräften aus dem Kraftfluß.

Für eine auf Mitte Balkenhöhe angreifende Spannkraft ist in Bild 10.2 der Verlauf der Drucktrajektorien dargestellt. Faßt man diese Kraftlinien zu Druckresultierenden zusammen (vereinfachendes Modell), so kann für die Umlenkstelle die gesamte Spaltzug- oder Umlenkkraft des Störbereichs aus dem Krafteck bestimmt werden zu

$$Z = \frac{V}{4} \cdot \left(1 - \frac{d_1}{d}\right) \qquad (10.1)$$

Diese bekannte Näherung wurde bereits von MÖRSCH angegeben.

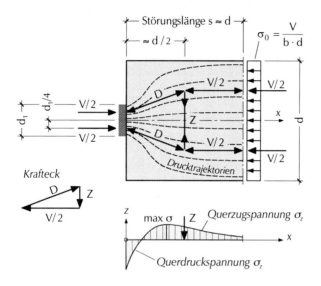

Bild 10.2

Kraftfluß (Drucktrajektorien) und Druckresultierende zur Ermittlung der Umlenk- bzw. Spaltzugkraft Z, sowie Verlauf der Querzugspannung längs der x-Achse

Die gesamte Spaltzugkraft kann auch aus dem Inhalt der Querzugspannungsfläche gewonnen werden. Verlauf und Größe der Querzugspannungen σ_z entlang der x-Achse (Bild 10.2) können mit Hilfe der Scheibentheorie oder mit FEM-Programmen ermittelt werden.

In Bild 10.3 sind Spaltzugkraft, Lage von max σ_z, sowie die Stelle für $\sigma_z = 0$ nach einer Arbeit von IYENGAR in Abhängigkeit von d_1/d angegeben. Die Spaltzugkraft nach IYENGAR zeigt gute Übereinstimmung mit der Näherung nach MÖRSCH. Nur im Bereich $d_1/d < 0{,}2$ erhält man nach IYENGAR etwas größere Kräfte mit dem Grenzwert $Z = 0{,}3 \cdot V$ (anstatt $0{,}25 \cdot V$) für $d_1/d = 0$. Da Z in Abhängigkeit von d_1/d fast geradlinig verläuft, kann auch die Näherung

$$Z = 0{,}3 \cdot V \cdot (1 - d_1/d) \qquad (10.2)$$

angewandt werden.

10.1 Krafteintragung durch Ankerkörper

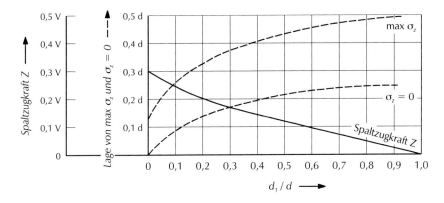

Bild 10.3 Spaltzugkraft Z in der x-Achse, sowie Lage von max σ_z und $\sigma_z = 0$ (nach IYENGAR, in LEONHARDT: Spannbeton)

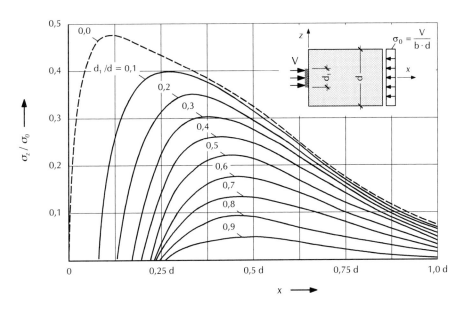

Bild 10.4 Verlauf der Querzugspannung σ_z entlang der x-Achse bei mittiger Vorspannung für verschiedene Verhältnisse d_1/d (nach IYENGAR, in LEONHARDT: Spannbeton)

Der Verlauf von σ_z entlang der x-Achse in Abhängigkeit von d_1/d ist nach der gleichen Arbeit in Bild 10.4 dargestellt. Daraus können Anhaltspunkte für die Verteilung der Spaltzugbewehrung gewonnen werden.

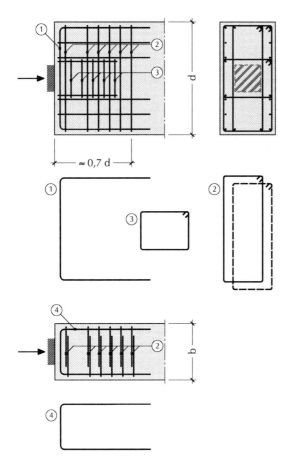

Bild 10.5 Aufnahme der Spaltzugkräfte durch Bügelbewehrung bei mittiger Krafteinleitung

Bild 10.5 zeigt eine Bewehrungsskizze zur Aufnahme der Spaltzugkraft im Eintragungsbereich bei mittiger Krafteintragung. Man beachte, daß auch in Rand- und Eckbereichen Randzugkräfte außerhalb der Kraftausbreitung auftreten, die in einer Größe von ca. 1 bis 2% von V angenommen und konstruktiv abgedeckt werden können. Wenn die Ankerplatte mit b_1 schmaler ist als die Balkenbreite b, so ist auch waagerechte Spaltzugbewehrung entsprechend der Ausstrahlung in die Breite anzuordnen. Die Störungslänge in Längsrichtung x beträgt dann etwa b, und die gesamte Spaltzugkraft ergibt sich für das Verhältnis b_1/b nach Bild 10.3 oder Gl. 10.1.

Für eine ausmittig angreifende Spannkraft kann die Spaltzugkraft für ein Ersatzprisma von der Höhe d_a (Bild 10.6) mit d_1/d_a nach Gl. 10.1 bzw. 10.2 berechnet oder Bild 10.3 entnommen werden. Der Verlauf der Querzugspannungen entlang der Achse des Ersatzprismas ergibt sich für d_1/d_a aus Bild 10.4.

10.1 Krafteintragung durch Ankerkörper

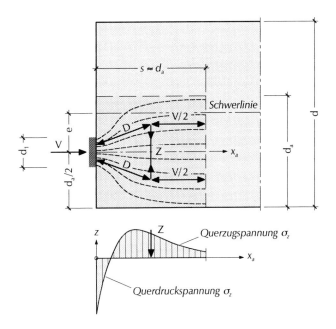

Bild 10.6
Ausmittiger Kraftangriff – Bestimmung der Spaltzugkraft Z am Ersatzprisma

Mit wachsender Ausmitte verringert sich mit kleiner werdendem d_a die Spaltzugkraft Z im Ersatzprisma, während die Randzugkraft Z_R am Balkenkopf zunimmt (s. Bild 10.7). Wenn die Spannkraft am oberen oder unteren Balkenrand angreift, erreicht die Randzugkraft ihren Größtwert, der sich näherungsweise ergibt aus

$$Z_R = \frac{V}{3} \cdot \left(1 - \frac{d_1}{d}\right) \qquad (10.3)$$

In Bild 10.7 sind der Kraftfluß im Störbereich und die lineare Spannungsverteilung am Ende der Störungs- bzw. Eintragungslänge dargestellt.

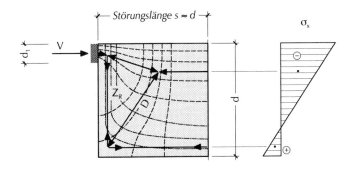

Bild 10.7
Randzugkraft Z_R bei Kraftangriff am Balkenrand

Greifen am Balkenende mehrere Spannkräfte annähernd gleichmäßig über die Höhe verteilt an, so kann jeder Spannkraft ein Ersatzprisma zugeordnet werden. Die Teilhöhen der Ersatzprismen d_{a1}, d_{a2}, d_{a3}, erhält man nach Bild 10.8 als Höhe der Spannungstrapeze am Ende des Eintragungsbereichs. Wenn die Trapezschwerpunkte etwa auf den Wirkungslinien der zugeordneten Spannkräfte liegen, können die Spaltzugkräfte für jedes Ersatzprisma – wie zuvor erläutert – berechnet werden. Die Bemessung der über die ganze Balkenhöhe durchgehenden Bügel erfolgt für die größte Spaltzugkraft.

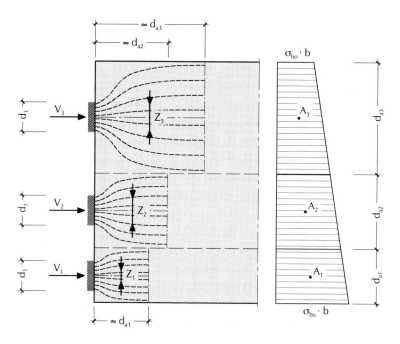

Bild 10.8 Spaltzugkräfte bei annähernd gleichmäßiger Verteilung der Ankerplatten über die Balkenhöhe

Liegen die am Balkenende angreifenden Spannkräfte weit auseinander, so treten in Querrichtung – zusätzlich zu den Spaltzugkräften in den Ersatzprismen – Randzugkräfte auf, die je nach Anzahl der Spannkräfte, die den Auflagerkräften entsprechen als Zuggurtkräfte für ein- oder mehrfeldrige wandartige Träger (Feld- und Stützbewehrung) berechnet werden können. Dabei ist das Verhältnis Höhe zu Spannweite i. allg. größer als 1 (d/h nach Bild 10.9).

10.1 Krafteintragung durch Ankerkörper

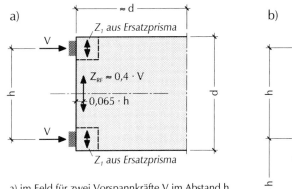
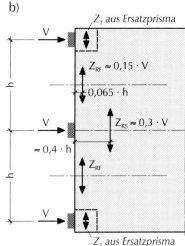

a) im Feld für zwei Vorspannkräfte V im Abstand h

b) zwischen den Spanngliedern und Z_{RS} hinter dem mittleren Spannglied für drei Vorspannkräfte V im Abstand h

Bild 10.9 Größe und Lage der Randzugkräfte Z_{RF} (Näherung nach BAY/THEIMER/THON, in LEONHARDT: Spannbeton; s. auch Heft 240 DAfStb)

Für die Sonderfälle des Einfeldträgers (zwei Spannkräfte) und des Zweifeldträgers (drei Spannkräfte) sind Näherungswerte für die Gurtkräfte im Feld und über der Stütze $Z_{R,F}$ und $Z_{R,S}$ sowie deren Abstände vom Balkenkopf in Bild 10.9 nach BAY, THEIMER und THON angegeben. Diese Randzug- oder Zuggurtkräfte können auch entsprechend Bild 10.2 oder Bild 10.7 durch Zusammenfassen von Kraftlinien zu Druckresultierenden als Umlenkkräfte in den Umlenkpunkten graphisch ermittelt werden.

Zu beachten ist noch, daß bei Plattenbalken auch im senkrechten Anschnitt Platte - Steg eine Spaltzugbewehrung im Eintragungsbereich, dessen Länge etwa der Plattenbreite b entspricht. nach den vorstehend behandelten Grundsätzen anzuordnen ist. Hierbei kann für d_1 die Stegbreite und für V die am Ende des Einleitungsbereichs vorhandene Plattendruckkraft aus Vorspannung

$$V_{Platte} = \int_{A_{Platte}} \sigma_x \, dA$$

eingesetzt werden.

10.2 Krafteintragung durch Verbund

Bei Spanngliedern, Drähten oder Litzen die nur durch Verbund verankert werden ist für die volle Übertragung der Vorspannung auf den Beton im Gebrauchszustand gem. DIN 4227, Abschn. 14.2 eine Übertragungslänge $l_{\ddot{U}}$ erforderlich. Sie beträgt

$$l_{\ddot{U}} = k_1 \cdot d_V \qquad (10.4)$$

Es bedeuten

d_V - bei Einzelspanngliedern aus Runddrähten oder Litzen der Nenndurchmesser
- bei nicht runden Drähten der Durchmesser eines querschnittsgleichen Runddrahts

k_1 Verbundbeiwert; er ist den Zulassungen für den Spannstahl zu entnehmen

Tafel 10.1 Verbundbeiwerte k_1 nach den Mitteilungen des Instituts für Bautechnik

Verbundbeiwerte sind auch in den Mitteilungen des Instituts für Bautechnik Heft 6, 1980, S. 162 angegeben (s. Tafel 10.1).

	B 35	B 45	B 55
profilierte Drähte und Litzen	75	65	55
gerippte Stähle	45	40	35

Während bei der Krafteintragung durch Ankerkörper die Störungslänge s gleich der Eintragungslänge ist, muß bei der Verankerung durch Verbund (wie z.B. bei Spannbettvorspannung) die Übertragungslänge $l_{\ddot{U}}$ berücksichtigt werden.
Die Eintragungslänge ist damit

$$e = \sqrt{s^2 + (0{,}6 \cdot l_{\ddot{U}})^2} \geq l_{\ddot{U}} \qquad (10.5)$$

Die im Eintragungsbereich aufzunehmenden Spaltzugkräfte können nach H. KUPFER (s. Betonkalender 1991, S. 700ff) näherungsweise aus der über dem Hauptstrang A_{z1} liegenden Schubkraft T nach einer Fachwerksanalogie als Zugpfosten bei flach geneigten Druckstreben ermittelt werden (s. Bild 10.10).

10.2 Krafteintragung durch Verbund

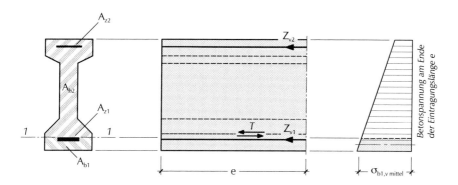

Bild 10.10 Ermittlung der Schubkraft T bei Endverankerung durch Verbund

Für die gesamte Eintragungslänge e ergibt sich die Schubkraft T unmittelbar über dem Hauptstrang A_{z1} (Schnitt 1-1, Bild 10.10) aus dem Gleichgewicht der Normalkräfte des unteren und oberen Trägerteils. Nach Bild 10.10 ist

$$T = Z_{v1} - \int_{A_{b1}} \sigma_{bv} \, dA = Z_{v2} - \int_{A_{b2}} \sigma_{bv} \, dA \qquad (10.6)$$

Setzt man im unteren Querschnittsteil für $\int_{A_{b1}} \sigma_{bv} \, dA = \sigma_{b1,v,\text{mittel}} \cdot A_{b1}$, erhält man

$$T = Z_{v1} - \sigma_{b1,v,\text{mittel}} \cdot A_{b1} \qquad (10.7)$$

In Gl. 10.7 ist Z_{v1} die Spannkraft des unteren Stranges (hier Hauptstrang) und A_{b1} die Betonquerschnittsfläche unterhalb des Schnittes 1-1 gem. Bild 10.10.
Die durch Bügel aufzunehmende Spaltzugkraft ist bei etwa mittiger Vorspannung

$$Z_{Bü} = \frac{T}{2} \qquad (10.8)$$

und bei Vorspannung am Querschnittsrand

$$Z_{Bü} = \frac{T}{3} \qquad (10.9)$$

Die gesamte Spaltzugbewehrung für den Eintragungsbereich beträgt

$$A_{S,Bü} = \frac{Z_{Bü}}{\text{zul } \sigma_S} \qquad (10.10)$$

Nach DIN 4227, Abschn. 6, Abs. 4 ist diese Bewehrung im Eintragungsbereich wie folgt zu verteilen

- bei gerippten Drähten auf $0{,}5 \cdot e$ vom Balkenkopf
- bei profilierten Drähten und Litzen auf $0{,}75 \cdot e$ vom Balkenkopf

Schubbewehrung und Spaltzugbewehrung brauchen nicht addiert zu werden; die örtlich jeweils größere Bewehrung ist einzulegen.

10.3 Beispiel zur Ermittlung der Spaltzugbewehrung

Das Beispiel wird für den Dachbinder der Lagerhalle gem. Abschn. 2.3 durchgeführt.

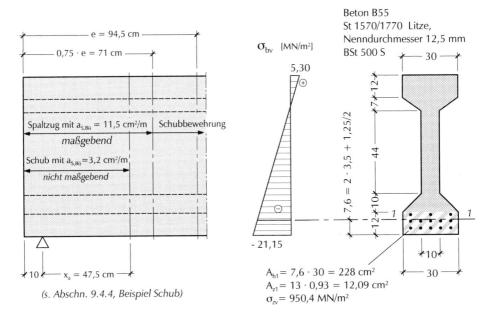

Bild 10.11 Eintragungsbereich mit Daten zur Ermittlung der Spaltzugbewehrung

Zur Berechnung der Übertragungslänge $l_\ddot{u}$ wird der k_1-Wert der Tafel 10.1 entnommen. Für den Beton B55 und die Spannstahl-Litze ist $k_1 = 55$. Damit wird die Übertragungslänge mit dem Nenndurchmesser der Litze $d_V = 12{,}5$ mm
$l_\ddot{u} = 1{,}25 \cdot 55 = 68{,}75$ cm.

10.3 Beispiel zur Ermittlung der Spaltzugbewehrung

Die Eintragungslänge erhält man mit der Störungslänge $s \approx d = 85$ cm und $l_{ü} = 68{,}75$ cm nach Gl. 10.5 zu $e = \sqrt{85^2 + (0{,}6 \cdot 68{,}75)^2} = 94{,}5$ cm.

In Abschnitt 2.3 und im Beispiel 9.4.4 betrug e = 92 cm, weil das Rechnerprogramm den Durchmesser d_v aus dem Litzenquerschnitt 0,93 cm^2 ermittelt.

Die Schubkraft T im Schnitt 1-1 (s. Bild 10.10) als Differenzkraft von Z_{v1} und $A_{b1} \cdot \sigma_{b1,v\,mittel}$ wird mit $Z_{v1} = 95{,}04 \cdot 12{,}09 = 1149$ kN und $A_{b1} \cdot \sigma_{b1,v\,mittel} = 228 \cdot \frac{1{,}788 + 2{,}115}{2} = 449{,}5$ kN nach Gl. 10.7 T = 1149 - 449,5 = 699,5 kN.

Für Vorspannung am Querschnittsrand beträgt die Spaltzugkraft nach Gl. 10.9 $Z_{Bü} = \frac{T}{3} = \frac{699{,}5}{3} = 233{,}2$ kN und die gesamte Spaltzugbewehrung nach G. 10.10 $A_{S\,Bü} = \frac{Z_{Bü}}{50{,}0 / 1{,}75} = \frac{233{,}2}{28{,}57} = 8{,}16\ cm^2$.

Diese Bewehrung ist zu verteilen auf $0{,}75 \cdot e = 0{,}75 \cdot 0{,}945 = 0{,}71$ m. Das ergibt $a_{S\,Bü} = \frac{8{,}16}{0{,}71} = 11{,}5\ cm^2/m$ (s. Bild 10.11).

10.4 Nachweis der Verankerung durch Verbund

Nach Abschn. 14.2, Abs. 3, DIN 4227 ist die ausreichende Verankerung im rechnerischen Bruchzustand nachgewiesen, wenn

a) die Verankerungslänge l der Spannglieder in einem Bereich liegt, der im rechnerischen Bruchzustand frei von Biegerissen (Lage in Zone a) und frei von Schubrissen (Hauptzugspannungen $\sigma_{1U}{'}$ unter rechnerischer Bruchlast kleiner als die Werte der Tab. 9, Zeile 49) ist. Die Hauptzugspannung $\sigma_{1U}{'}$ braucht nur im Abstand $0{,}5 \cdot d_0$ vom Auflagerrand nachgewiesen zu werden.

Die Verankerungslänge beträgt

$$l = \frac{Z_U}{\sigma_z \cdot A_z} \cdot l_{ü} \qquad (10.11)$$

mit

$$Z_U = \frac{M_U}{z} + Q_U \cdot \frac{v}{h} \qquad (10.12)$$

σ_z zul σ_z nach Tab. 9, Zeile 65, DIN 4227

A_z Querschnittsfläche des Spannstrangs

v   Versatzmaß nach DIN 1045

Der Anteil $Q_U \cdot \frac{v}{h}$ braucht nur berücksichtigt zu werden, wenn anschließend an die Verankerungslänge Schubrisse vorausgesetzt werden müssen.

Sind die Bedingungen unter a) nicht erfüllt, so ist die ausreichende Verankerung auch nachgewiesen, wenn

b) der rechnerische Überstand der im Verbund liegenden Spannglieder über die Auflagervorderkante beträgt:

$$l_1 = \frac{Z_{AU}}{\sigma_z \cdot A_z} \cdot l_{\ddot{U}} \qquad (10.13)$$

Bei direkter Lagerung genügt ein Überstand von $2/3 \cdot l_1$.

Es bedeuten:

$Z_{AU} = Q_U \cdot \frac{v}{h}$, die am Auflager zu verankernde Zugkraft.; sofern ein Teil dieser Zugkraft nach DIN 1045 durch Längsbewehrung aus Betonstahl verankert wird, braucht der Überstand der Spannglieder nur noch für die nicht abgedeckte Restzugkraft $\Delta Z_{AU} = Z_{AU} - A_S \cdot \beta_S$ nachgewiesen zu werden.

Q_U Querkraft am Auflager im rechnerischen Bruchzustand

A_z Querschnitt der über die Auflager geführten, unten liegenden Spannglieder

Beispiel zum Nachweis der Verankerung

Das Beispiel wird für den Dachbinder der Lagerhalle gem. Abschn. 2.3 durchgeführt mit Daten des Beispiels 9.4.4.

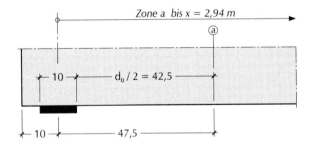

Bild 10.12 Verankerungsbereich

Es ist nachzuweisen, daß der Verankerungsbereich frei von Biegezugrissen und Schubrissen ist.

10.4 Nachweis der Verankerung durch Verbund

Diese Bedingungen nach Abschn. 14.2, Abs. 3 a), DIN 4227 sind erfüllt:

- Der Verankerungsbereich liegt in Zone a
- Die Hauptzugspannung unter rechnerischer Bruchlast beträgt im Abstand $d_0/2 =$ 42,5 cm von der Auflagervorderkante gem. Abschn. 9.4.4.3 $\sigma_{1U}{}^I = 2{,}45\,\text{MN}/\text{m}^2 < \text{zul}\,\sigma_1{}^I = 3{,}5\,\text{MN}/\text{m}^2$ (Tab. 9, Zeile 49).

Falls der Verankerungsbereich sich nur bis x = 0,475 m (Schnitt a–a) erstreckt, ist für $M_U =$ 1,75 · (17,12+33,47+17,81) = 119,7 kNm und z = 0,68 m (s. Abschn. 9.4.4.2) $Z_U = \frac{119{,}7}{0{,}68} =$ 176,0 kN, da der Anteil $Q_U \cdot \frac{v}{h}$ entfallen kann. Mit zul $\sigma_z =$ 973,5 MN/m², $A_z =$ 13 · 0,93 = 12,09 cm² und $l_{\ddot{u}} = k_1 \cdot d_v =$ 55 · 1,25 = 68,75 cm ergibt sich die Verankerungslänge $l = \frac{176{,}0}{97{,}35\,\cdot\,12{,}09} \cdot 68{,}75 =$ 10,3 cm.

Erstreckt sich der Bereich bis zur Grenze der Zone a mit x = 2,94 m und $M_U =$ 645,87 kNm (s. Abschn. 9.4.4.2), so beträgt mit $Z_U = \frac{645{,}87}{0{,}68} =$ 949,8 kN die Verankerungslänge $l = \frac{949{,}8}{97{,}35\,\cdot\,12{,}09} \cdot 68{,}75 = 55{,}5$ cm.

Sollten die Bedingungen nach a) nicht erfüllt sein, so wäre die Bedingung b) wie folgt nachzuweisen:

Für die Auflagerquerkraft unter rechnerischer Bruchlast (s. Abschn. 9.4.4.2) $Q_U =$ 1,75 · (3,9 + 7,33 + 3,75) · $\frac{19{,}7}{2}$ = 258,2 kN und das Versatzmaß gem. DIN 1045 v = 1,0 · h muß der rechnerische Überstand über die Auflagervorderkante nach Gl. 10.13 bei direkter Lagerung $\frac{2}{3} \cdot l_1 = \frac{2}{3} \cdot \frac{258{,}2\,\cdot\,1{,}0}{97{,}35\,\cdot\,12{,}09} \cdot 68{,}75 =$ 10,1 cm betragen; vorhanden sind 15 cm (s. Bild 10.12).

11 Berechnungsbeispiel einer TT-Deckenplatte eines Bürogebäudes

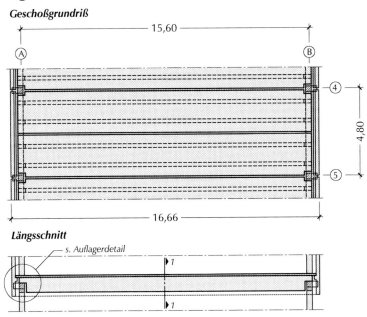

Bild 11.1   Geschoßgrundriß und Längsschnitt durch einen Träger

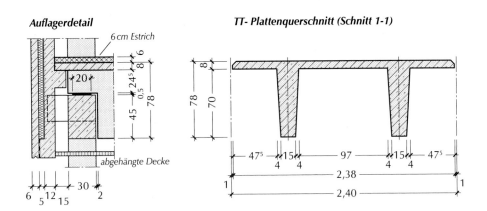

Bild 11.2   Auflagerdetail und TT-Plattenquerschnitt

11.1 Allgemeine Daten

System: $l = 15{,}60$ m

Baustoffe:

Beton B 55, $E_b = 39000$ MN/m²
Zement Z 45 F

Spannstahl Litze 1570/1770,
Nenndurchmesser 12,5 mm,
Querschnitt 0,93 cm²,
$E_z = 195000$ MN/m²

Betonstahl BSt 500 S

Vorspannung:

Es wird beschränkte, einsträngige Vorspannung gewählt.

Belastung:

Eigenlast der TT-Platte
$0{,}4564 \cdot 25{,}0 = \quad g_1 = 11{,}41$ kN/m

Ausbaulast
 6cm Estrich und Belag
 $1{,}35 \cdot 2{,}40 = 3{,}24$ kN/m
 abgehängte Decke
 $0{,}7 \cdot 2{,}40 = 1{,}68$ kN/m
 $\quad g_2 = \quad 4{,}92$ kN/m

Verkehrslast
 Verkehrslast für Büroräume
 $2{,}0 \cdot 2{,}40 = 4{,}80$ kN/m
 Zuschlag für leichte Trennwände
 $1{,}25 \cdot 2{,}40 = 3{,}00$ kN/m
 $\quad p = \quad 7{,}80$ kN/m

Vollast $\quad q = 24{,}13$ kN/m

11.2 Vorbemessung des Spannstahlquerschnitts

11.2.1 Für den Gebrauchszustand

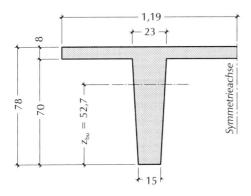

Bild 11.3 Bruttoquerschnitt bis zur Symmetrieachse

Die Vorbemessung erfolgt überschläglich mit den Bruttoquerschnittswerten.

Bruttowerte für den Gesamtquerschnitt

$A_b = 2 \cdot 2282 = 4564$ cm²
$z_{bu} = 52{,}7$ cm; $z_{bo} = 25{,}3$ cm
$I_b = 2 \cdot 1281109 = 2562218$ cm⁴
$W_{bu} = 48618{,}9$ cm³;
$W_{bo} = 101273{,}4$ cm³

Die TT-Platte wird in geschlossene Räume eingebaut. Nach DIN 1045, Tab. 10, Zeile 1 ist für d_v = 12,5 mm min c = 1,5 cm. Die Mindestbetondeckung nach DIN 4227, Abschn. 6.2.3 beträgt c = min c + 1,0 cm = 2,5 cm oder nach Gl. (1), Abschn. 6.2.3, DIN 4227 c = 1,5 · d_v = 1,5 · 1,25 = 1,9 cm; maßgebende Betondeckung der Litze ist c = 2,5 cm.

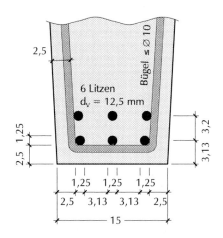

Der gegenseitige lichte Abstand der Litzen muß größer sein als die Korngröße des überwiegenden Teils des Zuschlags, also ca. 1,8 cm; er soll außerdem für Litzen nicht kleiner sein als 1,5 · d_v = 1,5 · 1,25 = 1,9 cm.

Bild 11.4 Annahme für den Spannstahlquerschnitt

Diese Bedingungen sind nach Bild 11.4 erfüllt.

Die Vorbemessung erfolgt für das Maximalmoment im Gebrauchszustand max M = 24,13 · 15,6²/8 = 734,0 kNm. Bei beschränkter Vorspannung darf die Betonzugspannung am unteren Rand nach Ablauf von Kriechen und Schwinden, also zum Zeitpunkt t = ∞ nach DIN 4227, Tab. 9, Zeile 19 für den Beton B55 4,5 MN/m² betragen.

Aus der Bestimmungsgleichung $\sigma_{bu,v+q+max\,k\,s} = 4,5 = -\frac{Z_{v\infty}}{A_b} - \frac{Z_{v\infty} \cdot z_{bz}}{W_{bu}} + \frac{max\,M}{W_{bu}}$ erhält

man nach Bild 11.3 und Bild 11.4 mit $z_{bz} = 52,7 - \left(3,13 + \frac{3,2}{2}\right) = 47,97$ cm

$4,5 = -\frac{Z_{v\infty}}{0,4564} - \frac{Z_{v\infty} \cdot 0,4797}{0,048619} + \frac{0,734}{0,048619} \Rightarrow Z_{v\infty} = 0,879$ MN = 879 kN. Bei einem geschätzten Spannkraftverlust infolge Kriechen und Schwinden von 15% ist zum Zeitpunkt t = 0 die Spannkraft $Z_{v0} = \frac{879}{0,85} = 1034$ kN erforderlich.

Die zulässige Spannstahlspannung im Gebrauchszustand beträgt nach DIN 4227, Tab. 9, Zeile 65 für den Spannstahl St 1570/1770 zul $\sigma_z = 0,75 \cdot \beta_S$ bzw. $\beta_{0,2}$ = 0,75 · 1570 = 1177,5 MN/m² oder zul σ_z = 0,55 · β_z = 0,55 · 1770 = 973,5 MN/m², der kleinere Wert ist maßgebend. Damit ergibt sich der erforderliche Spannstahlquerschnitt zu erf $A_z = \frac{1034}{97,35} = 10,62$ cm².

Der angenommene Spannstahlquerschnitt nach Bild 11.4 mit 2 · 6 = 12 Litzen und vorh A_z = 12 · 0,93 = 11,16 cm² ist für den Gebrauchszustand ausreichend.

11.2.2 Für den rechnerischen Bruchzustand

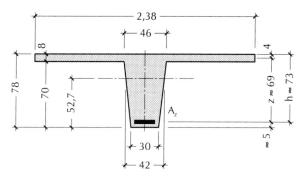

Bild 11.5 Plattenbalken für den rechnerischen Bruchzustand

Mit der Stegbreite im Druckbereich $b_0 \approx \frac{46 + 42}{2} = 44$ cm ist

$\frac{b_0}{b} = \frac{238}{44} = 5{,}4 > 5{,}0$.

Es liegt ein schlanker Plattenbalken vor.

In dem rechnerischen Bruchzustand beträgt das maximale Moment aus äußeren Lasten $M_{qU} = 1{,}75 \cdot 734{,}0 = 1284{,}5$ kNm und die erforderliche Zugkraft im Spannstahl $Z_U = \frac{M_{qU}}{z} = \frac{1284{,}5}{0{,}69} = 1861{,}6$ kN. Für den Lastdehnungszustand $\frac{\varepsilon_{bu}}{\varepsilon_{z,qU}} = \frac{3{,}5\,‰}{5{,}0\,‰}$ ist die Druckzonenhöhe $x = h \cdot \frac{3{,}5}{3{,}5 + 5{,}0} = 73 \cdot \frac{3{,}5}{3{,}5 + 5{,}0} = 30{,}0$ cm. Für den Spannungsblock (s. Bild 8.22) ist $x' = 0{,}80 \cdot 30{,}0 = 24{,}0$ cm $> 8{,}0$ cm. Mit $0{,}95 \cdot \beta_R = 0{,}95 \cdot 0{,}6 \cdot 5{,}5 = 3{,}135$ kN/cm² kann die Platte eine Druckkraft $D_{bU} = 3{,}135 \cdot 8 \cdot 238 = 5969$ kN aufnehmen. Es liegt also der Fall schwacher Bewehrung vor und die Lastdehnung des Spannstahls beträgt $\varepsilon_{z,qU} = 5{,}0\,‰$.

Die Vordehnung liegt unter Berücksichtigung von Kriechen und Schwinden bei $\varepsilon_{z,v+k+s} \approx 4{,}3\,‰$, die Gesamtdehnung mit $\varepsilon_{zU} \approx 9{,}3\,‰$ liegt über der $\varepsilon_{z\,0{,}2\%}$-Grenze. Die Spannstahlspannung kann mit β_S bzw. $\beta_{0,2} = 1570$ MN/m² angesetzt werden. Der erforderliche Spannstahlquerschnitt für eine ausreichende Biegebruchsicherheit beträgt $A_z = \frac{Z_U}{\beta_{0,2}} = \frac{1861{,}6}{157} = 11{,}86$ cm². Der Spannstahlquerschnitt nach Bild 11.4 wird je Steg um eine Litze auf 7 Litzen mit vorh $A_z = 2 \cdot 7 \cdot 0{,}93 = 13{,}02$ cm² erhöht. Die Litzen werden gemäß Bild 11.6 angeordnet.

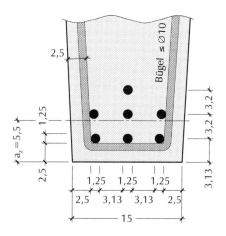

Bild 11.6 Anordnung der Litzen und Lage des Spannstrangschwerpunktes

11.3 Nachweis der Längsspannungen im Gebrauchszustand

Hier ist nachzuweisen, daß die zulässigen Spannungen infolge von Längskraft und Biegemoment für Beton auf Druck, Beton auf Zug und für den Spannstahl gem. Tab. 9, DIN 4227 eingehalten sind. Die Nachweise erfolgen nach Bild 11.7 für die Schnitte $x = 0{,}5 \cdot l = 7{,}80$ m und $x = 1{,}03$ m (Ende Eintragungsbereich).

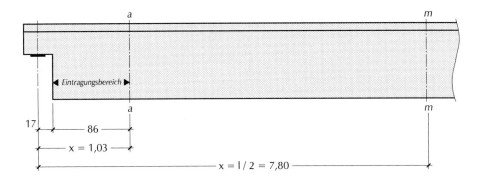

Bild 11.7   Lage der Nachweisstellen

11.3.1 Ideelle Querschnittswerte

Bruttoquerschnittswerte
s. Abschn. 11.2.1

$\frac{1}{2} \cdot A_b = 2282$ cm²
$z_{bu} = 52{,}7$ cm;
$z_{bo} = 25{,}3$ cm
$\frac{1}{2} \cdot I_b = 1281109$ cm⁴
$n = \frac{E_z}{E_b} = \frac{195000}{39000} = 5$;
$(n-1) = 4$
Nach Bild 11.5 ist
$\frac{1}{2} \cdot A_z = 7 \cdot 0{,}93 =$
$6{,}51$ cm²; $a_z = 5{,}5$ cm.
$\frac{A_i}{2} = (n-1) \cdot \frac{A_z}{2} + \frac{A_b}{2} =$
$4 \cdot 6{,}51 + 2282 =$
2308 cm²

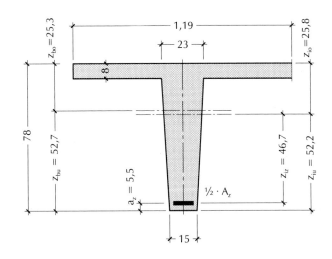

Bild 11.8   Querschnittswerte

11.3 Nachweis der Längsspannungen im Gebrauchszustand

$$z_{iu} = \frac{4 \cdot 6{,}51 \cdot 5{,}5 + 2282 \cdot 52{,}7}{2308} = 52{,}17 \text{ cm}; \ z_{io} = 78 - 52{,}17 = 25{,}83 \text{ cm}$$

$$z_{iz} = 52{,}17 - 5{,}5 = 46{,}67 \text{ cm}$$

$$\frac{I_i}{2} = \frac{I_b}{2} + (z_{bu} - z_{iu})^2 \cdot \frac{A_b}{2} + z_{iz}^2 \cdot \frac{(n-1) \cdot A_z}{2} =$$

$$= 1281109 + (52{,}7 - 52{,}2)^2 \cdot 2282 + 46{,}7^2 \cdot 4 \cdot 6{,}51 = 1338470 \text{ cm}^4$$

Der Steifigkeitsbeiwert ist nach Abschn. 2.1.2 Gl. 2.11

$$\alpha = n \cdot \frac{A_z}{A_i} \cdot \left(1 + \frac{A_i}{I_i} \cdot z_{iz}^2\right) = 5 \cdot \frac{13{,}02}{4616} \cdot \left(1 + \frac{4616}{2676940} \cdot 46{,}7^2\right) = 0{,}06714.$$

Tab. 11.1 Querschnittswerte

	z_u [cm]	z_o [cm]	z_z [cm]	A [cm^2]	I [cm^4]	W_u [cm^3]	W_o [cm^3]	W_z [cm^3]
Brutto	52,7	25,3	—	4564,0	2562218,0	48619,0	101273,4	—
Ideell	52,2	25,8	46,7	4616,0	2676940,0	51282,4	103757,4	57322,1

11.3.2 Vorspannung

Spannbettzustand

Die Spannbettkraft ist $Z_v^{(0)} = A_z \cdot \sigma_{zv}^{(0)}$.

Nach DIN 4227, Tab. 9, Zeile 64 darf die Spannbettspannung vorübergehend beim Spannen betragen $\sigma_{zv}^{(0)} = 0{,}80 \cdot \beta_S = 0{,}80 \cdot 1570 = 1256{,}0 \text{ MN/m}^2$ oder $\sigma_{zv}^{(0)} = 0{,}65 \cdot \beta_z = 0{,}65 \cdot 1770 = 1150{,}5 \text{ MN/m}^2$; der kleinere Wert ist maßgebend.
Wählt man den zulässigen Wert $\sigma_{zv}^{(0)} = 1150{,}5 \text{ MN/m}^2$ so ist zu erwarten, daß nach dem Lösen der Verankerung die zulässige Spannstahlspannung im Gebrauchszustand zul $\sigma_z = 973{,}5 \text{ MN/m}^2$ für die Lastfallkombination v + g_1 überschritten wird. Die Spannbettspannung wird deshalb nach Abschn. 2.5, Gl. 2.25 berechnet. Danach ist $\sigma_{zv}^{(0)} = \frac{\text{zul } \sigma_z - \sigma_{z,g1}}{1 - \alpha}$.

Für $M_{g1} = g_1 \cdot \frac{l^2}{8} = 11{,}41 \cdot \frac{15{,}60^2}{8} = 347{,}1 \text{ kNm}$ wird $\sigma_{bz,g1} = \frac{M_{g1}}{W_{iz}} = \frac{34710}{57322{,}1} = 0{,}606 \text{ kN/cm}^2$, $\sigma_{z,g1} = n \cdot \sigma_{bz,g1} = 5 \cdot 6{,}06 = 30{,}3 \text{ MN/m}^2$ und $\sigma_{zv}^{(0)} = \frac{973{,}5 - 30{,}3}{1 - 0{,}06714} = 1011 \text{ MN/m}^2$.

Gewählte Spannbettspannung $\sigma_{zv}^{(0)} = 1010 \text{ MN/m}^2$.

$Z_v^{(0)} = 101{,}0 \cdot 13{,}02 = 1315{,}0 \text{ kN}$

$M_{bv}^{(0)} = -Z_v^{(0)} \cdot z_{iz} = -1315{,}0 \cdot 0{,}467 = -614{,}1 \text{ kNm}$

Lastfall Vorspannung

nach dem Lösen der Verankerung (Balken gewichtslos gedacht)

$\sigma_{bo,v} = -\dfrac{1315{,}0}{4616} - \dfrac{-61410}{103757{,}4} = -0{,}285 + 0{,}592 = 0{,}307 \text{ kN/cm}^2 = 3{,}07 \text{ MN/m}^2$

$\sigma_{bu,v} = -\dfrac{1315{,}0}{4616} + \dfrac{-61410}{51282{,}4} = -0{,}285 - 1{,}200 = -1{,}485 \text{ kN/cm}^2 = -14{,}85 \text{ MN/m}^2$

$\sigma_{bz,v} = -\dfrac{1315{,}0}{4616} - \dfrac{-61410}{57322{,}1} = -0{,}285 - 1{,}071 = -1{,}356 \text{ kN/cm}^2 = -13{,}56 \text{ MN/m}^2$

$\sigma_{zv} = \sigma_{zv}^{(0)} + n \cdot \sigma_{bz,v} = 1010 - 5 \cdot 13{,}56 = 942{,}2 \text{ MN/m}^2$

11.3.3 Nachweise im Schnitt m–m

$x = 0{,}5 \cdot l = 7{,}80 \text{ m}$ (s. Bild 11.7).

Lastfall g_1

$M_{g1} = 11{,}41 \cdot \dfrac{15{,}60^2}{8} = 347{,}1 \text{ kNm}$

$\sigma_{bo,g1} = -\dfrac{34710}{103757{,}4} = -0{,}335 \text{ kN/cm}^2 = -3{,}35 \text{ MN/m}^2$

$\sigma_{bu,g1} = \dfrac{34710}{51282{,}4} = 0{,}677 \text{ kN/cm}^2 = 6{,}67 \text{ MN/m}^2$

$\sigma_{bz,g1} = \dfrac{34710}{57322{,}1} = 0{,}606 \text{ kN/cm}^2 = 6{,}06 \text{ MN/m}^2$

$\sigma_{z,g1} = n \cdot \sigma_{bz,g1} = 5 \cdot 6{,}06 = 30{,}30 \text{ MN/m}^2$

Lastfall g_2

$M_{g2} = 4{,}92 \cdot \dfrac{15{,}60^2}{8} = 149{,}7 \text{ kNm}$

$\sigma_{bo,g2} = -\dfrac{14970}{103757{,}4} = -0{,}144 \text{ kN/cm}^2 = -1{,}44 \text{ MN/m}^2$

$\sigma_{bu,g2} = \dfrac{14970}{51282{,}4} = 0{,}292 \text{ kN/cm}^2 = 2{,}92 \text{ MN/m}^2$

11.3 Nachweis der Längsspannungen im Gebrauchszustand

$$\sigma_{bz,g2} = \frac{14970}{57322,1} = 0,261 \, kN/cm^2 = 2,61 \, MN/m^2$$

$$\sigma_{z,g2} = n \cdot \sigma_{bz,g2} = 5 \cdot 2,61 = 13,05 \, MN/m^2$$

Lastfall p

$$M_p = 7,8 \cdot \frac{15,60^2}{8} = 237,3 \, kNm$$

$$\sigma_{bo,p} = -\frac{23730}{103757,4} = -0,229 \, kN/cm^2 = -2,29 \, MN/m^2$$

$$\sigma_{bu,p} = \frac{23730}{51282,4} = 0,463 \, kN/cm^2 = 4,63 \, MN/m^2$$

$$\sigma_{bz,p} = \frac{23730}{57322,1} = 0,414 \, kN/cm^2 = 4,14 \, MN/m^2$$

$$\sigma_{z,p} = n \cdot \sigma_{bz,p} = 5 \cdot 4,14 = 20,70 \, MN/m^2$$

Lastfall Kriechen + Schwinden (k+s)

Nach Abschn. 8.2, DIN 4227 müssen die zeitabhängigen Spannungsverluste des Spannstahls (Relaxation) entsprechend den Zulassungsbescheiden des Spannstahls berücksichtigt werden. Nach Abschn. 8.1, Abs. 1 ist unter Relaxation die zeitabhängige Abnahme der Spannungen unter einer aufgezwungenen Verformung konstanter Größe zu verstehen. Für den Spannstahl sind diese zeitabhängigen Spannungsverluste vom Verhältnis Anfangsspannung / Zugfestigkeit $\sigma_{z,v+g1,t0} / \beta_z$ abhängig.

Rechenwerte für diese Verluste sind in den Zulassungen für den Spannstahl für klimabedingte Bauteiltemperaturen (Normaltemperaturen) angegeben für Stähle mit normaler und sehr niedriger Relaxation (Stähle mit sehr niedriger Relaxation haben eine höhere Elastizitätsgrenze als Stähle mit normaler Relaxation).

Der Relaxationsverlust $\sigma_{z,r}$ ist in Abhängigkeit von $\sigma_{z,v+g1,t0} / \beta_z$ im Regelfall für eine Zeitspanne von $5 \cdot 10^5$ Tagen zu berücksichtigen. Bei den üblichen Spannbetonbauteilen kann mit einem Verhältnis $\sigma_{z,v+g1,t0} / \beta_z$ zwischen 0,5 und 0,6 gerechnet werden. Für diese Werte liegt bei sehr niedriger Relaxation der zu berücksichtigende Relaxationsverlust $\sigma_{z,r}$ bei 0 bis 2,5% von $\sigma_{z,v+g1,t0}$.

Gem. Zulassung brauchen Spannungsverluste ≤ 3% nicht berücksichtigt zu werden, was für den üblichen Hochbau zutrifft. Der Relaxationsverlust $\sigma_{z,r}$ wird hier nicht berücksichtigt.

Kriechen und Schwinden wird gem. Abschn. 8.7.3, DIN 4227 unter der ungünstigen Annahme berücksichtigt, daß der Träger erst nach 6-monatiger Lagerzeit eingebaut wird, die kriecherzeugende Betondruckspannung also erst nach dieser Zeit durch das Aufbringen der Ausbaulast g_2 verringert wird.

Für die Ermittlung der Schwindmaße und Kriechzahlen (s. Abschn. 6) werden folgende Annahmen getroffen:

- 180 Tage Lagerung im Freien bei 20°C mit den Grundwerten
  $\varphi_0 = 2{,}0$; $\varepsilon_{s0} = -32 \cdot 10^{-5}$; $k_{ef} = 1{,}5$ (s. Tafel 6.2)
- danach Einbau im trockenen Innenraum mit den Grundwerten Grundwerten
  $\varphi_0 = 2{,}7$; $\varepsilon_{s0} = -46 \cdot 10^{-5}$; $k_{ef} = 1{,}0$

Lastfall min k+s (betrachteter Zeitpunkt 180 Tage):

Kriechzahl $\varphi_{3,180}$ (Belastung nach 3 Kalendertagen)

Das wirksame Alter ist bei T = 20°C (s. Gl. 6.8) beim Aufbringen der Last $t_i = 3$ Tage und zum betrachteten Zeitpunkt t = 180 Tage.

Die wirksame Körperdicke ist nach Gl. 6.9 mit $U = 2 \cdot 238 - 4 \cdot 4 + 4 \cdot \sqrt{4^2 + 70^2} =$ 740,5 cm (s. Bild 11.2) $d_{ef} = k_{ef} \cdot \frac{2 \cdot A}{U} = 1{,}5 \cdot \frac{2 \cdot 4564}{740{,}5} = 18{,}5$ cm; nach Bild 6.6 ist für den Zement Z 45F $k_{f,3} \approx 0{,}22$; $k_{f,180} \approx 1{,}12$ und der Fließanteil $\varphi_{f,3,180} = 2{,}0 \cdot (1{,}12 - 0{,}22) = 1{,}8$. Nach Bild 6.5 ist der Beiwert für die verzögert elastische Verformung $k_{v,180-3} \approx 0{,}82$. Die Kriechzahl wird nach Gl. 6.10 $\varphi_{3,180} = \varphi_{f,3,180} + 0{,}4 \cdot 0{,}82 = 1{,}8 + 0{,}33 = 2{,}13$

Schwindmaß $\varepsilon_{s,2,180}$

Für $t_i = 2$, t = 180 und $d_{ef} = 18{,}5$ ist nach Bild 6.8 $k_{s,2} \approx 0{,}02$; $k_{s,180} \approx 0{,}4$ und nach Gl. 6.12 $\varepsilon_{s,2,180} = -32 \cdot 10^{-5} \cdot (0{,}4 - 0{,}02) = -12{,}2 \cdot 10^{-5}$.

Lastfall max k+s (betrachteter Zeitpunkt t = ∞):

Kriechzahl $\varphi_{3,\infty}$ (für $v + g_1$)

$\varphi_{3,\infty} = \varphi_{f,3,180} + \varphi_{f,180,\infty} + 0{,}4 \cdot 1{,}0$; $\varphi_{f,3,180} = 1{,}8$ (s. Lastfall min k+s)

Der Fließanteil $\varphi_{f,180,\infty}$ ist für Lagerung in trockenen Innenräumen zu ermitteln. Für $k_{ef} = 1{,}0$ wird $d_{ef} = k_{ef} \cdot \frac{2 \cdot A}{U} = 1{,}0 \cdot \frac{2 \cdot 4564}{740{,}5} = 12{,}3$ cm. Nach Bild 6.6 erhält man für den Zement Z 45F $k_{f,180} \approx 1{,}13$; $k_{f,\infty} \approx 1{,}57$ und $\varphi_{f,180,\infty} = 2{,}7 \cdot (1{,}57 - 1{,}13) = 1{,}19$. Für den Belastungszustand $v + g_1$ ist $\varphi_{3,\infty} = 1{,}8 + 1{,}19 + 0{,}4 \cdot 1{,}0 = 3{,}3$. Für die nach 180 Tagen aufgebrachte Dauerlast g_2 ist $\varphi_{180,\infty} = 1{,}19 + 0{,}4 \cdot = 1{,}59$.

Schwindmaß $\varepsilon_{s,2,\infty}$

$\varepsilon_{s,2,\infty} = \varepsilon_{s,2,180} + \varepsilon_{s,180,\infty}$; $\varepsilon_{s,2,180} = -12{,}2 \cdot 10^{-5}$ (s. Lastfall min k+s)

11.3 Nachweis der Längsspannungen im Gebrauchszustand

Für den Zeitraum 180, ∞ ist $t_i = 180$; $t = \infty$; $d_{ef} = 12,3$ cm und $\varepsilon_{s0} = -46 \cdot 10^{-5}$ nach Bild 6.8 erhält man die Beiwerte $k_{s,180} \approx 0,75$; $k_{s,\infty} \approx 1,02$. Nach Gl. 6.12 beträgt das Restschwindmaß $\varepsilon_{s,180,\infty} = -46 \cdot 10^{-5} \cdot (1,02 - 0,75) = -12,42 \cdot 10^{-5}$. Für das Endschwindmaß erhält man $\varepsilon_{s,2,\infty} = -12,20 \cdot 10^{-5} - 12,42 \cdot 10^{-5} = -24,62 \cdot 10^{-5}$.

Spannungsverlust bzw. Spannkraftabfall:

Die Berechnung erfolgt nach Gl. 6.21 über die mittlere kriecherzeugende Spannung

Lastfall min k+s

$\varphi_{3,180} = 2,13$; $\varepsilon_{s,2,180} = -12,2 \cdot 10^{-5}$; $n = 5$; $E_z = 195000$ MN/m²; $\sigma_{bz,v,ti} = -13,56$ MN/m²; $\sigma_{z,v,ti} = 942,2$ MN/m² (s. LF v); aus Dauerlasten $\sigma_{bz,d} = \sigma_{bz,g1} = 6,06$ MN/m² (s. LF g_1)

$$\sigma_{z,\text{min}k+s} = \frac{(6,06 - 13,56) \cdot 5 \cdot 2,13 - 12,2 \cdot 10^{-5} \cdot 195000}{1 - \frac{5 \cdot (-13,56)}{942,2} \cdot \left(1 + \frac{2,13}{2}\right)} = -90,25 \text{ MN/m}^2$$

$$\sigma_{bo,\text{min}k+s} = \sigma_{bo,v} \cdot \frac{\sigma_{z,\text{min}k+s}}{\sigma_{z,v,ti}} = 3,07 \cdot \frac{-90,25}{942,2} = -0,29 \text{ MN/m}^2$$

$$\sigma_{bu,\text{min}k+s} = \sigma_{bu,v} \cdot \frac{\sigma_{z,\text{min}k+s}}{\sigma_{z,v,ti}} = -14,85 \cdot \frac{-90,25}{942,2} = 1,42 \text{ MN/m}^2$$

Lastfall max k+s

$\varphi_{3,\infty} = 3,39$; $\varepsilon_{s,2,\infty} = -24,62 \cdot 10^{-5}$; $\varphi_{180,\infty} = 1,59$; $n = 5$; $E_z = 195000$ MN/m²; $\sigma_{bz,v,ti} = -13,56$ MN/m²; $\sigma_{z,v,ti} = 942,2$ MN/m² (s. LF v);
aus Dauerlast für den Zeitraum 3,∞ $\sigma_{bz,d} = \sigma_{bz,g1} = 6,06$ MN/m² (s. LF g_1)
aus Dauerlast für den Zeitraum 180,∞ $\sigma_{bz,d} = \sigma_{bz,g2} = 2,61$ MN/m² (s. LF g_2)

$$\sigma_{z,\text{max}k+s} = \frac{(6,06 - 13,56) \cdot 5 \cdot 3,39 - 24,62 \cdot 10^{-5} \cdot 195000}{1 - \frac{5 \cdot (-13,56)}{942,2} \cdot \left(1 + \frac{3,39}{2}\right)} + \frac{2,61 \cdot 5 \cdot 1,59}{1 - \frac{5 \cdot (-13,56)}{942,2} \cdot \left(1 + \frac{1,59}{2}\right)} =$$

$-146,69 + 18,38 = -128,31 \text{ MN/m}^2$

$$\sigma_{bo,\text{max}k+s} = \sigma_{bo,v} \cdot \frac{\sigma_{z,\text{max}k+s}}{\sigma_{z,v,ti}} = 3,07 \cdot \frac{-128,31}{942,2} = -0,42 \text{ MN/m}^2$$

$$\sigma_{bu,\text{max}k+s} = \sigma_{bu,v} \cdot \frac{\sigma_{z,\text{max}k+s}}{\sigma_{z,v,ti}} = -14,85 \cdot \frac{-128,31}{942,2} = 2,02 \text{ MN/m}^2$$

Tab. 11.2 Überlagerung

Längsspannungen für die Stelle x = l/2 = 7,80 m				
Lastfall	Betonspannung [MN/m²]		Stahlspannung [MN/m²]	
	unten	oben	unten	oben
v	-14,85	3,07	942,20	
g_1	6,77	-3,35	30,30	
g_2	2,92	-1,44	13,05	
p	4,63	-2,29	20,70	
min k+s	1,42	-0,29	-90,25	
max k+s	2,02	-0,42	-128,31	
v + g_1	-8,08	-0,28	972,50	
v+g_1+g_2+ p+min k+s	0,89	-4,30	916,00	
v+g_1+g_2+ p+max k+s	1,54	-4,44	874,77	

Zulässige Spannungen nach DIN 4227, Tab. 9:

Spannstahl, Zeile 65, zul σ_z = 0,55 · 1770 = 973,5 MN/m²
Beton auf Druck, Druckzone, Zeile 3, |zul σ_b| = 18,0 MN/m²
Beton auf Zug, beschränkte Vorspannung, Zeile 19, zul σ_b = 4,5 MN/m²

Die zulässigen Spannungen sind eingehalten.

11.3.4 Nachweise im Schnitt a–a

x = 1,03 m, Ende Eintragungsbereich (s. Bild 11.7)

Lastfall g_1

Zur Rechenvereinfachung wird die Eigenlast g_1 trotz des hochgezogenen Auflagers bis zum rechnerischen Auflager angesetzt (s. Bild 11.7).

$$M_{g1} = 11{,}41 \cdot \frac{1{,}03}{2} \cdot (15{,}6 - 1{,}03) = 85{,}62 \text{ kNm}$$

$$\sigma_{bo,g1} = -\frac{8562}{103757{,}4} = -0{,}083 \text{ kN/cm}^2 = -0{,}83 \text{ MN/m}^2$$

$$\sigma_{bu,g1} = \frac{8562}{51282{,}4} = 0{,}167 \text{ kN/cm}^2 = 1{,}67 \text{ MN/m}^2$$

$$\sigma_{bz,g1} = \frac{8562}{57322{,}1} = 0{,}149 \text{ kN/cm}^2 = 1{,}49 \text{ MN/m}^2$$

$$\sigma_{z,g1} = n \cdot \sigma_{bz,g1} = 5 \cdot 1{,}49 = 7{,}47 \text{ MN/m}^2$$

Lastfall g_2

$$M_{g2} = 4{,}92 \cdot \frac{1{,}03}{2} \cdot (15{,}6 - 1{,}03) = 36{,}92 \text{ kNm}$$

11.3 Nachweis der Längsspannungen im Gebrauchszustand

$$\sigma_{bo,g2} = -\frac{3692}{103757,4} = -0,036 \text{ kN/cm}^2 = -0,36 \text{ MN/m}^2$$

$$\sigma_{bu,g2} = \frac{3692}{51282,4} = 0,072 \text{ kN/cm}^2 = 0,72 \text{ MN/m}^2$$

$$\sigma_{bz,g2} = \frac{3692}{57322,1} = 0,064 \text{ kN/cm}^2 = 0,64 \text{ MN/m}^2$$

$$\sigma_{z,g2} = n \cdot \sigma_{bz,g2} = 5 \cdot 0,64 = 3,20 \text{ MN/m}^2$$

Lastfall p

$$M_p = 7,8 \cdot \frac{1,03}{2} \cdot (15,6 - 1,03) = 58,53 \text{ kNm}$$

$$\sigma_{bo,p} = -\frac{5853}{103757,4} = -0,056 \text{ kN/cm}^2 = -0,56 \text{ MN/m}^2$$

$$\sigma_{bu,p} = \frac{5853}{51282,4} = 0,114 \text{ kN/cm}^2 = 1,14 \text{ MN/m}^2$$

$$\sigma_{bz,p} = \frac{5853}{57322,1} = 0,102 \text{ kN/cm}^2 = 1,02 \text{ MN/m}^2$$

$$\sigma_{z,p} = n \cdot \sigma_{bz,p} = 5 \cdot 1,02 = 5,10 \text{ MN/m}^2$$

Lastfall Kriechen und Schwinden (k+s)

Die für den Schnitt x = 0,5 · l = 7,80 m getroffenen Annahmen für Schwindmaße und Kriechzahlen sind auch hier gültig.

Spannungsverlust bzw. Spannkraftabfall

Die Berechnung erfolgt nach Gl. 6.21 über die mittlere kriecherzeugende Spannung.

Lastfall min k+s

$\varphi_{3,180} = 2,13$; $\varepsilon_{s,2,180} = -12,2 \cdot 10^{-5}$; $n = 5$; $E_z = 195000$ MN/m²; $\sigma_{bz,v,ti} = -13,56$ MN/m²; $\sigma_{z,v,ti} = 942,2$ MN/m² (s. LF v); aus Dauerlasten $\sigma_{bz,d} = \sigma_{bz,g1} = 1,49$ MN/m² (s. LF g_1)

$$\sigma_{z,\text{min}k+s} = \frac{(1,49 - 13,56) \cdot 5 \cdot 2,13 - 12,2 \cdot 10^{-5} \cdot 195000}{1 - \frac{5 \cdot (-13,56)}{942,2} \cdot \left(1 + \frac{2,13}{2}\right)} = -132,63 \text{ MN/m}^2$$

$$\sigma_{bo,\text{min}k+s} = \sigma_{bo,v} \cdot \frac{\sigma_{z,\text{min}k+s}}{\sigma_{z,v,ti}} = 3,07 \cdot \frac{-132,63}{942,2} = -0,43 \text{ MN/m}^2$$

$$\sigma_{bu,\text{min}k+s} = \sigma_{bu,v} \cdot \frac{\sigma_{z,\text{min}k+s}}{\sigma_{z,v,ti}} = -14{,}85 \cdot \frac{-132{,}63}{942{,}2} = 2{,}09 \text{ MN/m}^2$$

Lastfall max k+s

$\varphi_{3,\infty} = 3{,}39$; $\varepsilon_{s,2,\infty} = -24{,}62 \cdot 10^{-5}$; $\varphi_{180,\infty} = 1{,}59$; n = 5; $E_z = 195000$ MN/m²;
$\sigma_{bz,v,ti} = -13{,}56$ MN/m²; $\sigma_{z,v,ti} = 942{,}2$ MN/m² (s. LF v);
aus Dauerlast für den Zeitraum $3,\infty$ $\sigma_{bz,d} = \sigma_{bz,g1} = 1{,}49$ MN/m² (s. LF g_1)
aus Dauerlast für den Zeitraum $180,\infty$ $\sigma_{bz,d} = \sigma_{bz,g2} = 0{,}64$ MN/m² (s. LF g_2)

$$\sigma_{z,\text{max}k+s} = \frac{(1{,}49 - 13{,}56) \cdot 5 \cdot 3{,}39 - 24{,}62 \cdot 10^{-5} \cdot 195000}{1 - \frac{5 \cdot (-13{,}56)}{942{,}2} \cdot \left(1 + \frac{3{,}39}{2}\right)} + \frac{0{,}64 \cdot 5 \cdot 1{,}59}{1 - \frac{5 \cdot (-13{,}56)}{942{,}2} \cdot \left(1 + \frac{1{,}59}{2}\right)} =$$

$$= -211{,}57 + 4{,}51 = -207{,}1 \text{ MN/m}^2$$

$$\sigma_{bo,\text{max}k+s} = \sigma_{bo,v} \cdot \frac{\sigma_{z,\text{max}k+s}}{\sigma_{z,v,ti}} = 3{,}07 \cdot \frac{-207{,}1}{942{,}2} = -0{,}67 \text{ MN/m}^2$$

$$\sigma_{bu,\text{max}k+s} = \sigma_{bu,v} \cdot \frac{\sigma_{z,\text{max}k+s}}{\sigma_{z,v,ti}} = -14{,}85 \cdot \frac{-207{,}1}{942{,}2} = 3{,}26 \text{ MN/m}^2$$

Tab. 11.3 Überlagerung

Längsspannungen für die Stelle x = 1,03 m				
Lastfall	Betonspannung [MN/m²]		Stahlspannung [MN/m²]	
	unten	oben	unten	oben
v	-14,85	3,07	942,20	
g_1	1,67	-0,83	7,47	
g_2	0,72	-0,36	3,20	
p	1,14	-0,56	5,10	
min k+s	2,09	-0,43	-132,63	
max k+s	3,26	-0,67	-207,10	
v + g_1	-13,18	2,24	949,67	
v+g_1+g_2+ p+min k+s	-9,23	0,89	825,34	
v+g_1+g_2+ p+max k+s	-8,06	0,65	750,87	

Zulässige Spannungen nach DIN 4227, Tab. 9:
Spannstahl, Zeile 65, zul σ_z = $0{,}55 \cdot 1770 = 973{,}5$ MN/m²
Vorgedrückte Zugzone,
vorh $\sigma_{bu,v+g1}$ = |−13,18|
< zul $\sigma_{b,\text{Druck}}$ = 21,0 MN/m²
(Zeile 6)
Beton auf Zug,
vorh $\sigma_{bo,v+g1}$ = 2,24
< zul $\sigma_{b,\text{Zug}}$ = 4,5 MN/m²
(Zeile 19)

Die zulässigen Spannungen sind eingehalten.

11.4 Beschränkung der Rißbreite

11.4.1 Nachweis im Gebrauchszustand

Zur Wahl der Lage der Nachweisstellen siehe Angaben in Abschn. 7.2.

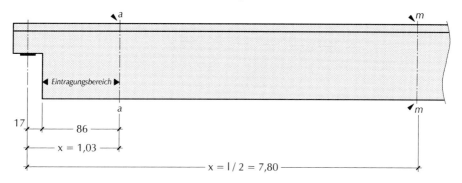

Bild 11.9 Lage der Nachweisstellen

Nachweis im Schnitt m–m, $x = 7,80$ m

Die Biegesteifigkeit des Querschnitts ist mit $E = 39000 \text{ MN/m}^2$ und $I_i = 2676940 \text{ cm}^4$ (s. Abschn. 11.3.1, Tab. 11.) $E \cdot I_i = 39 \cdot 10^6 \cdot 0,02677 = 1,044 \cdot 10^6 \text{ kNm}^2$. Damit ergibt sich das Zusatzmoment $\Delta M_1 = \pm 5 \cdot 10^{-5} \cdot \frac{E \cdot I}{d_0}$ (s. Abschn. 7.2) zu $\Delta M_1 = \pm 5 \cdot 10^{-5} \cdot \frac{1,044 \cdot 10^6}{0,78} = \pm 66,92 \text{ kNm}$.

Die Randspannungen infolge ΔM_1 sind

$\sigma_{bo} = \pm 10 \cdot \frac{6692}{103757,4} = \pm 0,64 \text{ MN/m}^2$;

$\sigma_{bu} = \pm 10 \cdot \frac{6692}{51282,4} = \pm 1,30 \text{ MN/m}^2$

Nachweis am unteren Rand

Maßgebende Beanspruchungskombination:
$0,9 \cdot (v + \max k+s) + g_1 + g_2 + p + \Delta M_1$

Randspannungen für diese Kombination s. Tab. 11.4

Tab. 11.4 Randspannungen für die maßgebende Kombination am unteren Rand (Werte nach Tab. 11.2)

Längsspannungen für die Stelle $x = l/2 = 7,80$ m		
Lastfall	σ_{bu} [MN/m²]	σ_{bo} [MN/m²]
$0,9 \cdot v$	–13,37	2,76
g_1	6,77	–3,35
g_2	2,92	–1,44
p	4,63	–2,29
$0,9 \cdot \max k+s$	1,86	–0,39
ΔM_1	1,30	–0,64
Summe	4,11	–5,35

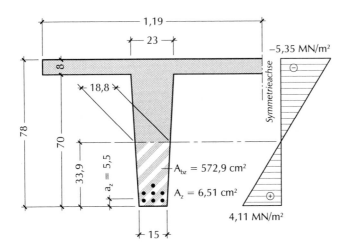

Bild 11.10
Spannungsverlauf in $x = l/2 = 7{,}80$ m und Zugzone A_{bz} im Zustand I für den unteren Rand

Zugkeilkraft $Z_b = \dfrac{0{,}441 \cdot 33{,}9}{6} \cdot (2 \cdot 5{,}1 + 18{,}8) = 113{,}3$ kN

Stahlspannung $\sigma_S = \Delta\sigma_z = \dfrac{113{,}3}{6{,}51} = 17{,}4$ kN/cm² $< 50{,}0$ kN/cm² $= \beta_S$

Bewehrungsgrad der Zugzone $\mu_z = \dfrac{6{,}51}{572{,}9} \cdot 100 = 1{,}136\,\%$

Beiwert r für Verbundeigenschaften nach Tafel 7.1 für Umweltbedingung nach DIN 1045, Tab. 10 Zeile 2 und Litzen in sofortigem Verbund: $r = 150$.

Damit wird max $d_S = 150 \cdot \dfrac{1{,}136}{174^2} \cdot 10^4 = 56{,}3$ mm $>$ vorh $d_S = 12{,}5$ mm.

Die Rißbreitenbeschränkung und die Gebrauchstauglichkeit sind gewährleistet.

Tab. 11.5
Randspannungen für die maßgebende Kombination am oberen Rand (Werte nach Tab. 11.2)

Nachweis am oberen Rand

Maßgebende Beanspruchungskombination:
$1{,}1 \cdot v + g_1 + \Delta M_1$

Randspannungen für diese Kombination s. Tab. 11.5

Längsspannungen für die Stelle $x = l/2 = 7{,}80$ m		
Lastfall	σ_{bu} [MN/m²]	σ_{bo} [MN/m²]
$1{,}1 \cdot v$	−16,34	3,38
g_1	6,77	−3,35
ΔM_1	−1,30	0,64
Summe	−10,87	0,67

11.4 Beschränkung der Rißbreite

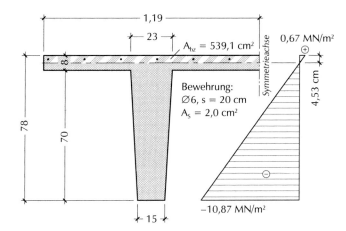

Bild 11.11
Spannungsverlauf in x = l / 2 = 7,80 m und Zugzone A_{bz} im Zustand I für den oberen Rand

Zugkeilkraft $Z_b = \dfrac{0,067}{2} \cdot 539,1 = 18,1 \, kN$

Stahlspannung σ_s bzw. $\Delta\sigma_z = \dfrac{18,1}{2,0} = 9,1 \, kN/cm^2 < 50,0 \, kN/cm^2 = \beta_s$

Bewehrungsgrad der Zugzone $\mu_z = \dfrac{2,0}{539,1} \cdot 100 = 0,371 \%$

$\max d_s = 150 \cdot \dfrac{0371}{91^2} \cdot 10^4 = 67,2 \, mm > $ vorh $d_s = 6 \, mm$.

Nachweis im Schnitt a–a, x = 1,03 m
(Ende Eintragungsbereich)

Nachweis am oberen Rand

Maßgebende Beanspruchungskombination:
$1,1 \cdot v + g_1 + \Delta M_1$

Randspannungen für diese Kombination s. Tab. 11.6

Tab. 11.6 Randspannungen für die maßgebende Kombination am oberen Rand (Werte nach Tab. 11.2)

Längsspannungen für die Stelle x = 1,03 m		
Lastfall	σ_{bu} [MN/m²]	σ_{bo} [MN/m²]
$1,1 \cdot v$	–16,34	3,38
g_1	1,67	–0,83
ΔM_1	–1,30	0,64
Summe	–15,97	3,19

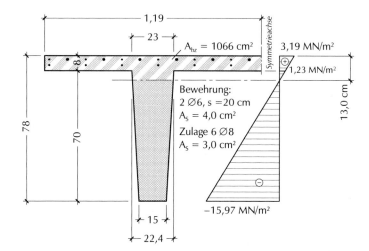

Bild 11.12

Spannungsverlauf in x = 1,03 m und Zugzone A_{bz} im Zustand I für den oberen Rand

Zugkeilkraft $Z_b = \dfrac{0,319+0,123}{2} \cdot 8 \cdot 119 + \dfrac{0,123 \cdot 5}{6} \cdot (2 \cdot 23 + 22,4) = 217,3$ kN

Stahlspannung $\sigma_S = \dfrac{217,3}{4} = 54,3$ kN/cm² $> 50,0$ kN/cm² $= \beta_S$

→ Zulage 6 Ø8; vorh $A_S = 4,0 + 3,0 = 7,0$ cm²

Bewehrungsgrad $\mu_z = \dfrac{7,0}{1066} \cdot 100 = 0,657$ %

Stahlspannung $\sigma_S = \dfrac{217,3}{7,0} = 31,04$ kN/cm² $< 50,0$ kN/cm² $= \beta_S$

$\max d_S = 150 \cdot \dfrac{0,657}{310,4^2} \cdot 10^4 = 10,2$ mm $>$ vorh $d_S = 8,0$ mm

Rißbreitenbeschränkung und Gebrauchstauglichkeit sind damit nachgewiesen.

Die Ermittlung der Stahlspannung σ_S nach Zustand II wäre hier sinnvoll.

Man erhält mit der Vordehnung $\varepsilon_{zv}^{(0)} = 5,7$ ‰ und den Einwirkungen $M_{g1} = 85,62$ kNm und $\Delta M_1 = -66,92$ kNm, sowie $A_S = 3,0$ cm² am oberen Rand mit Hilfe eines Bemssungsprogramms folgende Werte: $\sigma_S = 158$ MN/m²; $A_{bz} = 1717$ cm²

Mit $\mu_z = \dfrac{3,0}{1717} \cdot 100 = 0,175$ % wird

$\max d_S = 150 \cdot \dfrac{0,175}{158^2} \cdot 10^4 = 10,5$ mm $>$ vorh $d_S = 6,0$ mm

Danach ist die in der Platte vorhandene Mindestbewehrung ausreichend.

11.4.2 Nachweis für den Beförderungszustand
11.4.2.1 Im Gebrauchszustand

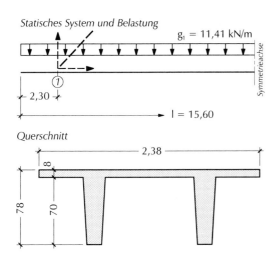

Bild 11.13 Statisches System und Belastung im Beförderungszustand

Für diesen Sonderlastfall bei Fertigteilen ist gem. Abschn. 9.4, Abs. 2, DIN 4227 die Zugkraft in der Zugzone durch Bewehrung abzudecken. Dieser Nachweis ist nach Abschn. 10.2, DIN 4227 zu führen, wobei aber auf die Durchmesserbeschränkung nach Gl. 7.1 verzichtet wird. Biegedruckspannungen in der Druckzone und schiefe Hauptdruckspannungen brauchen im Gebrauchszustand nicht nachgewiesen zu werden.

Für das in Bild 11.13 dargestellte statische System im Beförderungszustand sind an der Nachweisstelle 1 die Schnittgrößen $M_{g1} = -11{,}41 \cdot \frac{2{,}3^2}{2} = -30{,}18$ kNm und $\Delta M_1 = -66{,}92$ kNm vorhanden.

Die maßgebende Beanspruchungskombination an der Stelle 1 für den oberen Rand ist $1{,}1 \cdot v + M_{g1} + \Delta M_1$.

Randspannungen für diese Kombination s. Tab. 11.7.

Tab. 11.7
Randspannungen für die maßgebende Kombination am oberen Rand

Längsspannungen für die Stelle x = 2,30 m		
Lastfall	σ_{bu} [MN/m²]	σ_{bo} [MN/m²]
$1{,}1 \cdot v$	−16,34	3,38
g_1	−0,59	0,29
ΔM_1	−1,30	0,64
Summe	−18,23	4,31

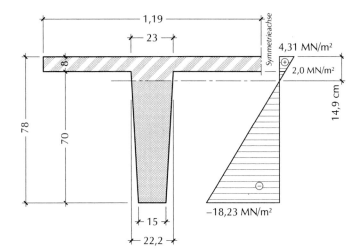

Bild 11.14
Spannungsverlauf in x = 2,30 m und Zugzone A_{bz} im Zustand I für den oberen Rand

Zugkeilkraft $Z_b = \dfrac{0,431+0,20}{2} \cdot 8 \cdot 119 + \dfrac{0,20 \cdot 6,9}{6} \cdot (2 \cdot 23 + 22,2) = 316,1 \text{ kN}$

Mit Verzicht auf die Durchmesserbeschränkung erhält man erf $A_S = \dfrac{316,1}{50} = 6,32 \text{ cm}^2 < 7,0 \text{ cm}^2$.

Die für die Rissebeschränkung vorhandene Bewehrung ist ausreichend.

11.4.2.2 Im rechnerischen Bruchzustand

Der Biegebruchsicherheitsnachweis nach Abschn. 9.4, Abs. 3, DIN 4227 ist wegen des sehr kleinen Kragmomentes an der Stelle 1 $M_{g1} = -30,18$ kNm nicht sinnvoll, da die Zugkraftdeckung im Gebrauchszustand (s. Abschn. 11.4.2.1) eine größere Zugbewehrung am oberen Rand erfordert. Es wird deshalb nachgewiesen, daß für die Lastkombination $v_{t0} + M_{g1}$ im Gebrauchszustand die Betonrandspannungen an der Stelle 1 in der vorgedrückten Zugzone (unterer Rand) und in der Druckzone (oberer Rand) die zulässigen Werte nicht überschreiten.

Am oberen Rand ist

$\sigma_{bo,v,t0} = 3,07 \text{ MN/m}^2$ (s. Tab. 11.3); $\sigma_{bo,g1} = 10 \cdot \dfrac{3018}{103757,4} = 0,29 \text{ MN/m}^2$

$\sigma_{bo,v,t0+g1} = 3,07 + 0,29 \doteq 3,36 \text{ MN/m}^2 < \text{zul } \sigma_b = 2 \cdot 2,8 = 5,6 \text{ MN/m}^2$

Die zulässige Betonzugspannung für Beförderungszustände beträgt nach DIN 4227, Abschn. 15.5 das zweifache der zulässigen Werte für den Bauzustand gem. Tab. 9, Zeile 25.

11.4 Beschränkung der Rißbreite

Am unteren Rand ist

$\sigma_{bu,v,t_0} = -14{,}85\,\mathrm{MN/m^2}$ (s. Tab. 11.3); $\sigma_{bu,g_1} = -10 \cdot \dfrac{3018}{51282{,}4} = -0{,}59\,\mathrm{MN/m^2}$

$\sigma_{bu,v,t_0+g_1} = -14{,}85 - 0{,}59 = -15{,}44\,\mathrm{MN/m^2} > \mathrm{zul}\,\sigma_b = -21{,}0\,\mathrm{MN/m^2}$

(s. Tab. 9, Zeile 6, DIN 4227)

11.5 Mindestbewehrung

Es wird nur die Mindestbewehrung gem. DIN 4227, Abschn. 6.7, Tab. 4 und Tab. 5 nachgewiesen. Die Bemessung der Tragbewehrung gem. DIN 1045 ist nicht Gegenstand dieses Beispiels.

Die Betondeckung beträgt für Beton B55 bei schlaffer Bewehrung gem. DIN 1045, Tab. 10, Zeile 1 und Abschn. 13.2.1, (5) nom c = 1,0 + 0,5 = 1,5 cm. Grundwerte μ für Beton B55 nach Tab. 5 μ = 0,1%.

Oberflächenbewehrung für die Platte nach Tab. 4, Zeile 1b, Spalte 2 erf $a_S = 0{,}5 \cdot \mu \cdot d \cdot 100 = \dfrac{0{,}5 \cdot 0{,}1 \cdot 8 \cdot 100}{100} = 0{,}4\,\mathrm{cm^2/m}$. Vorh $\varnothing 6$, s = 20 cm mit 1,41 cm²/m bzw. $\varnothing 6$, s = 15 cm mit 1,89 cm²/m.

Seitliche Längsbewehrung für die Balkenstege nach Tab. 4, Zeile 2a, Spalte 4 für $b_{0,\text{mittel}}$ = 19 cm, erf $a_S = 0{,}5 \cdot \mu \cdot b_0 \cdot 100 = \dfrac{0{,}5 \cdot 0{,}1 \cdot 19 \cdot 100}{100} = 0{,}95\,\mathrm{cm^2/m}$; vorh $\varnothing 6$, s = 20 cm mit 1,41 cm²/m.

Schubbewehrung von Balkenstegen nach Tab. 4, Zeile 5, Spalte 4 für $b_{0,\text{mittel}}$ = 19 cm, erf $a_S = 2{,}0 \cdot \mu \cdot b_0 \cdot 100 = \dfrac{2{,}0 \cdot 0{,}1 \cdot 19 \cdot 100}{100} = 3{,}8\,\mathrm{cm^2/m}$; vorh $\varnothing 8$, s = 20 cm mit 5,0 cm²/m.

Längsbewehrung oben und unten bei Balkenstegen erf $a_S = 2{,}0 \cdot \mu \cdot b_0 \cdot b_0 = \dfrac{0{,}5 \cdot 0{,}1 \cdot 23 \cdot 23}{100} = 0{,}26\,\mathrm{cm^2}$ gewählt oben je 3 $\varnothing 6$ mit 0,85 cm². Unten: vorh $7 \cdot 0{,}93 = 6{,}51\,\mathrm{cm^2} > 0{,}26\,\mathrm{cm^2}$.

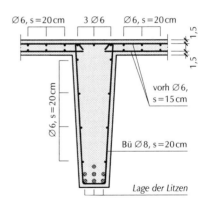

Bild 11.15 Mindestbewehrung

11.6 Nachweis der Biegebruchsicherheit

Der Nachweis erfolgt für die Stelle max M in x = l / 2.

$$\max M_q = 24{,}13 \cdot \frac{15{,}6^2}{8} = 734{,}0 \text{ kNm}$$

Berechnung des inneren Momentes M_{Ui} mit Hilfe des P–R–Diagramms:

Näherungsweise wird für den Steg mit der mittleren Breite $b_0 = \frac{46+41}{2} = 43{,}5$ cm gerechnet. Für die Platte ist mit d / h = 8,0 / 72,5 = 0,11 gem. Bild 8.30 der Völligkeitsbeiwert α = 1,0.

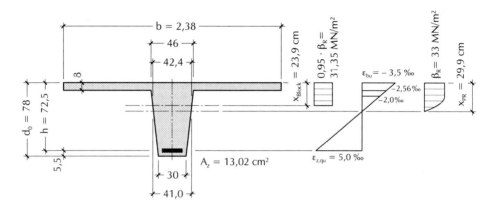

Bild 11.16 P-R-Diagramm und Spannungsblock für den Dehnungszustand $\varepsilon_{bu}/\varepsilon_{z,qu} = -3{,}5\ ‰\ /\ 5{,}0\ ‰$

Für den Steg erhält man nach Bild 8.19 für $\varepsilon_b = 2{,}56‰$ am unteren Plattenrand α = 0,74, den Abstandsbeiwert $k_a = 0{,}39$ und a = 0,39 · (29,9 − 8,0) = 8,5 cm, womit nach Bild 11.17

$D_{bU1} = 1{,}0 \cdot 3{,}3 \cdot 238 \cdot 8{,}0 = 6283{,}2$ kN

$D_{bU2} = 0{,}74 \cdot 3{,}3 \cdot 43{,}5 \cdot 29{,}9 = 3176{,}2$ kN

$D_{bU} = D_{bU1} + D_{bU2} = 6283{,}2 + 3176{,}2 = 9459{,}4$ kN

$M_{Ui1} = D_{bU1} \cdot z_1 = 6283{,}2 \cdot 0{,}685 = 4304{,}0$ kNm

$M_{Ui2} = D_{bU2} \cdot z_2 = 3176{,}2 \cdot 0{,}56 = 1778{,}7$ kNm

$M_{Ui} = M_{Ui1} + M_{Ui2} = 4304{,}0 + 1778{,}7 = 6082{,}7$ kNm

$$z = \frac{6082{,}7}{9459{,}4} = 0{,}643 \text{ m}$$

11.6 Nachweis der Biegebruchsicherheit

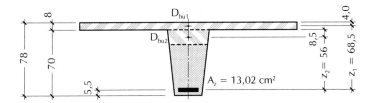

Bild 11.17 Lage der Druckkräfte D_{bU1} und D_{bU2} für den Dehnungszustand $\varepsilon_{bu} / \varepsilon_{z,qu} = -3{,}5‰ / 5{,}0‰$

Die im rechnerischen Bruchzustand vorhandene Stahlzugkraft Z_v ist abhängig von der Dehnung $\varepsilon_{zU} = \varepsilon_{zv}^{(0)} + \varepsilon_{max\,k+s}^{(0)} + \varepsilon_{z,qU}^{(0)}$ (s. 8.4). Mit der gewählten Spannbettspannung $\sigma_{zv}^{(0)} = 1010\ \text{MN/m}^2$ (s. Abschn. 11.3.2, Spannbettzustand) und dem Spannungsverlust $\sigma_{z,max\,k+s} = -128{,}31\ \text{MN/m}^2$ (s. Tab. 11.2) bzw. $\sigma_{z,max\,k+s}^{(0)} = \frac{\sigma_{z,max\,k+s}}{1-\alpha} = \frac{-128{,}31}{1-0{,}06714} = 137{,}54\ \text{MN/m}^2$ beträgt die Gesamtdehnung $\varepsilon_{zU} = \frac{1}{195000} \cdot (1010 - 137{,}54) \cdot 1000 + 5{,}0 = 4{,}47 + 5{,}0 = 9{,}47\ ‰ > \varepsilon_{z\,0{,}2\%} \approx 9{,}0\ ‰$. Die Spannstahlspannung kann mit β_S bzw. $\beta_{0,2} = 1570\ \text{MN/m}^2$ angesetzt werden. $Z_U = \beta_{0,2} \cdot A_z = 157 \cdot 13{,}02 = 2044{,}1\ \text{kN}$. Es ist $M_{Ui} = D_{bU} \cdot z$ bzw. $Z_U \cdot z$; der kleinere Wert ist maßgebend, hier $M_{Ui} = Z_U \cdot z = 2044{,}1 \cdot 0{,}643 = 1314{,}4\ \text{kNm}$. Damit wird vorh $\gamma = \frac{M_{Ui}}{max\ M_q} = \frac{1314{,}4}{734} = 1{,}791 > 1{,}75$.

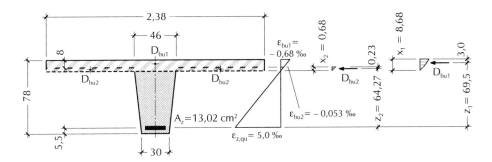

Bild 11.18 Lage der Druckkräfte D_{bU1} und D_{bU2} für den Dehnungszustand $\varepsilon_{bu} / \varepsilon_{z,qu} = -0{,}68‰ / 5{,}0‰$

Da die Betondruckkraft $D_{bU} = 9459{,}4\ \text{kN} \gg Z_{bU} = 2044{,}1\ \text{kN}$ liegt der Fall der schwachen Bewehrung vor, was bei großen Druckgurten üblich ist. Man erzielt einen größeren Sicherheitsbeiwert durch Verkleinerung der Randstauchung ε_{bU}, womit die Nullinie nach oben verlagert wird und der innere Hebel sich vergrößert. Den größtmöglichen inneren Hebel erhält man für $D_{bU} = Z_U$. Diese Bedingung ist hier für den Dehnungszustand $\varepsilon_{bu} / \varepsilon_{z,qu} = -0,68‰ / 5,0‰$ erfüllt. Der Rechengang für diesen Dehnungszustand wird nach Bild 11.18 durchgeführt. Für die Randstauchungen –0,68‰ (Plattenoberseite) und –0,053‰ (Plattenunterseite) erhält man die Völligkeitsbeiwerte $\alpha_1 = 0,301$ und $\alpha_2 = 0,0263$.

Die Druckkräfte sind damit
$D_{bU1} = 0,301 \cdot 3,3 \cdot 238 \cdot 8,68 = 2052,0$ kN
$D_{bU2} = -0,0263 \cdot 3,3 \cdot (238 - 46) \cdot 0,68 = -11,3$ kN
$D_{bU} = D_{bU1} + D_{bU2} = 2052,0 - 11,3 = 2040,7$ kN

$M_{Ui1} = D_{bU1} \cdot z_1 = 2052,0 \cdot 0,695 = 1426,1$ kNm
$M_{Ui2} = D_{bU2} \cdot z_2 = -11,3 \cdot 0,6427 = -7,3$ kNm
$M_{Ui} = M_{Ui1} + M_{Ui2} = 1426,1 - 7,3 = 1418,8$ kNm

$z = \dfrac{1418,8}{2040,7} = 0,6953$ m

Hier ist $D_{bU} = 2040,7 < Z_U = 2044,1$; der Sicherheitsbeiwert hat sich vergrößert auf vorh $\gamma = \dfrac{1418,8}{734} = 1,93$.

Berechnung des inneren Momentes M_{Ui} mit Hilfe des Spannungsblocks:

Wegen der konstanten Druckspannung $\sigma_{bU} = 0,95 \cdot \beta_R$ ergibt sich bei schwacher Bewehrung die Druckzonenhöhe x_{Block} aus der Bestimmungsgleichung $Z_U = D_{bU} = 0,95 \cdot \beta_R \cdot b \cdot x_{Block}$ zu $x_{Block} = \dfrac{Z_U}{0,95 \cdot \beta_R \cdot b} = \dfrac{2044,1}{0,95 \cdot 3,3 \cdot 238} = 2,74$ cm. Mit dem inneren Hebel $z = 78 - 5,5 - \dfrac{2,74}{2} = 71,13$ cm wird $M_{Ui} = 2044,1 \cdot 0,7113 = 1454$ kNm und der Sicherheitsbeiwert $\gamma = \dfrac{1454}{734} = 1,98$.

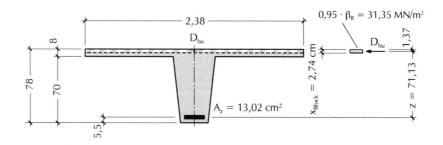

Bild 11.19 Lage der Druckkraft beim Spannungsblock für $D_{bU} = Z_U$

11.6 Nachweis der Biegebruchsicherheit

Wie schon erwähnt, liegt bei geringen Randstauchungen (hier: $\varepsilon_{bu} = -0{,}68‰$), d.h. bei geringer Auslastung der Druckzone, der mit dem Spannungsblock berechnete Sicherheitsbeiwert geringfügig auf der unsicheren Seite (hier: 2,6%).
Man sieht, daß infolge der hohen Betonspannung $\sigma_{bU} = 0{,}95 \cdot \beta_R$ für $D_{bU} = Z_U$ nur eine geringe Druckzonenhöhe erforderlich ist, wodurch der innere Hebel z etwas zu groß wird. Im Vergleich zeigt sich $z_{P-R} = 69{,}53$ cm, $z_{Block} = 71{,}13$ cm.
Bei rechteckiger Druckzone sollte, insbesondere bei geringer Auslastung derselben, das P–R–Diagramm benutzt werden.

11.7 Nachweis der schiefen Hauptspannungen und Schubbemessung

11.7.1 Nachweis der schiefen Hauptzugspannungen im Gebrauchszustand

Da hier keine unmittelbare Stützung vorliegt, wird der Nachweis am Auflagerrand (Schnitt b–b) und am Ende des Eintragungsbereichs (Schnitt a–a) geführt (s. Bild 11.20).

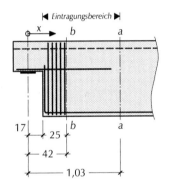

Bild 11.20 Lage der Nachweisstellen

Nachweis im Schnitt b–b, x = 0,42 m:

Als maßgebende Beanspruchungskombination wird gewählt
v + max k+s + q

Schnittgrößen

$$Q = 24{,}13 \cdot \left(\frac{15{,}6}{2} - 0{,}42\right) = 178{,}1\,\text{kN}$$

$$M = 24{,}13 \cdot \frac{0{,}42}{2} \cdot (15{,}60 - 0{,}42) = 76{,}9\,\text{kNm}$$

Längsspannungen

Lastfall v + max k+s

Längsspannungen $\sigma_{b,v+\text{max ks}}$ (s. Tab. 11.3).
Abminderungsfaktor für $\sigma_{b,v+\text{max ks}}$ im Eintragungsbereich $\frac{25}{86}$ (s. Bild 11.20).

$$\tfrac{25}{86} \cdot \sigma_{bo,v+\text{maxks}} = \tfrac{25}{86} \cdot (3{,}07 - 0{,}67) = 0{,}70\,\text{MN/m}^2$$

$\frac{25}{86} \cdot \sigma_{bu,v+maxks} = \frac{25}{86} \cdot (3{,}26 - 14{,}85) = -3{,}37 \text{ MN/m}^2$

Lastfall q (Vollast)

$\sigma_{bo,q} = -\dfrac{7690}{10375{,}4} \cdot 10 = -0{,}74 \text{ MN/m}^2$

$\sigma_{bu,q} = \dfrac{7690}{51282{,}4} \cdot 10 = 1{,}50 \text{ MN/m}^2$

Schubspannungen

Für Zustand I gilt $\tau = \dfrac{Q_b \cdot S}{I_b \cdot b_0}$.

Querkraft für einen Steg

$\dfrac{Q}{2} = \dfrac{178{,}1}{2} = 89{,}1 \text{ kN}$.

$\dfrac{I_b}{2} = \dfrac{2562218}{2} = 1281109 \text{ cm}^4$

(s. Tab 11.1).

Tab. 11.8 τ und σ_1

Schnitt	S [cm³]	τ [MN/m²]	σ1 [MN/m²]
0 – 0	0,0	0,00	0,00
1 – 1	20277,6	oben: 0,12	oben: 0,05
		unten: 0,61	unten: 0,51
S – S	23619,0	0,78	0,53
2 – 2	17016,2	0,66	0,28
3 – 3	0,0	0,00	0,00

max $\sigma_1 = 0{,}53 \text{ MN/m}^2 <$ zul $\sigma_1 = 3{,}0 \text{ MN/m}^2$ (s. DIN 4227, Tab. 9, Zeile 48); die zulässige Hauptzugspannung σ_1 ist eingehalten.

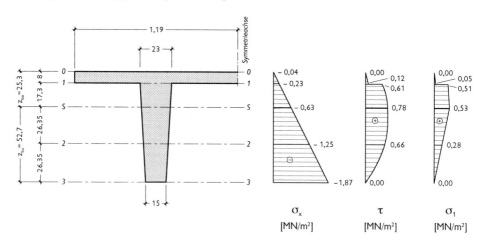

Bild 11.21 Verlauf von σ_x, τ und σ_1 über die Balkenhöhe im Schnitt b–b, x = 0,42 m

11.7 Nachweis der schiefen Hauptspannungen und Schubbemessung

Nachweis im Schnitt a–a, x = 1,03 m (Ende Eintragungsbereich)

Als maßgebende Beanspruchungskombination wird gewählt
v + min k+s + q

Schnittgrößen

$$Q = 24,13 \cdot \left(\frac{15,6}{2} - 1,03\right) = 163,4 \text{ kN}$$

$$M = 24,13 \cdot \frac{1,03}{2} \cdot (15,60 - 1,03) = 181,1 \text{ kNm}$$

Längsspannungen

Nach Tab. 11.3

$\sigma_{bo,v+minks} = 0,89 \text{ MN/m}^2$

$\sigma_{bu,v+minks} = -9,23 \text{ MN/m}^2$

Schubspannungen

Querkraft für einen Steg

$$\frac{Q}{2} = \frac{163,4}{2} = 81,7 \text{ kN}.$$

Tab. 11.9 τ und σ_1

Schnitt	S [cm3]	τ [MN/m²]	σ_1 [MN/m²]
0 – 0	0,0	0,00	0,00
1 – 1	20277,6	oben: 0,11	oben: 0,06
		unten: 0,56	unten: 0,49
S – S	23619,0	0,72	0,20
2 – 2	17016,2	0,60	0,06
3 – 3	0,0	0,00	0,00

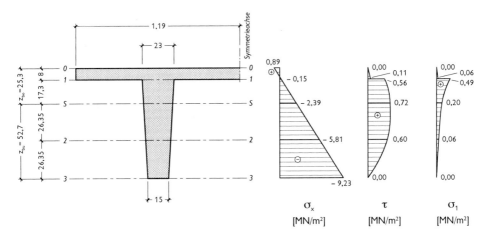

Bild 11.22 Verlauf von σ_x, τ und σ_1 über die Balkenhöhe im Schnitt a–a, x = 1,03 m

Die maximale Hauptzugspannung im im Schnitt a–a, x = 1,03 m, hat mit max σ_1 = 0,49 MN/m² etwa den gleichen Wert wie max σ_1 im Schnitt b–b, x = 0,42 m, mit max σ_1 = 0,53 MN/m².
Es sollte beachtet werden, daß im Schnitt b–b, x = 0,42 m, die Verteilung der Längsdruckspannungen σ_x über die Höhe unsicher ist, da dieser Schnitt noch innerhalb der Übertragungslänge $l_{\ddot{u}}$ = 55 · 1,25 = 68,75 cm liegt. Ohne Berücksichtigung der Längsdruckspannung σ_x würde die Hauptzugspannung max σ_1 = max τ = 0,78 MN/m² betragen.

11.7.2 Nachweis der schiefen Hauptdruckspannung im rechnerischen Bruchzustand

Der Nachweis für die schiefe Hauptdruckspannung σ_{2U}^{II} erfolgt im Schnitt x = 0,42 m.

Für die Beanspruchungskombination v + max k+s + q_U beträgt die untere Betonrandspannung σ_{bu} mit q_U = 1,75 · 24,13 = 42,23 kN/m $\sigma_{bu,v+maxks+qu}$ =

$-3,37 + \frac{0,04223 \cdot (15,6 \cdot 0,42 - 0,42^2)}{2 \cdot 0,0512824} =$ $-3,37 + 2,63 =$ $-0,74 \text{ MN/m}^2 < 3,5 \text{ MN/m}^2$

(s. Tafel 9.1). Der Schnitt x = 0,42 m liegt in Zone a.
Die Grenze zwischen Zone a und b liegt bei x = 3,03 m. An dieser Stelle beträgt die Betonrandspannung am unteren Rand mit $M_{qu} = \frac{42,23 \cdot 3,03 \cdot (15,60 - 3,03)}{2} =$ 804,2 kNm $\sigma_{bu,v+maxks+qu} = -14,85 + 2,64 + \frac{0,8042}{0,0512824} = 3,47 \text{ MN/m}^2 \approx 3,5 \text{ MN/m}^2$

Der Nachweis der schiefen Hauptdruckspannung σ_{2U}^{II} wird in der Schwerlinie des Trägers nach Zone a geführt.

Die Neigung der Hauptdruckspannung im Zustand I erhält man aus $\tan 2 \cdot \vartheta_1 = \frac{2 \cdot \tau_U}{\sigma_{xU}}$. Nach Bild 11.21 ist $\tau_U = 1,75 \cdot 0,78 = 1,365 \text{ MN/m}^2$ und $\sigma_x = -0,63 \text{ MN/m}^2$; damit wird $\tan 2 \cdot \vartheta_1 = \frac{2 \cdot 1,365}{-0,63} = -4,33 \rightarrow \vartheta_1 = 38,5°$ und $\tan \vartheta_1 = 0,795$ (vgl. Bild 9.4). Die Druckstrebenneigung ist nach Gl. 9.12 mit $\tau_U = 1,365 \text{ MN/m}^2$ und $\Delta\tau = 0,6 \cdot 2,2 = 1,32 \text{ MN/m}^2$ (Tabellenwert 2,2 gem. DIN 4227, Tab. 9, Zeile 50) $\tan \vartheta = 0,795 \cdot \left(1 - \frac{1,32}{1,365}\right) = 0,026 < 0,4$. Die Neigung ist mit $\tan \vartheta = 0,4$ zu $\vartheta = 21,8°$ anzunehmen.

11.7 Nachweis der schiefen Hauptspannungen und Schubbemessung

Die schiefe Hauptdruckspannung ergibt sich nach Gl. 9.11 für lotrechte Bügel zu
$$\sigma_{2U}{}^{II} = \frac{\tau_U}{\sin\vartheta \cdot \cos\vartheta} = \frac{1{,}365}{\sin 21{,}8° \cdot \cos 21{,}8°} = 3{,}96 \text{ MN/m}^2 \ll \text{zul } \sigma = 25 \text{ MN/m}^2$$
(DIN 4227, Tab. 9, Zeile 62).

Nachweis nach Zone b (s. Abschn. 12.3.2, DIN 4227)
Die maßgebende Spannungsgröße ist nach Gl. 9.16 $\tau_R = \frac{Q_U}{b_0 \cdot z}$.

Für einen Steg ist die Querkraft $Q_U = 1{,}75 \cdot 89{,}1 = 155{,}9 \text{ kN}$. Der Hebel z wird vom Biegebruchsicherheitsnachweis in $x = l/2$ mit $z = 0{,}695 \text{ m}$ übernommen (s. Abschn. 11.6). Für b_0 wird die Stegbreite im Schwerpunkt der zweiten Spannstahllage mit $b_0 = 15 + \frac{8}{70} \cdot 6{,}4 = 15{,}73 \text{ cm}$ angenommen (s. Bild 11.6). Damit ist $\tau_{RU} = \frac{0{,}1559}{0{,}1573 \cdot 0{,}695} = 1{,}43 \text{ MN/m}^2 \ll \text{zul } \tau_R = 9{,}0 \text{ MN/m}^2$ (DIN 4227, Tab. 9, Zeile 56).

Für die Neigung der Druckstrebe ist wegen $\tan\vartheta = 1 - \frac{0{,}6 \cdot 2{,}2}{1{,}43} = 0{,}077 < 0{,}4$ $\tan\vartheta = 0{,}4$ zu setzen, bzw. $\vartheta = 21{,}8°$.

Wegen der geringen Beanspruchung ergeben sich für die Berechnung nach Zone a und Zone b die gleichen Neigungen.

11.7.3 Bemessung der Schubbewehrung

Die Schubbewehrung ist nachzuweisen, wenn die Hauptzugspannung unter rechnerischer Bruchlast im Zustand I $\sigma_{1U}{}^I$ den Grenzwert nach DIN 4227, Tab. 9, Zeilen 50 bis 55 überschreitet.

Hier beträgt der Grenzwert nach Zeile 50 für $\sigma_{1U}{}^I$ bzw. τ_{RU} 2,2 MN/m².

Für den rechnerischen Bruchzustand sind nach Bild 11.21 für Zone a $\sigma_x = -0{,}63 \text{ MN/m}^2$ und $\tau_U = 1{,}75 \cdot 0{,}78 = 1{,}37 \text{ MN/m}^2$.

Nach Gl. 9.3 erhält man damit
$$\sigma_{1U}{}^I = \frac{-0{,}63}{2} + \sqrt{\left(\frac{0{,}63}{2}\right)^2 + 1{,}37^2} = 1{,}09 \text{ MN/m}^2 < 2{,}2 \text{ MN/m}^2.$$

Ein Nachweis der Schubbewehrung ist nicht erforderlich.

Für die Berechnung nach Zone b ist $\tau_{RU} = 1{,}43 \text{ MN/m}^2 < 2{,}2 \text{ MN/m}^2$.
Auch hier kann der Nachweis der Schubbewehrung entfallen.

Für $\tan\vartheta = 0{,}4$ (Neigung der Druckstrebe 21,8°) erhält man für

Zone a

$Z'_{SU} = T'_U \cdot \tan \vartheta = \tau_U \cdot b \cdot \tan \vartheta = 1{,}365 \cdot 0{,}21 \cdot 0{,}4 = 0{,}115 \text{ MN/m}$ und den Bügelquerschnitt für BSt 500 S $a_{S,Bü} = \dfrac{115}{50} = 2{,}3 \text{ cm}^2/\text{m}$

Zone b

$Z'_{SU} = T'_U \cdot \tan \vartheta = \tau_{RU} \cdot b \cdot \tan \vartheta = 1{,}43 \cdot 0{,}1573 \cdot 0{,}4 = 0{,}09 \text{ MN/m}$ und den Bügelquerschnitt für BSt 500 S $a_{S,Bü} = \dfrac{90}{50} = 1{,}8 \text{ cm}^2/\text{m}$

Da $\sigma_{1U}{}^I$ und τ_{RU} unter der Nachweisgrenze liegen ist für die Bügel die Mindestbewehrung einzulegen. Sie beträgt nach Abschn. 11.5 erf $a_S = 3{,}8$ cm²/m, gewählt ⌀ 8, s = 20 cm mit 5,0 cm²/m (s. Bild 11.15).

11.8 Eintragung der Spannkraft und Verankerung

11.8.1 Krafteintragung durch Verbund

Nach Gl. 10.5 ist die Eintragungslänge $e = \sqrt{s^2 + (0{,}6 \cdot l_{\ddot{U}})^2}$; mit $s \approx d = 78$ cm und $l_{\ddot{U}} = k_1 \cdot d_V = 55 \cdot 1{,}25 = 68{,}75$ cm erhält man $e = \sqrt{78^2 + (0{,}6 \cdot 68{,}75)^2} = 88{,}2$ cm.

In Bild 11.7 ist e mit 86 cm angegeben, da das Rechenprogramm den Durchmesser d_V aus dem Litzenquerschnitt 0,93 cm² ermittelt.

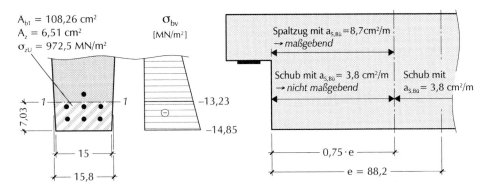

Bild 11.23 Eintragungsbereich mit Angaben zur Ermittlung der Spaltzugbewehrung

11.8 Eintragung der Spannkraft und Verankerung

Nach Bild 11.23 ist die Schubkraft im Schnitt 1-1 nach Gl. 10.7

$$T = Z_{v1} - \sigma_{b1,v,mittel} \cdot A_{b1} = 97{,}25 \cdot 6{,}51 - 108{,}26 \cdot \frac{1{,}323 + 1{,}485}{2} = 633{,}1 - 152 = 481{,}1\,\text{kN}$$

Für Vorspannung am Querschnittsrand wird die Spaltzugkraft nach Gl. 10.9
$Z_{Bü} = \frac{T}{3} = \frac{481{,}1}{3} = 164{,}4\,\text{kN}$. Die dafür erforderliche Spaltzugbewehrung beträgt für

BSt 500 S erf $A_{S,Bü} = \frac{164{,}4}{\frac{50}{1{,}75}} = 5{,}75\,\text{cm}^2$. Sie ist zu verteilen auf $0{,}75 \cdot e =$

$0{,}75 \cdot 88{,}2 = 66{,}15\,\text{cm}$, womit $a_{S,Bü} = \frac{5{,}75}{0{,}6625} = 8{,}7\,\text{cm}^2/\text{m}$ (s. Bild 11.23).

11.8.2 Nachweis der Verankerung durch Verbund

Der Verankerungsbereich muß frei von Biegezug und Schubrissen sein. Es wird in Zone a verankert, die sich nach Abschn. 11.7.2 bis $x = 3{,}03\,\text{m}$ erstreckt. Nach Abschn. 11.7.3 ist $\sigma_{1U}{}^I = 1{,}09\,\text{MN/m}^2 < \text{zul}\,\sigma_{1U}{}^I = 3{,}5\,\text{MN/m}^2$ (DIN 4227, Tab. 9, Zeile 49); damit ist nachgewiesen, daß der Bereich auch frei von Schubrissen ist.
Die Verankerungen liegen zwischen dem hochgezogenen Auflager und dem Schnitt a–a, $x = 1{,}03\,\text{m}$. Die zu verankernde Zugkraft beträgt im Schnitt a-a für einen Steg $Z_U = \frac{M_{U(1,03)}}{z} = \frac{158{,}5}{0{,}695} = 228{,}1\,\text{kN}$. Der Querkraftanteil $Q_U = \frac{V}{h}$
(s. Gl. 10.12) kann entfallen, da anschließend an den Verankerungsbereich keine Schubrisse vorausgesetzt werden müssen.
Für die Verankerungslänge $l = \frac{Z_U}{\sigma_z \cdot A_z} \cdot l_Ü$ (s. Gl. 10.11) erhält man mit $\sigma_z =$
zul $\sigma_z = 973{,}5\,\text{MN/m}^2$, $A_z = 6{,}51\,\text{cm}^2$ (s. Bild 11.23) und $l_Ü = 68{,}75\,\text{cm}$
(s. Abschn. 11.8.1) $l = \frac{228{,}1}{97{,}35 \cdot 6{,}51} \cdot 68{,}75 = 24{,}7\,\text{cm} < 1{,}03\,\text{m}$.
Damit ist die ausreichende Verankerung gem. DIN 4227, Abschn. 14.3, Abs. 3, Bedingung a) nachgewiesen.

Sollte die Bedingung nach a) nicht erfüllt sein, so könnte die Bedingung b) wie folgt nachgewiesen werden:
Für die Auflagerkraft eines Steges unter rechnerischer Bruchlast $Q_U = 1{,}75 \cdot \frac{24{,}13}{2} \cdot \frac{15{,}6}{2} = 164{,}7\,\text{kN}$ und das Versatzmaß gem. DIN 1045 $v = 1{,}0 \cdot h$ muß der rechnerische Überstand über die Auflagervorderkante nach Gl. 10.13 bei

indirekter Lagerung (hier Vorderkante Aufhängung, s. Bild 11.20) mindestens betragen $l_1 = \frac{Z_{AU}}{\sigma_z \cdot A_z} \cdot l_{\ddot{U}} = \frac{Q_U \cdot \frac{v}{h}}{\sigma_z \cdot A_z} \cdot l_{\ddot{U}} = \frac{164{,}7 \cdot 1{,}0}{97{,}35 \cdot 6{,}51} \cdot 68{,}75 = 17{,}9 \text{ cm} < 25 \text{ cm}$ (s. Bild 11.20).

Damit ist die ausreichende Verankerung auch nach Bedingung b) nachgewiesen.

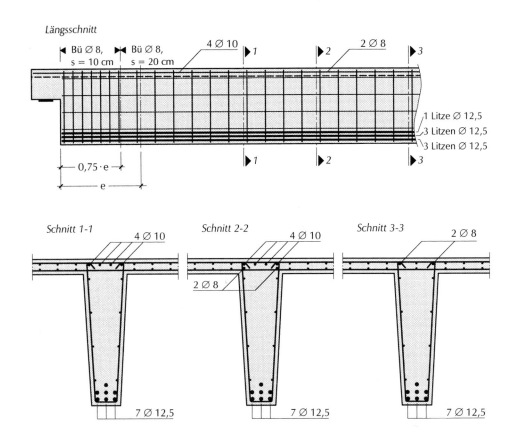

Bild 11.24 Bewehrungsführung

12 Lösungen zu den Übungen gemäß Abschn. 2.6

12.1 Aufgabe 1

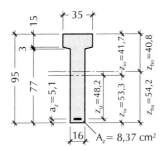

Bild 12.1 Querschnittswerte

Ermittlung der Querschnittswerte

Bruttowerte

$A_b = 16 \cdot 80 + 2 \cdot 9{,}5 \cdot \frac{3}{2} + 15 \cdot 35 =$

$1280 + 28{,}5 + 525 = 1834 \text{ cm}^2$

$z_{bu} = \dfrac{1280 \cdot 40 + 28{,}5 \cdot 79 + 525 \cdot 87{,}5}{1834} = 54{,}2 \text{ cm}$

$z_{bo} = 95 - 54{,}2 = 40{,}8 \text{ cm}$

$I_b = 1550320 \text{ cm}^4$

$n = \dfrac{E_z}{E_b} = \dfrac{195000}{39000} = 5$

Ideelle Werte

$A_i = A_b + (n-1) \cdot A_z = 1834 + (5-1) \cdot 8{,}37 = 1867 \text{ cm}^2$

$z_{iu} = \dfrac{A_b \cdot z_{bu} + (n-1) \cdot A_z \cdot a_z}{A_i} = \dfrac{1834 \cdot 54{,}2 + (5-1) \cdot 8{,}37 \cdot 5{,}1}{1867} = 53{,}3 \text{ cm}$

$z_{io} = 95 - 53{,}3 = 41{,}7 \text{ cm}$; $z_{iz} = 53{,}3 - 5{,}1 = 48{,}2 \text{ cm}$

$I_i = I_b + A_b \cdot (z_{bu} - z_{iu})^2 + (n-1) \cdot A_z \cdot z_{iz}^2 =$

$1550320 + 1834 \cdot (54{,}2 - 53{,}3)^2 + (5-1) \cdot 8{,}37 \cdot 48{,}2^2 = 1629588 \text{ cm}^4$

$W_{io} = \dfrac{1629588}{41{,}7} = 39079 \text{ cm}^3$; $W_{iu} = \dfrac{1629588}{53{,}3} = 30574 \text{ cm}^3$;

$W_{iz} = \dfrac{1629588}{48{,}2} = 33809 \text{ cm}^3$

Vorspannkräfte und Vorspannmomente (Spannbettzustand)

Mit den Vorzeichen gem. Bild 2.11 ist

$Z_v^{(0)} = A_z \cdot \sigma_{zv}^{(0)} = 8{,}37 \cdot 97{,}2 = 813{,}6 \text{ kN}$

$M_{bv}^{(0)} = -Z_v^{(0)} \cdot z_{iz} = -813{,}6 \cdot 0{,}482 = -392{,}16 \text{ kNm}$

Lastfall Vorspannung (Verankerung gelöst, Balken gewichtslos gedacht)

$\sigma_{bo,v} = -\dfrac{813{,}6}{1867} - \dfrac{-39216}{39079} = -0{,}436 + 1{,}004 = 0{,}568 \text{ kN/cm}^2 = 5{,}68 \text{ MN/m}^2$

$\sigma_{bu,v} = -\dfrac{813{,}6}{1867} + \dfrac{-39216}{30574} = -0{,}436 - 1{,}283 = -1{,}719 \text{ kN/cm}^2 = -17{,}19 \text{ MN/m}^2$

$$\sigma_{bz,v} = -\frac{813,6}{1867} + \frac{-39216}{33809} = -0,436 - 1,160 = -1,596 \text{ kN/cm}^2 = -15,96 \text{ MN/m}^2$$

Stahlspannung nach dem Lösen der Verankerung

$$\sigma_{z,v} = \sigma_{zv}^{(0)} + n \cdot \sigma_{bz,v} = 972 + 5 \cdot (-15,96) = 892,2 \text{ MN/m}^2$$

Längsspannungen in $x = l/2 = 10,20$ m

Lastfall g_1

$$M_{g1} = 4,59 \cdot \frac{20,40^2}{8} = 238,77 \text{ kNm}$$

$$\sigma_{bo,g1} = -\frac{23877}{39079} = -0,611 \text{ kN/cm}^2 = -6,11 \text{ MN/m}^2$$

$$\sigma_{bu,g1} = \frac{23877}{30574} = 0,781 \text{ kN/cm}^2 = 7,81 \text{ MN/m}^2$$

$$\sigma_{bz,g1} = \frac{23877}{33809} = 0,706 \text{ kN/cm}^2 = 7,06 \text{ MN/m}^2$$

$$\sigma_{z,g1} = n \cdot \sigma_{bz,g1} = 5 \cdot 7,06 \text{ MN/m}^2 = 35,3 \text{ MN/m}^2$$

Lastfall g_2

$$M_{g2} = 4,2 \cdot \frac{20,40^2}{8} = 218,48 \text{ kNm}$$

$$\sigma_{bo,g2} = -\frac{21848}{39079} = -0,559 \text{ kN/cm}^2 = -5,59 \text{ MN/m}^2$$

$$\sigma_{bu,g2} = \frac{21848}{30574} = 0,715 \text{ kN/cm}^2 = 7,15 \text{ MN/m}^2$$

$$\sigma_{bz,g2} = \frac{21848}{33809} = 0,646 \text{ kN/cm}^2 = 6,46 \text{ MN/m}^2$$

$$\sigma_{z,g2} = n \cdot \sigma_{bz,g2} = 5 \cdot 6,46 \text{ MN/m}^2 = 32,3 \text{ MN/m}^2$$

Lastfall p

$$M_p = 2,5 \cdot \frac{20,40^2}{8} = 130,05 \text{ kNm}$$

$$\sigma_{bo,p} = -\frac{13005}{39079} = -0,333 \text{ kN/cm}^2 = -3,33 \text{ MN/m}^2$$

$$\sigma_{bu,p} = \frac{13005}{30574} = 0,425 \text{ kN/cm}^2 = 4,25 \text{ MN/m}^2$$

Aufgabe 1

$$\sigma_{bz,p} = \frac{13005}{33809} = 0{,}385 \text{ kN/cm}^2 = 3{,}85 \text{ MN/m}^2$$

$$\sigma_{z,p} = n \cdot \sigma_{bz,p} = 5 \cdot 3{,}85 \text{ MN/m}^2 = 19{,}25 \text{ MN/m}^2$$

Lastfall k+s

$$\sigma_{bo,k+s} = \sigma_{bo,v} \cdot \frac{\sigma_{z,k+s}}{\sigma_{z,v}} \; ; \text{ mit } \sigma_{z,k+s} = (-0{,}13) \cdot \sigma_{z,v} \text{ (s. Aufgabenstellung) wird}$$

$$\sigma_{bo,k+s} = 5{,}68 \cdot (-0{,}13) = -0{,}74 \text{ MN/m}^2$$

$$\sigma_{bu,k+s} = -17{,}19 \cdot (-0{,}13) = 2{,}23 \text{ MN/m}^2$$

$$\sigma_{z,k+s} = (-0{,}13) \cdot 892{,}2 = -116{,}0 \text{ MN/m}^2$$

Längsspannungen in x = 0,90 m

Lastfall g_1

$$M_{g1} = \frac{4{,}59 \cdot 0{,}90}{2} \cdot (20{,}40 - 0{,}90) = 40{,}28 \text{ kNm}$$

$$\sigma_{bo,g1} = -\frac{4028}{39079} = -0{,}103 \text{ kN/cm}^2 = -1{,}03 \text{ MN/m}^2$$

$$\sigma_{bu,g1} = \frac{4028}{30574} = 0{,}132 \text{ kN/cm}^2 = 1{,}32 \text{ MN/m}^2$$

$$\sigma_{bz,g1} = \frac{4028}{33809} = 0{,}119 \text{ kN/cm}^2 = 1{,}19 \text{ MN/m}^2$$

$$\sigma_{z,g1} = n \cdot \sigma_{bz,g1} = 5 \cdot 1{,}19 \text{ MN/m}^2 = 5{,}95 \text{ MN/m}^2$$

Lastfall g_2

$$M_{g2} = \frac{4{,}2 \cdot 0{,}90}{2} \cdot (20{,}40 - 0{,}90) = 36{,}86 \text{ kNm}$$

$$\sigma_{bo,g2} = -\frac{3686}{39079} = -0{,}094 \text{ kN/cm}^2 = -094 \text{ MN/m}^2$$

$$\sigma_{bu,g2} = \frac{3686}{30574} = 0{,}121 \text{ kN/cm}^2 = 1{,}21 \text{ MN/m}^2$$

$$\sigma_{bz,g2} = \frac{3686}{33809} = 0{,}109 \text{ kN/cm}^2 = 1{,}09 \text{ MN/m}^2$$

$$\sigma_{z,g2} = n \cdot \sigma_{bz,g2} = 5 \cdot 1{,}09 \text{ MN/m}^2 = 5{,}45 \text{ MN/m}^2$$

Lastfall p

$$M_p = \frac{2,5 \cdot 0,90}{2} \cdot (20,40 - 0,90) = 21,94 \text{ kNm}$$

$$\sigma_{bo,p} = -\frac{2194}{39079} = -0,056 \text{ kN/cm}^2 = -0,56 \text{ MN/m}^2$$

$$\sigma_{bu,p} = \frac{2194}{30574} = 0,072 \text{ kN/cm}^2 = 0,72 \text{ MN/m}^2$$

$$\sigma_{bz,p} = \frac{2194}{33809} = 0,065 \text{ kN/cm}^2 = 0,65 \text{ MN/m}^2$$

$$\sigma_{z,p} = n \cdot \sigma_{bz,p} = 5 \cdot 0,65 \text{ MN/m}^2 = 3,25 \text{ MN/m}^2$$

Lastfall k+s in x = 0,90 m nicht maßgebend

Überlagerung (Tab. 12.1 und Tab. 12.2)

Tab. 12.1 Überlagerung

Längsspannungen für die Stelle x = l / 2 = 10,20 m				
Lastfall	Betonspannung [MN/m²]		Stahlspannung [MN/m²]	
	unten	oben	unten	oben
v	-17,19	5,68	892,2	
g_1	7,81	-6,11	35,3	
g_2	7,15	-5,59	32,3	
p	4,25	-3,33	19,3	
max k+s	2,23	-0,74	-116,0	
v + g_1	-9,38	-0,43	927,5	
v+g_1+g_2+ p+max k+s	4,25	-10,09	863,1	

Tab. 12.2 Überlagerung

Längsspannungen für die Stelle x = 0,90 m				
Lastfall	Betonspannung [MN/m²]		Stahlspannung [MN/m²]	
	unten	oben	unten	oben
v	-17,19	5,68	892,2	
g_1	1,32	-1,03	6,0	
g_2	1,21	-0,94	5,5	
p	0,72	-0,56	3,3	
max k+s	nicht maßgebend			
v + g_1	-15,87	4,65	898,2	
v+g_1+g_2+ p+max k+s	nicht maßgebend			

Auswertung

Die Berechnung der Längsspannungen im Gebrauchszustand wurde für die maßgebenden Stellen durchgeführt. Die Überlagerung erfolgte für die jeweils maßgebenden, ungünstigsten Lastfallkombinationen.

Aufgabe 1

Spannungsnachweis:

Stelle x = l / 2 = 10,20 m

Kombination v+g_1

Größte Stahlspannung
vorh σ_z = 927,5 MN/m² < zul σ_z = 0,55 · β_z = 0,55 · 1570 = 973,5 MN/m²
(zul σ_z s. Tab. 9, Zeile 65, DIN 4227)

Kombination v+g_1+g_2+p+max k+s

Größte Betonzugspannung unten
vorh σ_{bu} = 4,25 MN/m² < zul $\sigma_{b,Zug}$ = 4,5 MN/m² (s. Tab. 9, Zeile 19, DIN 4227)

Größte Betondruckspannung oben (Druckzone)
vorh σ_{bo} = 10,09 MN/m² < zul $\sigma_{b,Druck}$ = 19,0 MN/m² (s. Tab. 9, Zeile 2, DIN 4227)

Stelle x = 0,90 m

Kombination v+g_1

Größte Betonzugspannung oben
vorh σ_{bo} = 4,65 MN/m² > zul $\sigma_{b,Zug}$ = 4,5 MN/m² (s. Tab. 9, Zeile 19, DIN 4227)
Die geringfügige Überschreitung der zulässigen Betonzugspannung ist vertretbar, da sie umgehend durch Kriechen und Schwinden abgebaut wird.

Größte Betondruckspannung unten (vorgedrückte Zugzone)
vorh σ_{bu} = 15,87 MN/m² < zul $\sigma_{b,Druck}$ = 21,0 MN/m² (s. Tab. 9, Zeile 6, DIN 4227)

Die zulässigen Spannungen sind eingehalten.

12.2 Aufgabe 2

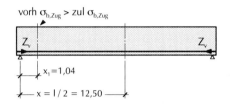

Bild 12.2 Betroffene Stelle

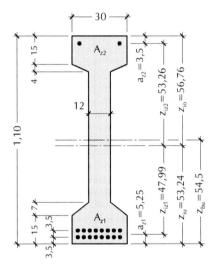

Bild 12.3 Neugewählte Vorspannung

Bild 12.2 zeigt die Stelle, an der laut Aufgabenstellung, Tab. 2.6 die zulässigen Betonzugspannungen für die gegebene, einsträngige Vorspannung überschritten sind.

In Abschn. 2 sind Maßnahmen zur Vermeidung zu hoher Betonzugspannungen im Obergurt auflagernaher Bereiche angegeben.
Hier wird ein zweiter, oberer Strang gem. Bild 12.3 gewählt.

Vorspannung
Strang 1
$A_{z1} = 16 \cdot 0{,}93 = 14{,}88 \text{ cm}^2$
$\sigma_{z1,v}^{(0)} = 1030 \text{ MN/m}^2$

Strang 2
$A_{z2} = 2 \cdot 0{,}93 = 1{,}86 \text{ cm}^2$
$\sigma_{z2v}^{(0)} = 500 \text{ MN/m}^2$

Ideelle Querschnittswerte $n = \frac{E_z}{E_b} = \frac{195000}{39000} = 5$

$A_i = A_b + (n-1) \cdot (A_{z1} + A_{z2}) = 1959 + 4 \cdot (14{,}88 + 1{,}86) = 2026 \text{ cm}^2$

$z_{iu} = \dfrac{A_b \cdot z_{bu} + (n-1) \cdot \left(A_{z1} \cdot a_{z1} + A_{z2} \cdot (d - a_{z2})\right)}{A_i} =$

$\dfrac{1959 \cdot 54{,}5 + 4 \cdot (14{,}88 \cdot 5{,}25 + 1{,}86 \cdot 106{,}5)}{2026} = 53{,}24 \text{ cm}$

$z_{io} = 110 - 53{,}24 = 56{,}76 \text{ cm}; \quad z_{iz1} = 47{,}99 \text{ cm}; \quad z_{iz2} = 53{,}2 \text{ cm}$

Aufgabe 2

$$I_i = I_b + A_b \cdot (z_{bu} - z_{iu})^2 + (n-1) \cdot (A_{z1} \cdot z_{iz1}^2 + A_{z2} \cdot z_{iz2}^2) =$$
$$2702419 + 1959 \cdot (54,5 - 53,24)^2 + 4 \cdot (14,88 \cdot 47,99^2 + 1,86 \cdot 53,26^2) =$$
$$2863710 \text{ cm}^4$$

$$W_{io} = \frac{2863710}{56,76} = 50453 \text{ cm}^3 \; ; \; W_{iu} = \frac{2863710}{53,24} = 53789 \text{ cm}^3$$

$$W_{iz1} = \frac{2863710}{47,99} = 59673 \text{ cm}^3 \; ; \; W_{iz2} = \frac{2863710}{53,26} = 53768 \text{ cm}^3$$

Vorspannkräfte und Vorspannmomente (Spannbettzustand)

Mit den Vorzeichen gem. Bild 2.11 ist

$$Z_{v1}^{(0)} = A_{z1} \cdot \sigma_{zv1}^{(0)} = 14,88 \cdot 103 = 1532,6 \text{ kN}$$
$$Z_{v2}^{(0)} = A_{z2} \cdot \sigma_{zv2}^{(0)} = 1,86 \cdot 50 = 93,0 \text{ kN}$$
$$Z_{v}^{(0)} = 1532,6 + 93,0 = 1625,6 \text{ kN}$$
$$M_{bv1}^{(0)} = -Z_{v1}^{(0)} \cdot z_{iz1} = -1532,6 \cdot 0,4799 = -735,5 \text{ kNm}$$
$$M_{bv2}^{(0)} = Z_{v2}^{(0)} \cdot z_{iz2} = 93,0 \cdot 0,5326 = +49,5 \text{ kNm}$$
$$M_{bv}^{(0)} = M_{bv1}^{(0)} + M_{bv2}^{(0)} = -735,5 + 49,5 = 686,0 \text{ kNm}$$

Lastfall Vorspannung (Verankerung gelöst, Balken gewichtslos gedacht)

$$\sigma_{bo,v} = -\frac{1625,6}{2026} - \frac{-68600}{50453} = -0,802 + 1,360 = 0,558 \text{ kN/cm}^2 = 5,58 \text{ MN/m}^2$$

$$\sigma_{bu,v} = -\frac{1625,6}{2026} + \frac{-68600}{53789} = -0,802 - 1,275 = -2,077 \text{ kN/cm}^2 = -20,77 \text{ MN/m}^2$$

$$\sigma_{bz1,v} = -\frac{1625,6}{2026} + \frac{-68600}{59673} = -0,802 - 1,150 = -1,952 \text{ kN/cm}^2 = -19,52 \text{ MN/m}^2$$

$$\sigma_{bz2,v} = -\frac{1625,6}{2026} - \frac{-68600}{53768} = -0,802 + 1,276 = 0,474 \text{ kN/cm}^2 = 4,74 \text{ MN/m}^2$$

Stahlspannung nach dem Lösen der Verankerung

$$\sigma_{z1,v} = \sigma_{z1,v}^{(0)} + n \cdot \sigma_{bz1,v} = 1030 + 5 \cdot (-19,52) = 932,4 \text{ MN/m}^2$$
$$\sigma_{z2,v} = \sigma_{z2,v}^{(0)} + n \cdot \sigma_{bz2,v} = 500 + 5 \cdot 4,74 = 523,7 \text{ MN/m}^2$$

Längsspannungen in $x = l/2 = 12,50$ m

Lastfall g_1

$$M_{g1} = 4,9 \cdot \frac{25,00^2}{8} = 382,8 \text{ kNm}$$

$$\sigma_{bo,g1} = -\frac{38280}{50453} = -0{,}759 \text{ kN/cm}^2 = -7{,}59 \text{ MN/m}^2$$

$$\sigma_{bu,g1} = \frac{38280}{53789} = 0{,}712 \text{ kN/cm}^2 = 7{,}12 \text{ MN/m}^2$$

$$\sigma_{bz1,g1} = \frac{38280}{59673} = 0{,}641 \text{ kN/cm}^2 = 6{,}41 \text{ MN/m}^2$$

$$\sigma_{bz2,g1} = -\frac{38280}{53768} = -0{,}712 \text{ kN/cm}^2 = -7{,}12 \text{ MN/m}^2$$

$$\sigma_{z1,g1} = n \cdot \sigma_{bz1,g1} = 5 \cdot 6{,}41 = 32{,}1 \text{ MN/m}^2$$

$$\sigma_{z2,g1} = n \cdot \sigma_{bz2,g1} = 5 \cdot (-7{,}12) = -35{,}6 \text{ MN/m}^2$$

Lastfall $q = g_1 + g_2 + p = 15{,}1$ kN/m
Hier werden bereits die Lasten zu der maßgebenden Lastfallkombination überlagert.

$$M_q = 15{,}1 \cdot \frac{25{,}00^2}{8} = 1180 \text{ kNm}$$

$$\sigma_{bo,q} = -\frac{118000}{50453} = -2{,}339 \text{ kN/cm}^2 = -23{,}39 \text{ MN/m}^2$$

$$\sigma_{bu,q} = \frac{118000}{53789} = 2{,}194 \text{ kN/cm}^2 = 21{,}94 \text{ MN/m}^2$$

$$\sigma_{bz1,q} = \frac{118000}{59673} = 1{,}977 \text{ kN/cm}^2 = 19{,}77 \text{ MN/m}^2$$

$$\sigma_{bz2,q} = -\frac{118000}{53768} = -2{,}195 \text{ kN/cm}^2 = -21{,}95 \text{ MN/m}^2$$

$$\sigma_{z1,q} = n \cdot \sigma_{bz1,q} = 5 \cdot 19{,}77 = 98{,}85 \text{ MN/m}^2$$

$$\sigma_{z2,q} = n \cdot \sigma_{bz2,q} = 5 \cdot (-21{,}95) = -109{,}75 \text{ MN/m}^2$$

Lastfall k+s

$$\sigma_{bo,v1} = -\frac{1532{,}6}{2026} - \frac{-73550}{50453} = 0{,}701 \text{ kN/cm}^2 = 7{,}01 \text{ MN/m}^2$$

$$\sigma_{bu,v1} = -\frac{1532{,}6}{2026} + \frac{-73550}{53789} = -2{,}124 \text{ kN/cm}^2 = -21{,}24 \text{ MN/m}^2$$

$$\sigma_{bo,v2} = -\frac{93{,}0}{2026} - \frac{4950}{50453} = -0{,}144 \text{ kN/cm}^2 = -1{,}44 \text{ MN/m}^2$$

$$\sigma_{bu,v2} = -\frac{93{,}0}{2026} + \frac{4950}{53789} = 0{,}046 \text{ kN/cm}^2 = 0{,}46 \text{ MN/m}^2$$

mit $\sigma_{z1,k+s} = (-0{,}165) \cdot \sigma_{z1,v}$ und $\sigma_{z2,k+s} = (-0{,}370) \cdot \sigma_{z2,v}$ wird

Aufgabe 2

$$\sigma_{bo,k+s} = \sigma_{bo,v1} \cdot \frac{\sigma_{z1,k+s}}{\sigma_{z1,v}} + \sigma_{bo,v2} \cdot \frac{\sigma_{z2,k+s}}{\sigma_{z2,v}} =$$

$$7{,}01 \cdot (-0{,}165) - 1{,}44 \cdot (-0{,}370) = -0{,}62 \text{ MN/m}^2$$

$$\sigma_{bu,k+s} = -21{,}24 \cdot (-0{,}165) + 0{,}46 \cdot (-0{,}370) = 3{,}33 \text{ MN/m}^2$$

Längsspannungen in $x = 1{,}04$ m

Lastfall g_1

$$M_{g1} = \frac{4{,}9 \cdot 1{,}04}{2} \cdot (25{,}00 - 1{,}04) = 61{,}1 \text{ kNm}$$

$$\sigma_{bo,g1} = -\frac{6110}{50453} = -0{,}121 \text{ kN/cm}^2 = -1{,}21 \text{ MN/m}^2$$

$$\sigma_{bu,g1} = \frac{6110}{53789} = 0{,}114 \text{ kN/cm}^2 = 1{,}14 \text{ MN/m}^2$$

$$\sigma_{bz1,g1} = \frac{6110}{59673} = 0{,}102 \text{ kN/cm}^2 = 1{,}02 \text{ MN/m}^2$$

$$\sigma_{bz2,g1} = -\frac{6110}{53768} = -0{,}114 \text{ kN/cm}^2 = -1{,}14 \text{ MN/m}^2$$

$$\sigma_{z1,g1} = n \cdot \sigma_{bz1,g1} = 5 \cdot 1{,}02 = 5{,}1 \text{ MN/m}^2$$

$$\sigma_{z2,g1} = n \cdot \sigma_{bz2,g1} = 5 \cdot (-1{,}14) = -5{,}7 \text{ MN/m}^2$$

Weitere Lastfälle sind für den Nachweis der Längsspannungen im Gebrauchszustand im schnitt $x = 1{,}04$ m nicht maßgebend.

Spannungsnachweis

Stelle $x = l/2 = 12{,}50$ m

Kombination $v+g_1$

Größte Stahlspannung im Strang 1
vorh $\sigma_{z1} = \sigma_{z1,v} + \sigma_{z1,g1} = 932{,}4 + 32{,}1 = 964{,}5$ MN/m² < zul $\sigma_z = 0{,}55 \cdot \beta_z =$
$0{,}55 \cdot 1570 = 973{,}5$ MN/m² (zul σ_z s. Tab. 9, Zeile 65, DIN 4227)

Kombination $v+q+k+s = v+g_1+g_2+p+k+s$

Größte Betonzugspannung unten
vorh $\sigma_{bu} = \sigma_{bu,v} + \sigma_{bu,q} + \sigma_{bu,k+s} = -20{,}77 + 21{,}94 + 3{,}33 = 4{,}5$ MN/m²
= zul $\sigma_{b,Zug} = 4{,}5$ MN/m² (s. Tab. 9, Zeile 19, DIN 4227)

Größte Betondruckspannung oben (Druckzone)
vorh $\sigma_{bo} = \sigma_{bo,v} + \sigma_{bo,q} + \sigma_{bo,k+s} = 5,58 - 23,39 - 0,62 = -18,43$ MN/m²
< zul $\sigma_{b,Druck} = 19,0$ MN/m² (s. Tab. 9, Zeile 2, DIN 4227)

Stelle $x_1 = 1,04$ m

Kombination $v+g_1$

Größte Betonzugspannung oben
vorh $\sigma_{bo} = \sigma_{bo,v} + \sigma_{bo,g1} = 5,58 - 1,21 = 4,37$ MN/m² < zul $\sigma_{b,Zug} = 4,5$ MN/m²
(s. Tab. 9, Zeile 19, DIN 4227)

Größte Betondruckspannung unten (vorgedrückte Zugzone)
vorh $\sigma_{bu} = \sigma_{bu,v} + \sigma_{bu,g1} = -20,77 + 1,14 = -19,63$ MN/m² < zul $\sigma_{b,Druck} = 21,0$ MN/m² (s. Tab. 9, Zeile 6, DIN 4227)

Die zulässigen Spannungen sind eingehalten.

12.3 Aufgabe 3

Vorschlag zur Bearbeitung

1. Vorbemessung des erforderlichen Spannstahlquerschnittes für Strang 1 für max M = q · l² / 8 in x = l / 2
2. Spannungsnachweise für die einsträngige Vorspannung in
   x = l / 2 = 9,15 m für die Kombinationen $v+g_1$ und $v+q+k+s$
   x = 0,82 m für die Kombination $v+g_1$
3. Bei Überschreitung der zulässigen Spannungen ist die Vorspannung zu korrigieren (Veränderung der Vorspannkraft durch Modifikation der Spannbettspannung $\sigma_{zv}^{(0)}$ oder des Spannstahlquerschnittes)
4. Bei Überschreitung der Betonzugspannung $\sigma_{b,Zug}$ am oberen Querschnittsrand in x = 0,82 m empfiehlt sich ein oberer Spannstrang mit zwei Spanndrähten

Rechteckquerschnitt

Vorbemessung

Bruttoquerschnittswerte

$A_b = 24 \cdot 85 = 2040 \text{ cm}^2$;

$I_b = 24 \cdot \frac{85^3}{12} = 1228250 \text{ cm}^4$;

$z_{bu} = z_{bo} = \frac{85}{2} = 42,5 \text{ cm}$

Spannstrangschwerpunkt (Annahme 2 Lagen)

$a_z = 3,5 + \frac{3,5}{2} = 5,25 \text{ cm}$

$z_{bz} = 42,5 - 5,25 = 37,25 \text{ cm}$

Die Vollast beträgt $q = g_1 + g_2 + p =$
$0,2040 \cdot 25 + 1,35 \cdot 4,5 + 0,75 \cdot 4,5 =$
$5,1 + 6,08 + 3,38 = 14,56$ kN/m und das Maximalmoment max M = $M_q = 14,56 \cdot \frac{18,3^2}{8} =$
609,5 kNm.

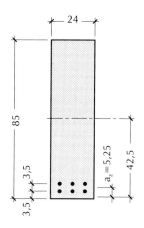

Bild 12.4

Querschnitt und Lage der Spanndrähte

Bei beschränkter Vorspannung erhält man mit der zulässigen Betonzugspannung zul $\sigma_{b,Zug}$ = 4,5 MN/m² (s. Tab. 9, Zeile 19, DIN 4227) die Bestimmungsgleichung für die Vorspannung $Z_{v\infty}$ nach Gl. 2.19 zul $\sigma_{b,Zug} = -\frac{Z_{v\infty}}{A_b} - \frac{Z_{v\infty} \cdot z_{bz}}{I_b} \cdot z_{bu} + \frac{\max M}{I_b} \cdot z_{bu}$

oder $4,5 = -\frac{Z_{v\infty}}{0,2040} - \frac{Z_{v\infty} \cdot 0,3725}{0,0122825} \cdot 0,425 + \frac{0,6095}{0,0122825} \cdot 0,425$. Die Vorspannkraft ergibt sich zu $Z_{v\infty} = 0,932$ MN = 932 kN.

Bei einem geschätzten Spannkraftverlust infolge Kriechen und Schwinden von 15 % muß die Vorspannkraft zum Zeitpunkt t = 0 betragen $Z_{v,t_0} = \frac{Z_{v\infty}}{0,85} = \frac{932}{0,85} = 1096$ kN.

Für zul σ_z = 0,55·β_z = 0,55·1770 = 973,5 kN/m² (s. Tab. 9, Zeile 65, DIN 4227) erhält man den erforderlichen Spannstahlquerschnitt $A_z = \frac{1096}{97,35} = 11,26$ cm².

Gewählt: 12 $\varnothing$ 12,5 mit A_z = 12·0,93 = 11,16 cm² ≈ 11,26 cm²

Ideelle Querschnittswerte $n = \frac{E_z}{E_b} = \frac{195000}{39000} = 5$

$A_i = A_b + (n-1) \cdot A_z = 2040 + (5-1) \cdot 11,16 = 2085$ cm²

$z_{iu} = \frac{A_b \cdot z_{bu} + (n-1) \cdot A_z \cdot a_z}{A_i} = \frac{2040 \cdot 42,5 + 4 \cdot 11,16 \cdot 5,25}{2085} = 41,7$ cm

$z_{io} = 85 - 41,7 = 43,3$ cm ; $z_{iz} = 41,7 - 5,25 = 36,45$ cm

$I_i = I_b + A_b \cdot (z_{bu} - z_{iu})^2 + (n-1) \cdot A_z \cdot z_{iz}^2 =$
$1228250 + 2040 \cdot (42,5 - 41,7)^2 + 4 \cdot 11,16 \cdot 36,45^2 = 1288864$ cm⁴

$W_{io} = \frac{1288864}{43,3} = 29766$ cm³ ; $W_{iu} = \frac{1288864}{41,7} = 30908$ cm³

$W_{iz} = \frac{1288864}{36,45} = 35360$ cm³

Vorspannkräfte und Vorspannmomente (Spannbettzustand)

Die zulässige Spannbettspannung beträgt zul $\sigma_{zv}^{(0)}$ = 0,65·β_z = 0,65·1770 = 1151 MN/m² (DIN 4227, Tab. 9, Zeile 64). Um die zulässige Stahlspannung im Gebrauchszustand nicht zu überschreiten wird nach Gl.2.25 gewählt $\sigma_{zv}^{(0)} = \frac{\text{zul } \sigma_z - \sigma_{z,g1}}{1 - \alpha_{11}}$.

Aufgabe 3

Für $M_{g1} = g_1 \cdot \dfrac{l^2}{8} = 5{,}1 \cdot \dfrac{18{,}3^2}{8} = 213{,}5\text{ kNm}$ ist

$\sigma_{bz,g1} = \dfrac{M_{g1}}{I_i} \cdot z_{iz} = \dfrac{21350}{1288864} \cdot 36{,}45 = 0{,}604\text{ kN/cm}^2$ und

$\sigma_{z,g1} = n \cdot \sigma_{bz,g1} = 5 \cdot 6{,}04 = 30{,}2\text{ MN/m}^2$; mit zul $\sigma_z = 973{,}5\text{ MN/m}^2$ wird

$\sigma_{zv}^{(0)} = \dfrac{973{,}5 - 30{,}2}{1 - 0{,}08428} = 1030\text{ MN/m}^2$.

Mit $\sigma_{zv}^{(0)} = 1030\text{ MN/m}^2$ erhält man $Z_v^{(0)} = A_z \cdot \sigma_{zv}^{(0)} = 11{,}16 \cdot 103 = 1149\text{ kN}$
und $M_{bv}^{(0)} = -Z_v^{(0)} \cdot z_{iz} = -1149 \cdot 0{,}3645 = -418{,}8\text{ kNm}$.

Lastfall Vorspannung (Verankerung gelöst, Balken gewichtslos gedacht)

$\sigma_{bo,v} = -\dfrac{1149}{2085} - \dfrac{-41880}{29766} = -0{,}551 + 1{,}407 = 0{,}856\text{ kN/cm}^2 = 8{,}56\text{ MN/m}^2$

$\sigma_{bu,v} = -\dfrac{1149}{2085} + \dfrac{-41880}{30908} = -0{,}551 - 1{,}355 = -1{,}906\text{ kN/cm}^2 = -19{,}06\text{ MN/m}^2$

$\sigma_{bz,v} = -\dfrac{1149}{2085} + \dfrac{-41880}{35360} = -0{,}551 - 1{,}184 = -1{,}735\text{ kN/cm}^2 = -17{,}35\text{ MN/m}^2$

Stahlspannung nach dem Lösen der Verankerung

$\sigma_{z,v} = \sigma_{z,v}^{(0)} + n \cdot \sigma_{bz,v} = 1030 + 5 \cdot (-17{,}35) = 943{,}3\text{ MN/m}^2$

Längsspannungen in $x = l/2 = 9{,}15\text{ m}$

Lastfall g_1

$M_{g1} = 5{,}1 \cdot \dfrac{18{,}30^2}{8} = 213{,}5\text{ kNm}$

$\sigma_{bo,g1} = -\dfrac{21350}{29766} = -0{,}717\text{ kN/cm}^2 = -7{,}17\text{ MN/m}^2$

$\sigma_{bu,g1} = \dfrac{21350}{30908} = 0{,}691\text{ kN/cm}^2 = 6{,}91\text{ MN/m}^2$

$\sigma_{bz,g1} = \dfrac{21350}{35360} = 0{,}604\text{ kN/cm}^2 = 6{,}04\text{ MN/m}^2$

$\sigma_{z,g1} = n \cdot \sigma_{bz,g1} = 5 \cdot 6{,}04 = 30{,}20\text{ MN/m}^2$

Lastfall q = $g_1 + g_2 + p$ = 14,56 kN/m

$$M_q = 14{,}56 \cdot \frac{18{,}30^2}{8} = 609{,}5 \text{ kNm}$$

$$\sigma_{bo,q} = -\frac{60950}{29766} = -2{,}048 \text{ kN/cm}^2 = -20{,}48 \text{ MN/m}^2$$

$$\sigma_{bu,q} = \frac{60950}{30908} = 1{,}972 \text{ kN/cm}^2 = 19{,}72 \text{ MN/m}^2$$

$$\sigma_{bz,q} = \frac{60950}{35360} = 1{,}724 \text{ kN/cm}^2 = 17{,}24 \text{ MN/m}^2$$

$$\sigma_{z,q} = n \cdot \sigma_{bz,q} = 5 \cdot 17{,}24 = 86{,}20 \text{ MN/m}^2$$

Lastfall k+s

Mit $\dfrac{\sigma_{z,k+s}}{\sigma_{z,v}} = -0{,}136$ (s. Aufgabenstellung) wird

$$\sigma_{bo,k+s} = \sigma_{bo,v} \cdot \frac{\sigma_{z,k+s}}{\sigma_{z,v}} = 8{,}56 \cdot (-0{,}136) = -1{,}16 \text{ MN/m}^2 \text{ und}$$

$$\sigma_{bu,k+s} = \sigma_{bu,v} \cdot \frac{\sigma_{z,k+s}}{\sigma_{z,v}} = -19{,}06 \cdot (-0{,}136) = 2{,}59 \text{ MN/m}^2$$

Längsspannungen in x = 0,82 m

Lastfall g_1

$$M_{g1} = \frac{5{,}1 \cdot 0{,}82}{2} \cdot (18{,}30 - 0{,}82) = 36{,}6 \text{ kNm}$$

$$\sigma_{bo,g1} = -\frac{3660}{29766} = -0{,}123 \text{ kN/cm}^2 = -1{,}23 \text{ MN/m}^2$$

$$\sigma_{bu,g1} = \frac{3660}{30908} = 0{,}118 \text{ kN/cm}^2 = 1{,}18 \text{ MN/m}^2$$

$$\sigma_{bz,g1} = \frac{3660}{35360} = 0{,}104 \text{ kN/cm}^2 = 1{,}04 \text{ MN/m}^2$$

$$\sigma_{z,g1} = n \cdot \sigma_{bz,g1} = 5 \cdot 1{,}04 = 5{,}20 \text{ MN/m}^2$$

Weitere Lastfälle sind für den Nachweis der Längsspannungen im Gebrauchszustand hier nicht maßgebend.

Aufgabe 3

Spannungsnachweis:

Stelle $x = l/2 = 9{,}15$ m

Kombination $v+g_1$

Größte Stahlspannung
vorh $\sigma_z = \sigma_{z,v} + \sigma_{z,g1} = 943{,}3 + 30{,}2 = 973{,}5$ MN/m² $=$ zul $\sigma_z = 0{,}55 \cdot \beta_z =$
$0{,}55 \cdot 1570 = 973{,}5$ MN/m² (zul σ_z s. Tab. 9, Zeile 65, DIN 4227)

Kombination $v+q+k+s = v+g_1+g_2+p+k+s$

Größte Betonzugspannung unten
vorh $\sigma_{bu} = \sigma_{bu,v} + \sigma_{bu,q} + \sigma_{bu,k+s} = -19{,}06 + 19{,}72 + 2{,}59 = 3{,}25$ MN/m²
$<$ zul $\sigma_{b,Zug} = 4{,}5$ MN/m² (s. Tab. 9, Zeile 19, DIN 4227)

Größte Betondruckspannung oben (Druckzone)
vorh $\sigma_{bo} = \sigma_{bo,v} + \sigma_{bo,q} + \sigma_{bo,k+s} = 8{,}56 - 20{,}48 - 1{,}16 = -13{,}08$ MN/m²
$<$ zul $\sigma_{b,Druck} = 19{,}0$ MN/m² (s. Tab. 9, Zeile 2, DIN 4227)

Stelle $x_1 = 0{,}82$ m

Kombination $v+g_1$

Größte Betonzugspannung oben
vorh $\sigma_{bo} = \sigma_{bo,v} + \sigma_{bo,g1} = 8{,}56 - 1{,}23 = 7{,}33$ MN/m² $>$ zul $\sigma_{b,Zug} = 4{,}5$ MN/m²
(s. Tab. 9, Zeile 19, DIN 4227)

Größte Betondruckspannung unten (vorgedrückte Zugzone)
vorh $\sigma_{bu} = \sigma_{bu,v} + \sigma_{bu,g1} = -19{,}06 + 1{,}18 = -17{,}88$ MN/m² $<$ zul $\sigma_{b,Druck} =$
$21{,}0$ MN/m² (s. Tab. 9, Zeile 6, DIN 4227)

Die zulässige Betonzugpannung zul $\sigma_{b,Zug}$ ist in $x = 0{,}82$ m am oberen Querschnittsrand überschritten. Es wird zusätzlich ein oberer Spannstrang mit 2 Spanndrähten vorgesehen.

Ideelle Querschnittswerte für zweisträngige Vorspannung

$A_i = 2040 + (5-1) \cdot (11{,}16 + 1{,}86) = 2092 \text{ cm}^2$

$z_{iu} = \dfrac{2040 \cdot 42{,}5 + 4 \cdot (11{,}16 \cdot 5{,}25 + 1{,}86 \cdot 81{,}5)}{2092} = 41{,}8 \text{ cm}$

$z_{io} = 43{,}2 \text{ cm};\ z_{iz1} = 36{,}55 \text{ cm};\ z_{iz2} = 39{,}7 \text{ cm}$

$I_i = 1228250 + 2040 \cdot (42{,}5 - 41{,}8)^2 +$
$\quad + 4 \cdot (11{,}16 \cdot 36{,}55^2 + 1{,}86 \cdot 39{,}7^2) =$
$\quad = 1300610 \text{ cm}^4$

$W_{io} = 30107 \text{ cm}^3;\ W_{iu} = 31150 \text{ cm}^3;$

$W_{iz} = 35584 \text{ cm}^3;\ W_{iz2} = 32761 \text{ cm}^3$

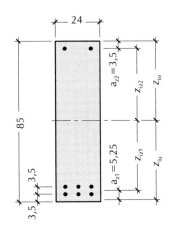

Bild 12.5
Querschnittswerte für zweisträngige Vorspannung

Überschlägliche Ermittlung der Vorspannkraft des Stranges 2

Für die Stelle $x = 0{,}82$ m war für die einsträngige Vorspannung die Betonzugspannung am oberen Querschnittsrand $\sigma_{bo,v+g1} = 7{,}33 \text{ MN/m}^2$. Durch Strang 2 muß die Betonzugspannung $\Delta\sigma_{b,Zug} = \sigma_{bo,v+g1} - \text{zul } \sigma_{b,Zug} = 7{,}33 - 4{,}5 = 2{,}83 \text{ MN/m}^2$ überdrückt werden. Aus $\dfrac{Z_{v2}^{(0)}}{A_i} + \dfrac{Z_{v2}^{(0)} \cdot z_{iz}}{W_{io}} = 2{,}83$ erhält man $Z_{v2}^{(0)} = 0{,}1575 \text{ MN} = 157{,}5 \text{ kN}$, womit $M_{bv2}^{(0)} = 157{,}5 \cdot 0{,}397 = 62{,}53 \text{ kNm}$. Für 2 Litzen mit $A_{z2} = 2 \cdot 0{,}93 = 1{,}86 \text{ cm}^2$ beträgt die erforderliche Spannbettspannung $\sigma_{zv2}^{(0)} = \dfrac{157{,}5}{1{,}86} = 84{,}7 \text{ kN/cm}^2 = 847 \text{ MN/m}^2$. Die durch den Strang 2 erzeugten Spannungen betragen nach dem Lösen der Verankerung

$\sigma_{bo,v2} = -\dfrac{157{,}5}{2092} - \dfrac{6253}{30107} = -0{,}0753 - 0{,}2077 = -0{,}283 \text{ kN/cm}^2 = -2{,}83 \text{ MN/m}^2$

$\sigma_{bu,v2} = -\dfrac{157{,}5}{2092} + \dfrac{6253}{31150} = -0{,}0753 + 0{,}2007 = 0{,}125 \text{ kN/cm}^2 = 1{,}25 \text{ MN/m}^2$

$\sigma_{bz1,v2} = -\dfrac{157{,}5}{2092} + \dfrac{6253}{35584} = -0{,}0753 + 0{,}1757 = 0{,}100 \text{ kN/cm}^2 = 1{,}00 \text{ MN/m}^2$

$\sigma_{bz2,v2} = -\dfrac{157{,}5}{2092} - \dfrac{6253}{32761} = -0{,}0753 - 0{,}1909 = -0{,}2662 \text{ kN/cm}^2 = -2{,}66 \text{ MN/m}^2$

$\sigma_{z1,v2} = 5 \cdot 1{,}00 = 5{,}0 \text{ MN/m}^2$

$\sigma_{z2,v2} = 847 + 5 \cdot (-2{,}66) = 833{,}7 \text{ MN/m}^2$

In $x = l/2 = 9{,}15$ m ergab die Berechung für einsträngige Vorspannung für die Kombination v+g$_1$ die Stahlspannung im unteren Strang $\sigma_{z,v+g1} = 973{,}5$ MN/m² ≈ $\sigma_{z1,v1+g1}$. Durch Strang 2 erhöht sich diese Spannung um $\sigma_{z1,v2} = 5{,}0$ MN/m² auf $\sigma_{z1,v} \approx 973{,}5 + 5{,}0 = 978{,}5$ MN/m² > zul $\sigma_z = 9{,}73{,}5$ MN/m². Die Spannbettspannung wird verringert um $\Delta\sigma_{zv1}^{(0)} \approx \frac{5{,}0}{1-\alpha_{11}} = \frac{5{,}0}{1-0{,}08428} = 5{,}5$ MN/m², gewählt $\Delta\sigma_{zv1}^{(0)} = 7{,}0$ MN/m².

Für die zweisträngige Vorspannung wird folgender Spannbettzustand zugrunde gelegt

$\sigma_{zv1}^{(0)} = 1023 \text{ MN/m}^2; \quad Z_{v1}^{(0)} = A_{z1} \cdot \sigma_{zv1}^{(0)} = 11{,}16 \cdot 102{,}3 = 1141{,}7 \text{ kN}$

$M_{bv1}^{(0)} = -Z_{v1}^{(0)} \cdot z_{iz1} = -1141{,}7 \cdot 0{,}3655 = -417{,}3 \text{ kNm}$

$\sigma_{zv2}^{(0)} = 840 \text{ MN/m}^2; \quad Z_{v2}^{(0)} = A_{z2} \cdot \sigma_{zv2}^{(0)} = 1{,}86 \cdot 84 = 156{,}2 \text{ kN}$

$M_{bv2}^{(0)} = Z_{v2}^{(0)} \cdot z_{iz2} = 156{,}2 \cdot 0{,}397 = 62{,}0 \text{ kNm}$

$Z_v^{(0)} = Z_{v1}^{(0)} + Z_{v2}^{(0)} = 1141{,}7 + 156{,}2 = 1297{,}9 \text{ kN}$

$M_{bv}^{(0)} = M_{bv1}^{(0)} + M_{bv2}^{(0)} = -417{,}3 + 62{,}0 = -355{,}3 \text{ kNm}$

Spannungsermittlung

Lastfall Vorspannung

$\sigma_{bo,v} = -\frac{1297{,}9}{2092} - \frac{-35530}{30107} = -0{,}620 + 1{,}180 = 0{,}56 \text{ kN/cm}^2 = 5{,}60 \text{ MN/m}^2$

$\sigma_{bu,v} = -\frac{1297{,}9}{2092} + \frac{-35530}{31150} = -0{,}620 - 1{,}141 = -1{,}761 \text{ kN/cm}^2 = -17{,}61 \text{ MN/m}^2$

$\sigma_{bz1,v} = -\frac{1297{,}9}{2092} + \frac{-35530}{35584} = -0{,}620 - 0{,}998 = -1{,}618 \text{ kN/cm}^2 = -16{,}18 \text{ MN/m}^2$

$\sigma_{bz2,v} = -\frac{1297{,}9}{2092} - \frac{-33530}{32761} = -0{,}620 + 1{,}085 = 0{,}465 \text{ kN/cm}^2 = 4{,}65 \text{ MN/m}^2$

$\sigma_{z1,v} = 1023 + 5 \cdot (-16{,}18) = 942{,}1 \text{ MN/m}^2$

$\sigma_{z2,v} = 840 + 5 \cdot 4{,}65 = 863{,}3 \text{ MN/m}^2$

Längsspannungen in x = l/2 = 9,15 m

Lastfall g_1
$M_{g1} = 213{,}5$ kNm

$$\sigma_{bo,g1} = -\frac{21350}{30107} = -0{,}709 \text{ kN/cm}^2 = -7{,}09 \text{ MN/m}^2$$

$$\sigma_{bu,g1} = \frac{21350}{31150} = 0{,}685 \text{ kN/cm}^2 = 6{,}85 \text{ MN/m}^2$$

$$\sigma_{bz1,g1} = \frac{21350}{35584} = 0{,}600 \text{ kN/cm}^2 = 6{,}00 \text{ MN/m}^2$$

$$\sigma_{bz2,g1} = -\frac{21350}{32761} = -0{,}652 \text{ kN/cm}^2 = -6{,}52 \text{ MN/m}^2$$

$$\sigma_{z1,g1} = n \cdot \sigma_{bz1,g1} = 5 \cdot 6{,}00 = 30{,}0 \text{ MN/m}^2$$

$$\sigma_{z2,g1} = n \cdot \sigma_{bz2,g1} = 5 \cdot (-6{,}52) = -32{,}6 \text{ MN/m}^2$$

Lastfall q
$M_q = 609{,}5$ kNm

$$\sigma_{bo,q} = -\frac{60950}{30107} = -2{,}024 \text{ kN/cm}^2 = -20{,}24 \text{ MN/m}^2$$

$$\sigma_{bu,q} = \frac{60950}{31150} = 1{,}957 \text{ kN/cm}^2 = 19{,}57 \text{ MN/m}^2$$

$$\sigma_{bz1,q} = \frac{60950}{35584} = 1{,}713 \text{ kN/cm}^2 = 17{,}13 \text{ MN/m}^2$$

$$\sigma_{bz2,q} = -\frac{60950}{32761} = -1{,}860 \text{ kN/cm}^2 = -18{,}60 \text{ MN/m}^2$$

$$\sigma_{z1,q} = n \cdot \sigma_{bz1,q} = 5 \cdot 17{,}13 = 85{,}65 \text{ MN/m}^2$$

$$\sigma_{z2,q} = n \cdot \sigma_{bz2,q} = 5 \cdot (-18{,}60) = -93{,}00 \text{ MN/m}^2$$

Lastfall k+s

Gemäß Aufgabenstellung ist $\dfrac{\sigma_{z1,k+s}}{\sigma_{z1,v}} = -0{,}136$ und $\dfrac{\sigma_{z2,k+s}}{\sigma_{z2,v}} = -0{,}203$.

Damit ist der Spannungsverlust im Spannstahl

$\sigma_{z1,k+s} = (-0{,}136) \cdot 942{,}1 = -128{,}1 \text{ MN/m}^2$ und

$\sigma_{z2,k+s} = (-0{,}203) \cdot 863{,}3 = -175{,}2 \text{ MN/m}^2$.

Aufgabe 3

Die Betonrandspannungen infolge Vorspannung nur jeweils eines Stranges sind

Strang 1 $\sigma_{bo,v1} = -\dfrac{1141{,}7}{2092} - \dfrac{-41730}{30107} = 0{,}84 \text{ kN/cm}^2 = 8{,}4 \text{ MN/m}^2$

$\sigma_{bu,v1} = -\dfrac{1141{,}7}{2092} + \dfrac{-41730}{31150} = -1{,}89 \text{ kN/cm}^2 = -18{,}9 \text{ MN/m}^2$

Strang 2 $\sigma_{bo,v2} = -2{,}83 \text{ MN/m}^2$

$\sigma_{bu,v2} = 1{,}25 \text{ MN/m}^2$

Infolge Kriechen und Schwinden erhält man die Betonspannungen

$\sigma_{bo,k+s} = 8{,}4 \cdot (-0{,}136) - 2{,}83 \cdot (-0{,}203) = -0{,}57 \text{ MN/m}^2$

$\sigma_{bu,k+s} = -18{,}9 \cdot (-0{,}163) + 1{,}25 \cdot (-0{,}203) = 2{,}32 \text{ MN/m}^2$

Längsspannungen in x = 0,82 m

Lastfall g_1
$M_{g1} = 36{,}6$ kNm

$\sigma_{bo,g1} = -\dfrac{3660}{30107} = -0{,}122 \text{ kN/cm}^2 = -1{,}22 \text{ MN/m}^2$

$\sigma_{bu,g1} = \dfrac{3660}{31150} = 0{,}117 \text{ kN/cm}^2 = 1{,}17 \text{ MN/m}^2$

Hier werden nur die Betonrandspannungen benötigt.

Spannungsnachweis:

Stelle x = l / 2 = 9,15 m

Kombination v+g_1

Größte Stahlspannung σ_{z1}
vorh $\sigma_{z1} = \sigma_{z1,v} + \sigma_{z1,g1} = 942{,}1 + 30{,}0 = 972{,}1 \text{ MN/m}^2 <$ zul $\sigma_z = 973{,}5 \text{ MN/m}^2$

Kombination v+q+k+s

Größte Betonzugspannung unten
vorh $\sigma_{bu} = \sigma_{bu,v} + \sigma_{bu,q} + \sigma_{bu,k+s} = -17{,}61 + 19{,}57 + 2{,}32 = 4{,}28 \text{ MN/m}^2$
< zul $\sigma_{b,Zug} = 4{,}5 \text{ MN/m}^2$

Größte Betondruckspannung oben (Druckzone)
vorh $\sigma_{bo} = \sigma_{bo,v} + \sigma_{bo,q} + \sigma_{bo,k+s} = 5{,}6 - 20{,}24 - 0{,}57 = -15{,}21 \text{ MN/m}^2$
< zul $\sigma_{b,Druck} = 19{,}0 \text{ MN/m}^2$

Stelle $x_1 = 0{,}82$ m

Kombination $v+g_1$

Größte Betonzugspannung oben
vorh $\sigma_{bo} = \sigma_{bo,v} + \sigma_{bo,g1} = 5{,}6 - 1{,}22 = 4{,}38$ MN/m² < zul $\sigma_{b,Zug} = 4{,}5$ MN/m²

Größte Betondruckspannung unten (vorgedrückte Zugzone)
vorh $\sigma_{bu} = \sigma_{bu,v} + \sigma_{bu,g1} = -17{,}61 + 1{,}17 = -16{,}44$ MN/m² < zul $\sigma_{b,Druck} = 21{,}0$ MN/m²

Die zulässigen Spannungen sind eingehalten. In $x = l/2 = 9{,}15$ m ist die zulässige Betonzugspannung am unteren Rand praktisch erreicht.

Die für den Wirtschaftlichkeitsvergleich erforderlichen Daten:

Eigenlast des Trägers	5,10 kN/m
Spannstahlquerschnitt	13,02 cm²
Verhältniszahl $g_1 / q = 5{,}1 / 14{,}56 =$	0,350

Aufgabe 3

T-Querschnitt

Vorbemessung

Bruttoquerschnittswerte des vereinfachten Querschnitts

$A_b = 35 \cdot 16,5 + 17 \cdot 68,5 = 1742 \text{ cm}^2$

$z_{bu} = \dfrac{35 \cdot 16,5 \cdot 76,75 + 17 \cdot 68,5 \cdot 34,25}{1742} =$

48,34 cm

$z_{bo} = 36,66$ cm

$z_{bz} = 48,34 - 7,0 = 41,34$ cm

$I_b = 1165748 \text{ cm}^4$

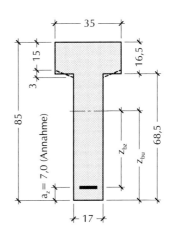

Bild 12.6
Vereinfachter Querschnitt und Lage des Spannstrangschwerpunktes

Die Vollast beträgt laut Aufgabenstellung
$q = g_1 + g_2 + p = 0,1742 \cdot 25 + 1,35 \cdot 4,5 +$
$+ 0,75 \cdot 4,5 = 13,82$ kN/m
und das Maximalmoment max M = $M_q =$
$13,82 \cdot \dfrac{18,30^2}{8} = 578,5$ kNm.

Die Vorspannkraft $Z_{v\infty}$ erhält man nach Gl. 2.19 aus

zul $\sigma_{b,Zug} = -\dfrac{Z_{v\infty}}{A_b} - \dfrac{Z_{v\infty} \cdot z_{bz}}{I_b} \cdot z_{bu} + \dfrac{\max M}{I_b} \cdot z_{bu}$.

Mit der zulässigen Betonzugspannung am unteren Querschnittsrand zul $\sigma_{b,Zug} =$ 4,5 MN/m² (s. Tab. 9, Zeile 19, DIN 4227) wird

$4,5 = -\dfrac{Z_{v\infty}}{0,1742} - \dfrac{Z_{v\infty} \cdot 0,4134}{0,01165748} \cdot 0,4834 + \dfrac{0,57850}{0,01165748} \cdot 0,4834$.

Die Vorspannkraft beträgt $Z_{v\infty} = 0,852$ MN $= 852$ kN.

Bei einem geschätzten Spannkraftverlust infolge Kriechen und Schwinden (k+s) von 15 % muß die Vorspannkraft zum Zeitpunkt t = 0 betragen

$Z_{v,t_0} = \dfrac{Z_{v\infty}}{0,85} = \dfrac{852}{0,85} = 1002$ kN. Mit der zulässigen Spannstahlspannung zul $\sigma_z =$ $0,55 \cdot \beta_z = 0,55 \cdot 1770 = 973,5$ kN/m² (s. Tab. 9, Zeile 65, DIN 4227) erhält man den erforderlichen Spannstahlquerschnitt $A_z = \dfrac{1002}{97,35} = 10,29$ cm².

Gewählt: 11 ⌀ 12,5 mit $A_z = 11 \cdot 0,93 = 10,23$ cm²

Ideelle Querschnittswerte des vereinfachten Querschnitts $n = \dfrac{E_z}{E_b} = \dfrac{195000}{39000} = 5$

$A_i = A_b + (n-1) \cdot A_z = 1742 + (5-1) \cdot 10{,}23 = 1783 \text{ cm}^2$

$z_{iu} = \dfrac{A_b \cdot z_{bu} + (n-1) \cdot A_z \cdot a_z}{A_i} = \dfrac{1742 \cdot 48{,}34 + 4 \cdot 10{,}23 \cdot 7{,}0}{1783} = 47{,}39 \text{ cm}$

$z_{io} = 85 - 47{,}39 = 37{,}61 \text{ cm}$; $z_{iz} = 47{,}39 - 7{,}0 = 40{,}39 \text{ cm}$

$I_i = I_b + A_b \cdot (z_{bu} - z_{iu})^2 + (n-1) \cdot A_z \cdot z_{iz}^2 =$
$1165748 + 1742 \cdot (48{,}34 - 47{,}39)^2 + 4 \cdot 10{,}23 \cdot 40{,}39^2 = 1234075 \text{ cm}^4$

$W_{io} = 32812 \text{ cm}^3$; $W_{iu} = 26041 \text{ cm}^3$; $W_{iz} = 30554 \text{ cm}^3$

Steifigkeitsbeiwert nach Gl. 2.11

$\alpha_{11} = \dfrac{n \cdot A_z}{A_i} \cdot \left(1 + \dfrac{A_i}{I_i} \cdot z_{iz}^2\right) = \dfrac{5 \cdot 10{,}23}{1783} \cdot \left(1 + \dfrac{1783}{1234075} \cdot 40{,}39^2\right) = 0{,}0963$

Vorspannkräfte und Vorspannmomente (Spannbettzustand)

Die Spannbettspannung wird nach Gl. 2.25 gewählt zu $\sigma_{zv}^{(0)} = \dfrac{\text{zul } \sigma_z - \sigma_{z,g1}}{1 - \alpha_{11}}$.

Mit $M_{g1} = 4{,}36 \cdot \dfrac{18{,}30^2}{8} = 182{,}5 \text{ kNm}$ ist $\sigma_{z,g1} = 5 \cdot \dfrac{18250}{30554} = 2{,}99 \text{ kN/cm}^2 = 29{,}9 \text{ MN/m}^2$, damit $\sigma_{zv}^{(0)} = \dfrac{973{,}5 - 29{,}9}{1 - 0{,}0963} = 1044 \text{ MN/m}^2$.

Gewählt $\sigma_{zv}^{(0)} = 1040 \text{ MN/m}^2 < \text{zul } \sigma_{zv}^{(0)} = 0{,}65 \cdot \beta_z = 1151 \text{ MN/m}^2$ (Tab. 9, Zeile 64). Damit wird $Z_v^{(0)} = 10{,}23 \cdot 104 = 1064 \text{ kN}$ und $M_{bv}^{(0)} = -1064 \cdot 0{,}4039 = -429{,}7 \text{ kNm}$.

Spannungsermittlung

Lastfall Vorspannung

$\sigma_{bo,v} = -\dfrac{1064}{1783} - \dfrac{-42970}{32812} = -0{,}597 + 1{,}31 = 0{,}713 \text{ kN/cm}^2 = 7{,}13 \text{ MN/m}^2$

$\sigma_{bu,v} = -\dfrac{1064}{1783} + \dfrac{-42970}{26041} = -0{,}597 - 1{,}65 = -2{,}247 \text{ kN/cm}^2 = -22{,}47 \text{ MN/m}^2$

$\sigma_{bz,v} = -\dfrac{1064}{1783} + \dfrac{-42970}{30554} = -0{,}597 - 1{,}406 = -2{,}003 \text{ kN/cm}^2 = -20{,}03 \text{ MN/m}^2$

$\sigma_{z,v} = 1040 + 5 \cdot (-20{,}03) = 939{,}9 \text{ MN/m}^2$

Aufgabe 3

Längsspannungen in $x = l/2 = 9{,}15$ m

Lastfall g_1

$$M_{g1} = 4{,}36 \cdot \frac{18{,}30^2}{8} = 182{,}5 \text{ kNm}$$

$$\sigma_{bo,g1} = -\frac{18250}{32812} = -0{,}556 \text{ kN/cm}^2 = -5{,}56 \text{ MN/m}^2$$

$$\sigma_{bu,g1} = \frac{18250}{26041} = 0{,}701 \text{ kN/cm}^2 = 7{,}01 \text{ MN/m}^2$$

$$\sigma_{bz,g1} = \frac{18250}{30554} = 0{,}597 \text{ kN/cm}^2 = 5{,}97 \text{ MN/m}^2$$

$$\sigma_{z,g1} = 5 \cdot 5{,}97 = 29{,}9 \text{ MN/m}^2$$

Lastfall q

$$M_q = 13{,}82 \cdot \frac{18{,}30^2}{8} = 578{,}5 \text{ kNm}$$

$$\sigma_{bo,q} = -\frac{57850}{32812} = -1{,}763 \text{ kN/cm}^2 = -17{,}63 \text{ MN/m}^2$$

$$\sigma_{bu,q} = \frac{57850}{26041} = 2{,}221 \text{ kN/cm}^2 = 22{,}21 \text{ MN/m}^2$$

$$\sigma_{bz,q} = \frac{57850}{30554} = 1{,}893 \text{ kN/cm}^2 = 18{,}93 \text{ MN/m}^2$$

$$\sigma_{z,q} = 5 \cdot 18{,}93 = 94{,}65 \text{ MN/m}^2$$

Lastfall k+s

$$\sigma_{z,k+s} = -0{,}17 \cdot \sigma_{z,v} = -0{,}17 \cdot 939{,}9 = -159{,}8 \text{ MN/m}^2$$

$$\sigma_{bo,k+s} = \sigma_{bo,v} \cdot (-0{,}170) = 7{,}13 \cdot (-0{,}170) = -1{,}21 \text{ MN/m}^2 \text{ und}$$

$$\sigma_{bu,k+s} = \sigma_{bu,v} \cdot (-0{,}170) = -22{,}47 \cdot (-0{,}170) = 3{,}82 \text{ MN/m}^2$$

Längsspannungen in $x = 0{,}82$ m

Lastfall g_1

$$M_{g1} = \frac{4{,}36 \cdot 0{,}82}{2} \cdot (18{,}30 - 0{,}82) = 31{,}3 \text{ kNm}$$

$$\sigma_{bo,g1} = -\frac{3130}{32812} = -0{,}095 \text{ kN/cm}^2 = -0{,}95 \text{ MN/m}^2$$

$$\sigma_{bu,g1} = \frac{3130}{26041} = 0,120 \text{ kN/cm}^2 = 1,20 \text{ MN/m}^2$$

$$\sigma_{bz,g1} = \frac{3130}{30554} = 0,102 \text{ kN/cm}^2 = 1,02 \text{ MN/m}^2$$

$$\sigma_{z,g1} = 5 \cdot 1,0 = 5,10 \text{ MN/m}^2$$

Weitere Lastfälle sind für den Nachweis der Längsspannungen im Gebrauchszustand nicht maßgebend.

Spannungsnachweis:

Stelle x = l / 2 = 9,15 m

Kombination v+g_1

Größte Stahlspannung
vorh $\sigma_z = \sigma_{z,v} + \sigma_{z,g1}$ = 939,9 + 29,9 = 969,8 MN/m²
< zul σ_z = 0,55 · β_z = 0,55 · 1570 = 973,5 MN/m² (Tab. 9, Zeile 65)

Kombination v+q+k+s = v+g_1+g_2+p+k+s

Größte Betonzugspannung unten
vorh $\sigma_{bu} = \sigma_{bu,v} + \sigma_{bu,q} + \sigma_{bu,k+s}$ = –22,47 + 22,21 + 3,82 = 3,56 MN/m²
< zul $\sigma_{b,Zug}$ = 4,5 MN/m² (Tab. 9, Zeile 19)

Größte Betondruckspannung oben (Druckzone)
vorh $\sigma_{bo} = \sigma_{bo,v} + \sigma_{bo,q} + \sigma_{bo,k+s}$ = 7,13 – 17,63 – 1,21 = –11,71 MN/m²
< zul $\sigma_{b,Druck}$ = 19,0 MN/m² (s. Tab. 9, Zeile 2)

Stelle x_1 = 0,82 m

Kombination v+g_1

Größte Betonzugspannung oben
vorh $\sigma_{bo} = \sigma_{bo,v} + \sigma_{bo,g1}$ = 7,13 – 0,95 = 6,18 MN/m² > zul $\sigma_{b,Zug}$ = 4,5 MN/m²
(s. Tab. 9, Zeile 19)

Größte Betondruckspannung unten (vorgedrückte Zugzone)
vorh $\sigma_{bu} = \sigma_{bu,v} + \sigma_{bu,g1}$ = –22,47 + 1,2 = –21,27 MN/m²
> zul $\sigma_{b,Druck}$ = 21,0 MN/m² (s. Tab. 9, Zeile 6)

Die zulässige Betonzugpannung zul $\sigma_{b,Zug}$ ist in x = 0,82 m am oberen Querschnittsrand überschritten. Es wird zusätzlich ein oberer Spannstrang mit zwei Spanndrähten vorgesehen.

Aufgabe 3

Die Vorspannkraft für den Strang 2 wird überschläglich mit den Querschnittswerten des vereinfachten Querschnitts für einsträngige Vorspannung ermittelt.
Durch den Strang 2 muß die Betonzugspannung $\Delta\sigma_{b,Zug} = \sigma_{bo,v+g1} -$ zul $\sigma_{b,Zug} =$ 6,18 − 4,5 = 1,68 MN/m² überdrückt werden. Aus $\frac{Z_{v2}^{(0)}}{A_i} + \frac{Z_{v2}^{(0)} \cdot z_{iz}}{W_{io}} = 1{,}68$ erhält man mit $z_{iz2} = z_{io} - 3{,}5 = 37{,}61 - 3{,}5 = 34{,}11$ cm $\frac{Z_{v2}^{(0)}}{0{,}1783} + \frac{Z_{v2}^{(0)} \cdot 0{,}3411}{0{,}032812} = 1{,}68$. Die erforderliche Spannbettkraft für Strang 2 beträgt $Z_{v2}^{(0)} = 0{,}1616$ MN = 161,6 kN. Das zugehörige Moment $M_{bv2}^{(0)} = 161{,}6 \cdot 0{,}3411 = 55{,}12$ kNm. Für zwei Litzen beträgt die erforderliche Spannbettspannung $\sigma_{zv2}^{(0)} = \frac{161{,}6}{1{,}86} = 86{,}9$ kN/cm² = 869 MN/m². Die durch den Strang 2 erzeugten Spannungen betragen nach dem Lösen der Verankerung überschläglich

$\sigma_{bo,v2} = -\dfrac{161{,}6}{1783} - \dfrac{5512}{32812} = -0{,}091 - 0{,}168 = -0{,}259$ kN/cm² $= -2{,}59$ MN/m²

$\sigma_{bu,v2} = -\dfrac{161{,}6}{1783} + \dfrac{5512}{26041} = -0{,}091 + 0{,}212 = 0{,}121$ kN/cm² $= 1{,}21$ MN/m²

$\sigma_{bz1,v2} = -\dfrac{161{,}6}{1783} + \dfrac{5512}{30554} = -0{,}091 + 0{,}180 = 0{,}089$ kN/cm² $= 0{,}89$ MN/m²

$\sigma_{bz2,v2} = -\dfrac{161{,}6}{1783} - \dfrac{5512 \cdot 34{,}11}{1234075} = -0{,}091 - 0{,}152 = -0{,}243$ kN/cm² $= -2{,}43$ MN/m²

$\sigma_{z1,v2} = 5 \cdot 0{,}89 = 4{,}5$ MN/m²

$\sigma_{z2,v2} = 869 + 5 \cdot (-2{,}43) = 856{,}9$ MN/m²

Mit Strang 2 erhält man überschläglich in x = l/2 = 9,15 m

Kombination v+g₁

Größte Stahlspannung
vorh $\sigma_{z1} = \sigma_{z1,v} + \sigma_{z1,v2} + \sigma_{z1,g1} = 939{,}9 + 4{,}5 + 29{,}9 = 974{,}3$ MN/m²
> zul $\sigma_z = 973{,}5$ MN/m² (Tab. 9, Zeile 65)

Kombination v+q+k+s = v+g₁+g₂+p+k+s

Größte Betonzugspannung unten
vorh $\sigma_{bu} = \sigma_{bu,v1} + \sigma_{bu,v2} + \sigma_{bu,q} + \sigma_{bu,k+s} = -22{,}47 + 1{,}21 + 22{,}21 + 3{,}82 = 4{,}77$ MN/m² > zul $\sigma_{b,Zug} = 4{,}5$ MN/m² (Tab. 9, Zeile 19)

in $x_1 = 0,82$ m

Kombination $v+g_1$

Größte Betonzugspannung oben
vorh $\sigma_{bo} = \sigma_{bo,v1} + \sigma_{bo,v2} + \sigma_{bo,g1} = 7,13 - 2,59 - 0,95 = 3,59$ MN/m² < zul $\sigma_{b,Zug} = 4,5$ MN/m² (s. Tab. 9, Zeile 19)

Wegen vorh σ_{bo} 3,59 MN/m² < zul $\sigma_{b,Zug}$ = 4,5 MN/m² kann die Vorspannkraft in Strang 2 etwas verkleinert werden. Damit werden auch die geringfügigen Spannungsüberschreitungen in $x = l/2 = 9,15$ m abgebaut.

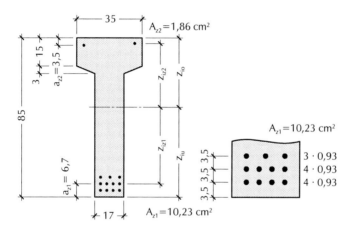

Bild 12.7
Querschnittswerte für zweisträngige Vorspannung

Die ideellen Querschnittswerte für zweisträngige Vorspannung

$A_i = 1742 + (5-1) \cdot (10,23 + 1,86) = 1790$ cm²

$z_{iu} = \frac{1742 \cdot 48,34 + 4 \cdot (10,23 \cdot 6,7 + 1,86 \cdot 81,5)}{1790} = 47,54$ cm

$z_{io} = 37,46$ cm ; $z_{iz1} = 40,84$ cm ; $z_{iz2} = 33,96$ cm

$I_i = 1243410$ cm⁴

$W_{io} = 33193$ cm³ ; $W_{iu} = 26155$ cm³ ;
$W_{iz1} = 30446$ cm³ ; $W_{iz2} = 36614$ cm³

Für die zweisträngige Vorspannung wird folgender Spannbettzustand zugrunde gelegt
$\sigma_{zv1}^{(0)} = 1040$ MN/m² ; $Z_{v1}^{(0)} = 104 \cdot 10,23 = 1064$ kN

Aufgabe 3

$$M_{bv1}^{(0)} = -1064 \cdot 0{,}4084 = -434{,}5 \text{ kNm}$$

$$\sigma_{zv2}^{(0)} = 845 \text{ MN/m}^2 \text{ ; } Z_{v2}^{(0)} = 1{,}86 \cdot 84{,}5 = 157{,}2 \text{ kN}$$

$$M_{bv2}^{(0)} = 157{,}2 \cdot 0{,}3396 = 53{,}4 \text{ kNm}$$

$$Z_v^{(0)} = Z_{v1}^{(0)} + Z_{v2}^{(0)} = 1064 + 157{,}2 = 1221 \text{ kN}$$

$$M_{bv}^{(0)} = M_{bv1}^{(0)} + M_{bv2}^{(0)} = -434{,}5 + 53{,}4 = -381{,}1 \text{ kNm}$$

Spannungsermittlung

Lastfall Vorspannung

$$\sigma_{bo,v} = -\frac{1221}{1790} - \frac{-38110}{33193} = -0{,}682 + 1{,}148 = 0{,}466 \text{ kN/cm}^2 = 4{,}66 \text{ MN/m}^2$$

$$\sigma_{bu,v} = -\frac{1221}{1790} + \frac{-38110}{26155} = -0{,}682 - 1{,}457 = -2{,}139 \text{ kN/cm}^2 = -21{,}39 \text{ MN/m}^2$$

$$\sigma_{bz1,v} = -\frac{1221}{1790} + \frac{-38110}{30446} = -0{,}682 - 1{,}252 = -1{,}934 \text{ kN/cm}^2 = -19{,}34 \text{ MN/m}^2$$

$$\sigma_{bz2,v} = -\frac{1221}{1790} - \frac{-38110}{36614} = -0{,}682 + 1{,}041 = 0{,}359 \text{ kN/cm}^2 = 3{,}59 \text{ MN/m}^2$$

$$\sigma_{z1,v} = 1040 + 5 \cdot (-19{,}34) = 943{,}3 \text{ MN/m}^2$$

$$\sigma_{z2,v} = 845 + 5 \cdot 3{,}59 = 863{,}0 \text{ MN/m}^2$$

Längsspannungen in $x = l/2 = 9{,}15$ m

Lastfall g_1

$$M_{g1} = 4{,}36 \cdot \frac{18{,}30^2}{8} = 182{,}5 \text{ kNm}$$

$$\sigma_{bo,g1} = -\frac{18250}{33193} = -0{,}550 \text{ kN/cm}^2 = -5{,}50 \text{ MN/m}^2$$

$$\sigma_{bu,g1} = \frac{18250}{26155} = 0{,}698 \text{ kN/cm}^2 = 6{,}98 \text{ MN/m}^2$$

$$\sigma_{bz1,g1} = \frac{18250}{30446} = 0{,}599 \text{ kN/cm}^2 = 5{,}99 \text{ MN/m}^2$$

$$\sigma_{bz2,g1} = -\frac{18250}{36614} = -0{,}498 \text{ kN/cm}^2 = -4{,}98 \text{ MN/m}^2$$

$$\sigma_{z1,g1} = n \cdot \sigma_{bz1,g1} = 5 \cdot 5{,}99 = 29{,}95 \text{ MN/m}^2$$

$$\sigma_{z2,g1} = n \cdot \sigma_{bz2,g1} = 5 \cdot (-4{,}98) = -24{,}90 \text{ MN/m}^2$$

Lastfall q

$$M_q = 13{,}82 \cdot \frac{18{,}30^2}{8} = 578{,}5 \text{ kNm}$$

$$\sigma_{bo,q} = -\frac{57850}{33193} = -1{,}743 \text{ kN/cm}^2 = -17{,}43 \text{ MN/m}^2$$

$$\sigma_{bu,q} = \frac{57850}{26155} = 2{,}212 \text{ kN/cm}^2 = 22{,}12 \text{ MN/m}^2$$

$$\sigma_{bz1,q} = \frac{57850}{30446} = 1{,}900 \text{ kN/cm}^2 = 19{,}00 \text{ MN/m}^2$$

$$\sigma_{bz2,q} = -\frac{57850}{36614} = -1{,}580 \text{ kN/cm}^2 = -15{,}80 \text{ MN/m}^2$$

$$\sigma_{z1,q} = n \cdot \sigma_{bz1,q} = 5 \cdot 19{,}0 = 95{,}0 \text{ MN/m}^2$$

$$\sigma_{z2,q} = n \cdot \sigma_{bz2,q} = 5 \cdot (-15{,}8) = -79{,}0 \text{ MN/m}^2$$

Lastfall k+s

Gem. Aufgabenstellung ist $\frac{\sigma_{z1,k+s}}{\sigma_{z1,v}} = -0{,}166$ und $\frac{\sigma_{z2,k+s}}{\sigma_{z2,v}} = -0{,}18$.

Damit beträgt der Spannungsverlust im Spannstahl

$$\sigma_{z1,k+s} = (-0{,}166) \cdot 943{,}3 = -156{,}6 \text{ MN/m}^2 \text{ und}$$

$$\sigma_{z2,k+s} = (-0{,}180) \cdot 863{,}0 = -155{,}3 \text{ MN/m}^2.$$

Die Betonrandspannungen infolge Vorspannung nur jeweils eines Stranges sind

Strang 1 $\quad \sigma_{bo,v1} = -\frac{1064}{1790} - \frac{-43450}{33193} = 0{,}715 \text{ kN/cm}^2 = 7{,}15 \text{ MN/m}^2$

$\quad \sigma_{bu,v1} = -\frac{1064}{1790} + \frac{-43450}{26155} = -2{,}256 \text{ kN/cm}^2 = -22{,}56 \text{ MN/m}^2$

Strang 2 $\quad \sigma_{bo,v2} = -\frac{157{,}2}{1790} - \frac{5340}{33193} = -0{,}249 \text{ kN/cm}^2 = -2{,}49 \text{ MN/m}^2$

$\quad \sigma_{bu,v2} = -\frac{157{,}2}{1790} + \frac{5340}{26155} = 0{,}116 \text{ kN/cm}^2 = 1{,}16 \text{ MN/m}^2$

Die Betonspannungen infolge Kriechen und Schwinden sind damit

$$\sigma_{bo,k+s} = 7{,}15 \cdot (-0{,}166) - 2{,}49 \cdot (-0{,}18) = -0{,}74 \text{ MN/m}^2$$

$$\sigma_{bu,k+s} = -22{,}56 \cdot (-0{,}166) + 1{,}16 \cdot (-0{,}18) = 3{,}54 \text{ MN/m}^2$$

Aufgabe 3

Längsspannungen in x = 0,82 m

Lastfall g_1

$$M_{g1} = \frac{4{,}36 \cdot 0{,}82}{2} \cdot (18{,}30 - 0{,}82) = 31{,}3 \text{ kNm}$$

$$\sigma_{bo,g1} = -\frac{3130}{33193} = -0{,}094 \text{ kN/cm}^2 = -0{,}94 \text{ MN/m}^2$$

$$\sigma_{bu,g1} = \frac{3130}{26155} = 0{,}120 \text{ kN/cm}^2 = 1{,}20 \text{ MN/m}^2$$

Hier werden nur die Betonrandspannungen benötigt.

Spannungsnachweis:

Stelle x = l / 2 = 9,15 m

Kombination v+g_1

Größte Stahlspannung σ_{z1}
vorh σ_{z1} = $\sigma_{z1,v}$ + $\sigma_{z1,g1}$ = 943,3 + 29,95 = 973,25 MN/m² < zul σ_z = 973,5 MN/m²

Kombination v+q+k+s

Größte Betonzugspannung unten
vorh σ_{bu} = $\sigma_{bu,v}$ + $\sigma_{bu,q}$ + $\sigma_{bu,k+s}$ = −21,39 + 22,12 + 3,54 = 4,27 MN/m²
< zul $\sigma_{b,Zug}$ = 4,5 MN/m²

Größte Betondruckspannung oben (Druckzone)
vorh σ_{bo} = $\sigma_{bo,v}$ + $\sigma_{bo,q}$ + $\sigma_{bo,k+s}$ = 4,66 − 17,43 − 0,74 = −13,51 MN/m²
|−13,51 MN/m²| < zul $\sigma_{b,Druck}$ = 19,0 MN/m²

Stelle x_1 = 0,82 m

Kombination v+g_1

Größte Betonzugspannung oben
vorh σ_{bo} = $\sigma_{bo,v}$ + $\sigma_{bo,g1}$ = 4,66 − 0,94 = 3,72 MN/m² < zul $\sigma_{b,Zug}$ = 4,5 MN/m²

Größte Betondruckspannung unten (vorgedrückte Zugzone)
vorh σ_{bu} = $\sigma_{bu,v}$ + $\sigma_{bu,g1}$ = −21,39 + 1,2 = −20,19 MN/m²
|−20,19 MN/m²| < zul $\sigma_{b,Druck}$ = 21,0 MN/m²

Die zulässigen Spannungen sind eingehalten. In x = l / 2 = 9,15 m ist die zulässige Betonzugspannung am unteren Rand praktisch erreicht.

Die für den Wirtschaftlichkeitsvergleich erforderlichen Daten:

Eigenlast des Trägers	4,36 kN/m
Spannstahlquerschnitt	12,09 cm²
Verhältniszahl $g_1 / q = 4,36 / 13,82 =$	0,315

I-Querschnitt

Vorbemessung

Bruttoquerschnittswerte des vereinfachten Querschnitts

$A_b = 30 \cdot 17 \cdot 2 + 10 \cdot 51 = 1530$ cm²

$z_{bu} = \dfrac{85}{2} = 42,5$ cm ; $z_{bo} = 42,5$ cm

$z_{bz} = 42,5 - 5,5 = 37,0$ cm

$I_b = 1314227$ cm⁴

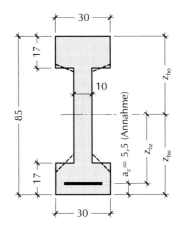

Bild 12.8
Vereinfachter Querschnitt und Lage des Spannstrangschwerpunktes

Die Vollast beträgt laut Aufgabenstellung
$q = g_1 + g_2 + p = 0,153 \cdot 25 + 1,35 \cdot 4,5 + 0,75 \cdot 4,5 = 3,83 + 6,08 + 3,38 = 13,29$ kN/m und das Maximalmoment
$\max M = M_q = 13,29 \cdot \dfrac{18,30^2}{8} = 556,3$ kNm.

Nach Gl. 2.19 erhält man die Vorspannkraft $Z_{v\infty}$ aus

zul $\sigma_{b,Zug} = -\dfrac{Z_{v\infty}}{A_b} - \dfrac{Z_{v\infty} \cdot z_{bz}}{I_b} \cdot z_{bu} + \dfrac{\max M}{I_b} \cdot z_{bu}$.

Mit der zulässigen Betonzugspannung am unteren Querschnittsrand zul $\sigma_{b,Zug} = 4,5$ MN/m² (s. Tab. 9, Zeile 19, DIN 4227) wird

$4,5 = -\dfrac{Z_{v\infty}}{0,1530} - \dfrac{Z_{v\infty} \cdot 0,37}{0,01314227} \cdot 0,425 + \dfrac{0,5563}{0,01314227} \cdot 0,425$.

Die Vorspannkraft beträgt $Z_{v\infty} = 0,729$ MN = 729 kN.

Aufgabe 3

Bei einem geschätzten Spannkraftverlust infolge Kriechen und Schwinden (k+s) von 15 % muß die Vorspannkraft zum Zeitpunkt t = 0 betragen $Z_{v,t_0} = \frac{Z_{v\infty}}{0,85} = \frac{729}{0,85} = 857,6$ kN. Mit der zulässigen Spannstahlspannung zul $\sigma_z = 0,55 \cdot \beta_z = 0,55 \cdot 1770 = 973,5$ kN/m² (s. Tab. 9, Zeile 65, DIN 4227) erhält man den erforderlichen Spannstahlquerschnitt $A_z = \frac{857,6}{97,35} = 8,81$ cm².
Gewählt: 9 $\varnothing$ 12,5 mit $A_z = 9 \cdot 0,93 = 8,37$ cm²

Ideelle Querschnittswerte

$n = \frac{E_z}{E_b} = \frac{195000}{39000} = 5$

$A_i = A_b + (n-1) \cdot A_z =$
$1530 + (5-1) \cdot 8,37 = 1563$ cm²

$a_z = \frac{7 \cdot 3,5 + 2 \cdot 7,0}{9} = 4,28$ cm

$z_{iu} = \frac{A_b \cdot z_{bu} + (n-1) \cdot A_z \cdot a_z}{A_i} =$

$\frac{1530 \cdot 42,5 + 4 \cdot 8,37 \cdot 4,28}{1563} = 41,7$ cm

$z_{io} = 43,3$ cm; $z_{iz} = 37,42$ cm

$I_i = 1357040$ cm⁴

$W_{io} = 31340$ cm³; $W_{iu} = 32543$ cm³
$W_{iz} = 36250$ cm³

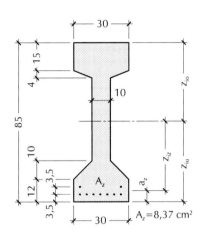

Bild 12.9
Ideelle Querschnittswerte

Steifigkeitsbeiwert nach Gl. 2.11

$\alpha_{11} = \frac{n \cdot A_z}{A_i} \cdot \left(1 + \frac{A_i}{I_i} \cdot z_{iz}^2\right) = \frac{5 \cdot 8,37}{1563} \cdot \left(1 + \frac{1563}{1357040} \cdot 37,42^2\right) = 0,07$

Vorspannkräfte und Vorspannmomente (Spannbettzustand)

Die zulässige Spannbettspannung beträgt zul $\sigma_{zv}^{(0)} = 0,65 \cdot \beta_z = 1151$ MN/m² (Tab. 9, Zeile 64).
Um die zulässige Spannung im Gebrauchszustand nicht zu überschreiten wird nach Gl. 2.25 gewählt $\sigma_{zv}^{(0)} = \frac{\text{zul } \sigma_z - \sigma_{z,g1}}{1 - \alpha_{11}}$.

Für $M_{g1} = g_1 \cdot \frac{l^2}{8} = 3{,}83 \cdot \frac{18{,}30^2}{8} = 160{,}3$ kNm ist $\sigma_{bz,g1} = \frac{16030}{36250} = 0{,}442$ kN/cm² $= 4{,}42$ MN/m², $\sigma_{z,g1} = 5 \cdot 4{,}42 = 22{,}1$ MN/m².

Mit der zulässigen Spannung im Gebrauchszustand zul $\sigma_z = 973{,}5$ MN/m² wird $\sigma_{zv}^{(0)} = \frac{973{,}5 - 22{,}1}{1 - 0{,}07} = 1023$ MN/m². Gewählt $\sigma_{zv}^{(0)} = 1020$ MN/m² Damit

$Z_v^{(0)} = 8{,}37 \cdot 102 = 853{,}7$ kN und

$M_{bv}^{(0)} = -853{,}7 \cdot 0{,}3742 = -319{,}5$ kNm.

Spannungsermittlung

Lastfall Vorspannung

$\sigma_{bo,v} = -\dfrac{853{,}7}{1563} - \dfrac{-31950}{31340} = -0{,}546 + 1{,}019 = 0{,}473$ kN/cm² $= 4{,}73$ MN/m²

$\sigma_{bu,v} = -\dfrac{853{,}7}{1563} + \dfrac{-31950}{32543} = -0{,}546 - 0{,}982 = -1{,}528$ kN/cm² $= -15{,}28$ MN/m²

$\sigma_{bz,v} = -\dfrac{853{,}7}{1563} + \dfrac{-31950}{36250} = -0{,}546 - 0{,}881 = -1{,}427$ kN/cm² $= -14{,}27$ MN/m²

$\sigma_{z,v} = \sigma_{zv}^{(0)} + n \cdot \sigma_{bz,v} = 1020 + 5 \cdot (-14{,}27) = 948{,}65$ MN/m²

Längsspannungen in $x = l/2 = 9{,}15$ m

Lastfall g_1

$M_{g1} = 3{,}83 \cdot \dfrac{18{,}30^2}{8} = 160{,}3$ kNm

$\sigma_{bo,g1} = -\dfrac{16030}{31340} = -0{,}511$ kN/cm² $= -5{,}11$ MN/m²

$\sigma_{bu,g1} = \dfrac{16030}{32543} = 0{,}493$ kN/cm² $= 4{,}93$ MN/m²

$\sigma_{bz,g1} = \dfrac{16030}{36250} = 0{,}442$ kN/cm² $= 4{,}42$ MN/m²

$\sigma_{z,g1} = n \cdot \sigma_{bz,g1} = 5 \cdot 4{,}42 = 22{,}1$ MN/m²

Lastfall q

$M_q = 13{,}29 \cdot \dfrac{18{,}30^2}{8} = 556{,}3$ kNm

$\sigma_{bo,q} = -\dfrac{55630}{31340} = -1{,}775$ kN/cm² $= -17{,}75$ MN/m²

Aufgabe 3

$$\sigma_{bu,q} = \frac{55630}{32543} = 1{,}709 \text{ kN/cm}^2 = 17{,}09 \text{ MN/m}^2$$

$$\sigma_{bz,q} = \frac{55630}{36250} = 1{,}535 \text{ kN/cm}^2 = 15{,}35 \text{ MN/m}^2$$

$$\sigma_{z,q} = n \cdot \sigma_{bz,q} = 5 \cdot 15{,}35 = 76{,}8 \text{ MN/m}^2$$

Lastfall k+s

$$\sigma_{z,k+s} = -0{,}141 \cdot \sigma_{z,v} = -0{,}141 \cdot 948{,}65 = -133{,}8 \text{ MN/m}^2$$

$$\sigma_{bo,k+s} = \sigma_{bo,v} \cdot (-0{,}141) = 4{,}73 \cdot (-0{,}141) = -0{,}67 \text{ MN/m}^2$$

$$\sigma_{bu,k+s} = \sigma_{bu,v} \cdot (-0{,}141) = -15{,}28 \cdot (-0{,}141) = 2{,}15 \text{ MN/m}^2$$

Längsspannungen in x = 0,82 m

Lastfall g_1

$$M_{g1} = \frac{3{,}83 \cdot 0{,}82}{2} \cdot (18{,}30 - 0{,}82) = 27{,}4 \text{ kNm}$$

$$\sigma_{bo,g1} = -\frac{2740}{31340} = -0{,}087 \text{ kN/cm}^2 = -0{,}87 \text{ MN/m}^2$$

$$\sigma_{bu,g1} = \frac{2740}{32543} = 0{,}084 \text{ kN/cm}^2 = 0{,}84 \text{ MN/m}^2$$

$$\sigma_{bz,g1} = \frac{2740}{36250} = 0{,}075 \text{ kN/cm}^2 = 0{,}75 \text{ MN/m}^2$$

$$\sigma_{z,g1} = n \cdot \sigma_{bz,g1} = 5 \cdot 0{,}75 = 3{,}75 \text{ MN/m}^2$$

Weitere Lastfälle sind für den Nachweis der Längsspannungen im Gebrauchszustand hier nicht maßgebend.

Spannungsnachweis:

Stelle x = l / 2 = 9,15 m

Kombination v+g_1

Größte Stahlspannung
vorh $\sigma_z = \sigma_{z,v} + \sigma_{z,g1} = 948{,}65 + 22{,}1 = 970{,}8 \text{ MN/m}^2 <$ zul $\sigma_z = 973{,}5 \text{ MN/m}^2$
(Tab. 9, Zeile 65)

Kombination v+q+k+s = v+g_1+g_2+p+k+s

Größte Betonzugspannung unten
vorh $\sigma_{bu} = \sigma_{bu,v} + \sigma_{bu,q} + \sigma_{bu,k+s} = -15{,}28 + 17{,}09 + 2{,}15 = 3{,}96 \text{ MN/m}^2$

< zul $\sigma_{b,Zug}$ = 4,5 MN/m² (Tab. 9, Zeile 19)

Größte Betondruckspannung oben (Druckzone)
vorh $\sigma_{bo} = \sigma_{bo,v} + \sigma_{bo,q} + \sigma_{bo,k+s}$ = 4,73 − 17,75 − 0,67 = −13,69 MN/m²
$|{-13{,}69}$ MN/m²$|$ < zul $\sigma_{b,Druck}$ = 19,0 MN/m² (Tab. 9, Zeile 2)

Stelle x_1 = 0,82 m

Kombination v+g_1

Größte Betonzugspannung oben
vorh $\sigma_{bo} = \sigma_{bo,v} + \sigma_{bo,g1}$ = 4,73 − 0,87 = 3,86 MN/m² < zul $\sigma_{b,Zug}$ = 4,5 MN/m²
(Tab. 9, Zeile 19)

Größte Betondruckspannung unten (vorgedrückte Zugzone)
vorh $\sigma_{bu} = \sigma_{bu,v} + \sigma_{bu,g1}$ = −15,28 + 0,84 = −14,44 MN/m²
$|{-14{,}44}$ MN/m²$|$ < zul $\sigma_{b,Druck}$ = 21,0 MN/m² (Tab. 9, Zeile 6)

Die zulässigen Spannungen sind eingehalten.

Die für den Wirtschaftlichkeitsvergleich erforderlichen Daten:

Eigenlast des Trägers   3,83 kN/m

Spannstahlquerschnitt   8,37 cm²

Verhältniszahl g_1 / q = 3,83 / 13,29 =   0,288

Tab. 12.1   Datenvergleich

	▮	▼	I
Eigenlast [kN/m]	5,10	4,36	3,83
Spannstahlquerschnitt [cm²]	13,02	12,09	8,37
Verhältniszahl g_1 / q	0,350	0,315	0,288

Der Datenvergleich zeigt die wirtschaftliche Überlegenheit des I-Querschnitts

Formelzeichen

Statisches System, Belastung, Auflagerkräfte
l	Spannweite
w	lichte Weite
g	Strecken- oder Flächenlast (ständige Last)
G	Einzellast (ständige Last)
p	Strecken- oder Flächenlast (Verkehrslast)
P	Einzellast (Verkehrslast)
q	Strecken- oder Flächenlast (Vollast, g+p)
Q	Einzellast (Vollast, G+P)
A, B, C	Auflagerkräfte (Reaktionen)

Querschnittswerte
b	Breite, Druckgurtbreite
d	Höhe
b_0	Stegbreite eines Plattenbalkens
d_0	Gesamthöhe eines Plattenbalkens
A	Querschnittsfläche
z	Abstand von der Schwerlinie
I	Trägheitsmoment des Querschnittes
W	Widerstandsmoment des Querschnittes
α	Steifigkeitsbeiwert

Fußzeiger zur näheren Kennzeichnung
n	netto
b	brutto (voller Beton- oder Bruttoquerschnitt)
i	ideell (Verbund)
u	unten
o	oben
z	Spannstahl (auch als Ortszeiger)

Beispiele
A_n	Nettoquerschnitt (Aussparungen abgezogen)
A_z	Spannstahlquerschnitt

z_{iu}	Abstand der ideellen Schwerlinie vom unteren Rand
I_b	Trägheitsmoment des vollen Betonquerschnittes
W_{io}	ideelles Widerstandsmoment für den oberen Rand

Schittgrößen
N	Normalkraft
Q	Querkraft
M	Biegemoment
M_T	Torsionsmoment
D	Druckkraft der Druckzone (Spannungsresultierende)
Z	Zugkraft des Stahls

Fußzeiger
b	Beton
v	Vorspannung (Ursache)
g,p,q	äußere Last
U	rechnerischer Bruchzustand

Kopfzeiger
(0)	Spannbettzustand

Beispiele
Q_{bv}	auf den Beton wirkende Querkraft infolge Vorspannung
M_q	Biegemoment infolge Vollast
M_U	Biegemoment infolge rechnerischer Bruchlast
Z_v	Spannkraft nach dem Lösen der Verankerung
$Z_v^{(0)}$	Spannkraft im Spannbett
D_{bU}	Druckkraft des Betons im rechnerischen Bruchzustand

Spannungen
σ	Normal- oder Längsspannung
τ	Schubspannung
σ_1	schräge Hauptzugspannung
σ_2	schräge Hauptdruckspannung

Fußzeiger

b	Beton
z	Spannstahl (auch als Ortszeiger)
u	unten
o	oben
v	Vorspannung
g,p,q	äußere Lasten
k+s	Kriechen und Schwinden

Beispiele
(Die Reihenfolge der Zeiger ist geordnet nach Meterial, Ort, Ursache)

$\sigma_{bo,v}$	Betonspannung am oberen Rand infolge Vorspannung
$\sigma_{bz,g}$	Betonspannung in Höhe des Spannstahls infolge ständiger Last
$\sigma_{z,k+s}$	Spannung im Spannstahl infolge Kriechen und Schwinden

Werkstoffkennwerte

E	Elastizitätsmodul
G	Gleitmodul
β_{WN}	Nennfestigkeit des Betons gemäß DIN 1045
β_R	Rechenwert der Betonfestigkeit
β_S	Stahlspannung an der Streckgrenze
$\beta_{0,2}$	Stahlspannung an der 0,2%-Grenze
β_z	Zugfestigkeit des Stahls

Verformungen

δ	Dehnweg, Verschiebung oder Verdrehungswinkel
ε	Dehnung oder Stauchung

Fußzeiger

b	Beton
z	Spannstahl
S	Betonstahl
v	Vorspannung
g,p,q	äußere Last
k+s	Kriechen und Schwinden
U	rechnerischer Bruchzustand

Kopfzeiger

(0)	Spannbettzustand

Beispiele

$\delta_{zv}^{(0)}$	Dehnweg des Spannstahls im Spannbett
$\varepsilon_{zv}^{(0)}$	Vordehnung des Spannstahls
ε_{bU}	Stauchung des Betons im rechnerischen Bruchzustand
$\varepsilon_{z,aU}$	Lastdehung des Spannstahls im rechnerischen Bruchzustand

Reibung

μ	Reibungsbeiwert
φ	Umlenkwinkel
β	ungewollter Umlenkwinkel
γ	$= \varphi + \beta$

Kriechen und Schwinden

ε_k	Kriechmaß
ε_s	Schwindmaß
φ	Kriechzahl

Fußzeiger

t_a, t_i	Anfangszeitpunkt
t	Zwischenzeitpunkt
t_∞	Endzeitpunkt

Beispiele

$\varepsilon_{s,ti,t\infty}$	Schwindmaß vom Zeitpunkt t_i bis zum Zeitpunkt t_∞
$\varphi_{ti,t}$	Kriechzahl vom Zeitpunkt t_i bis zum Zeitpunkt t

Baunormen und Richtlinien

Es werden nur die unmittelbar zur Berechnung, Bemessung und Konstruktion von Spannbetonbauteilen erforderlichen Normen und Richtlinien aufgezählt.

Baunormen

DIN 1080	\multicolumn{2}{l}{Begriffe, Formelzeichen und Einheiten im Bauingenieurwesen}
	Teil 1	Grundlagen
	Ausg. 6/76	
	Teil 3	Beton- und Stahlbetonbau, Spannbetonbau, Mauerwerksbau
	Ausg. 3/80	
DIN 1055	\multicolumn{2}{l}{Lastannahmen für Bauten}
	Teil 1	Lagerstoffe, Baustoffe und Bauteile;
	Ausg. 7/78	Eigenlasten und Reibungswinkel
	Teil 3	Verkehrslasten
	Ausg. 6/71	
	Teil 4	Windlasten bei nicht schwingungsanfälligen Bauwerken
	Ausg. 8/86	
	Teil 5	Schneelast und Eislast
	Ausg. 6/75	
DIN 1072	\multicolumn{2}{l}{Straßen- und Wegbrücken; Lastannahmen}
Ausg. 12/85		
DIN 1045	\multicolumn{2}{l}{Beton- und Stahlbetonbau; Bemessung und Ausführung}
Ausg. 7/88		
DIN 4227	Teil 1	Spannbeton; Bauteile aus Normalbeton mit beschränkter oder
	Ausg. 7/88	voller Vorspannung
	Teil 2	Spannbeton; Bauteile mit teilweiser Vorspannung (Vornorm)
	Ausg. 5/84	

Alle Normblätter sind zu beziehen vom Beuth-Vertrieb, Berlin und Köln.

Richtlinien

DBV-Merkblattsammlung
    Merkblätter, Sachstandsberichte, Richtlinien
    hier: Merkblätter Betondeckung, Baukörper aus wu-Beton, Begrenzung der Rißbildung; Wiesbaden: Deutscher Beton-Verein e.V., 1991

ZTV-K 88   Zusätzliche Technische Vertragsbedingungen für Kunstbauten
    Herausgeber: Der Bundesminister für Verkehr, Abt. Straßenbau, Abt. Verkehr, Abt. Binnenschiffahrt und Wasserstraßen; Deutsche Bundesbahn, Dortmund: Verkehrsblatt-Verlag, 1989

Literaturhinweise

BRANDT, J., RÖSEL, W., SCHWERM, D., STÖFFLER, J.: Beton-Fertigteile im Industrie- und Hallenbau; Fachvereinigung Betonfertigteilbau e.V. im Bundesverband Deutsche Beton- und Fertigteilindustrie e.V.; Düsseldorf: Beton-Verlag GmbH, 1984

FRANZ, G.: Konstruktionslehre des Stahlbetons, Band I, Grundlagen und Bauelemente, 4. Aufl.; Teil B: Die Bauelemente und ihre Bemessung; Berlin, Heidelberg, New York: Springer, 1983

KUPFER, H.: Bemessung von Spannbetonbauteilen einschließlich teilweiser Vorspannung, Beton-Kalender 1990 Teil 1, Berlin: Ernst & Sohn, 1990

KUPFER, H., GRAUBNER, C. A., MANG, R., PRATSCH, G., SCHOLZ, U.: Teilweise Vorspannung, Verband Beratender Ingenieure VBI, Berlin: Ernst & Sohn, 1986
Enthält: Teil 1: Bemessungskonzept und Hilfsmittel; Teil 2: Bemessungsbeispiele

LEONHARDT, F.: Spannbeton für die Praxis, 3. Aufl., Berlin, München, Düsseldorf: Ernst & Sohn, 1973

LEONHARDT, F., MÖNNIG, E.: Vorlesungen über Massivbau
Zweiter Teil: Sonderfälle der Bemessung im Stahlbetonbau, 2. Aufl., Berlin: Springer, 1975
Vierter Teil: Nachweis der Gebrauchsfähigkeit, Rissebeschränkung, Formänderungen, Momentenumlagerungen und Bruchlinientheorie im Stahlbetonbau, 2. Aufl., Berlin: Springer, 1978
Fünfter Teil: Spannbeton, Berlin: Springer, 1980
Sechster Teil: Grundlagen des Massivbrückenbaus, Berlin: Springer, 1979

MEHMEL, A.: Vorgespannter Beton, 3. Aufl., Berlin, Heidelberg, New York: Springer, 1973

RÜSCH, H.: Stahlbeton-Spannbeton, Band 1: Werkstoffeigenschaften und Bemessungsverfahren, Düsseldorf: Werner-Verlag, 1972

RÜSCH / JUNGWIRT.: Stahlbeton-Spannbeton, Band 2: Berücksichtigung der Einflüsse von Kriechen und Schwinden auf das Verhalten der Tragwerke, Düsseldorf: Werner-Verlag, 1976

STEINLE, A., HAHN, V.: Bauen mit Betonfertigteilen im Hochbau; Beton-Kalender 1988 Teil II, Berlin: Ernst & Sohn, 1988

Aus der Schriftenreihe des Deutschen Ausschusses für Stahlbetonbau DAfStb:

Heft 220	Bemessung von Beton- und Stahlbetonbauteilen nach DIN 1045, Ausgabe Dezember 1978. [2. überarb. Aufl. 1979] – Biegung mit Längskraft, Schub, Torsion von E. Grasser, Nachweis der Knicksicherheit von K. Kordina und U. Quast.
Heft 240	Hilfsmittel zur Berechnung der Schnittgrößen und Formänderungen von Stahlbetontragwerken nach DIN 1045, Ausgabe Januar 1972 (1976) von E. Grasser und G. Thielen

Heft 320	Erläuterungen zu DIN 4227 Spannbeton,
	Teil 1 Bauteile aus Normalbeton mit beschränkter oder voller Vorspannung, Ausgabe 7/88
	Teil 2 Bauteile mit teilweiser Vorspannung (Vornorm), Ausgabe 5/84
	Teil 3 Bauteile in Segmentbauart, Bemessung und Ausbildung der Fugen (Vornorm), Ausgabe 12/83
	Teil 4 Bauteile aus Spannleichtbeton, Ausgabe 2/86
	Teil 5 Einpressen von Zementmörtel in Spannkanäle, Ausgabe 12/79
	Teil 6 Bauteile mit Vorspannung ohne Verbund (Vornorm), Ausgabe 5/82
Heft 400	Erläuterungen zu DIN 1045, Beton und Stahlbeton, Ausgabe 7/88
	Zusammengestellt von Dieter Bertram und Norbert Bunke
	Hinweise für die Verwendung von Zement zu Beton
	von Justus Bonzel und Karsten Rendchen
	Grundlagen der Neuregelung zur Beschränkung der Rißbreite
	von Peter Schießl
	Erläuterungen zur Richtlinie für Beton mit Fließmitteln und für Fließbeton
	von Justus Bonzel und Eberhard Siebel
	Erläuterungen zur Richtlinie Alkali-Reaktion im Beton
	von Justus Bonzel, Jürgen Drahms und Jürgen Krell

Die Hefte der Schriftenreihe des DAfStb sind zu beziehen vom Beuth-Verlag GmbH, Berlin, Köln.

Sachverzeichnis

Ankerkörper, Ankerkopf 4, 5, 7, 85
Ankerplatte 4, 5, 7, 85
Anker, fester 7

Beton
– Bruchdehnung 1
– Festigkeitsklassen 97
– Kriechen 96, 97
– Schwinden 96
– Spannungsdehnungslinien 135
– Wirksames Alter 101, 102
– Zugfestigkeit 124
Bewehrung
– Mindestbewehrung 128, 144, 145, 183, 198, 231, 242
– Schubbewehrung 191, 192, 239, 240, 242
– Spaltzugbewehrung 207, 208, 209, 242
– Torsionsbewehrung 192, 193
Brucharten 142, 143, 144, 145
Bruchmoment 145, 146
Bruchsicherheit 135, 136, 137
Brücke 83

Dehnungszustände 143, 149, 153, 166, 168
Durchlaufträger 68, 69, 70, 71, 72, 73, 74

Eigenspannungszustand 57, 58, 59, 61
Einflußlinien, Auswerten 74
Eintragen der Spannkraft 199, 206
Eintragungslänge 206
Elastizitätsmodul
– Beton 97
– Betonstahl 141
– Spannstahl 16, 31
Endkriechzahl 96

Endschwindmaß 96

Fertigteile 5, 6, 40, 41

Gebrauchslastfälle 26, 27, 28
Gebrauchszustand 26
Grenzdehnungen 143

Hauptspannungen 178, 180, 181, 182

Keilschlupf 80, 81
Kraftgrößenverfahren 68, 69, 91
Kriechzahl 97, 99, 100, 101
Krümmung 60, 61, 62

Lastfälle 28
Lastfallkombinationen 29, 37, 123, 129

Mehrsträngige Vorspannung 22, 23, 24

Nachlassen der Spannkraft 78
– .Nachlaßweg 80

Plattenbalken, Biegebruch 162, 163, 164, 174, 175, 176

Querkraft 178, 183, 184, 185
Querschnittswahl 39, 40
Querschnittswerte 15, 20, 42, 51, 92

Reibungsverluste 75, 76, 88
Relaxation 219
Rissebschränkung 122, 123
Rißschnittgröße 124

Schiefe Hauptdruckspannung 178, 187, 188
Schiefe Hauptzugspannungen 178, 181, 182

Schwindmaß 96, 98, 101, 103, 104, 105, 106
Spaltzugkraft 199, 200
Spannbett 6, 7
Spannbettkraft 13, 15, 23, 32
Spanngliedführung 13, 22, 63, 64, 85, 86
Spannkraftverlust infolge
- Kriechen und Schwinden 107, 111, 112, 113, 114, 115, 116, 117
- Reibung 75, 76, 81, 82, 88, 89
Spannstahlbemessung
- Rechnerischer Bruchzustand 156, 157, 158
- Vorbemessung Gebrauchszustand 40, 41, 43
Spannungsdehnungslinie
- Beton, Rechenwerte 146, 148
- Betonstahl 141, 142
- Spannstahl 140, 141, 142
Spannungsnachweise
- Biegung mit Längskraft 26, 36, 37, 92, 93, 222, 224
- Schub 178, 181, 187, 194, 195, 196, 197, 236, 238, 239
Spannweg 66, 67, 94, 95
Steifigkeitsbeiwert 17, 20, 23, 24

Teilweise Vorspannung 9, 10
Temperatureinwirkung 27
Torsion 185, 186, 188, 189

Ueberspannen 78, 79, 81, 82, 88
Übertragungslänge 206
Umlenkkräfte 58, 60, 62, 89, 90
Umlenkwinkel 76, 77, 87, 88

Verankerung 7
Verankerungslänge 209, 210, 211
Verbund
- ‚nachträglicher 2, 3, 4, 5
- ‚sofortiger 2, 7
- Beiwert 123, 206
Verkehrslastschwankungen 38, 39 40
Völligkeitsbeiwert 149, 150, 151, 152
Vorspanngrade 8, 9, 10
Vorspannung
- Eigenspannungszustand 57, 59, 61, 63
- Zwang 68, 69, 70, 91

Wendepunkte 85

Zulassung, Spannstahl 199

Hinweis

In diesem Buch wurden die Beispiele für Spannbettbauteile mit dem im Hause Holzapfel + Thomsing entwickelten EDV-Programm

»Spannbettbinder«

berechnet. Das menügeführte Programm erstellt die erforderlichen Nachweise gemäß DIN 4227 Teil 1, Juli 1988.

Um dem Studierenden den hohen Zeitaufwand bei Handrechnungen zu ersparen und ihm einen schnellen Überblick über die Auswirkungen veränderter Parameter zu ermöglichen, kann das Programm gegen eine Schutzgebühr von DM 55,00 unter der untenstehenden Adresse käuflich erworben werden. Dieses Angebot gilt ausschließlich für Studierende (bitte Nachweis beifügen). Eine Programmpflege ist nicht vorgesehen.

Bezugsquelle:
Ingenieurbüro für Bauwesen
Holzapfel + Thomsing
Grafenstraße 39
64283 Darmstadt

Wagner/Erlhof
Praktische Baustatik

Von Prof. Dipl.-Ing. **Walter Wagner** und Prof. Dipl.-Ing. **Gerhard Erlhof**, Fachhochschule Mainz

Teil 1
Bearbeitet von Gerhard Erlhof
19., neubearbeitete und erweiterte Auflage. 1994.
340 Seiten mit 506 Bildern und 28 Tafeln. 16,2 x 22,9 cm.
Kart. DM 68,– / ÖS 496,– / SFr 61,–
ISBN 3-519-05260-1

Aus dem Inhalt: Entwicklung der Baustatik / Regeln, Normen, Vorschriften / Kräfte und Lasten / Zusammensetzen und Zerlegen von Momenten / Gleichgewicht, Kipp- und Gleitsicherheit und Schwerpunktbestimmungen / Stabwerke / Fachwerke / Gemischte Systeme / Einflußlinien

Teil 2
Von Gerhard Erlhof
Unter Mitwirkung von Prof. Dipl.-Ing. Gerhard Rehwald,
Fachhochschule Frankfurt/Main

15., neubearbeitete und erweiterte Auflage. 1998.
484 Seiten mit 459 Bildern und 27 Tafeln. 16,2 x 22,9 cm.
Kart. DM 78,– / ÖS 569,– / SFr 70,–
ISBN 3-519-05261-X

Aus dem Inhalt: Spannungen und Formänderungen von Stabelementen / Zug und Druck / Einfache Biegung / Elastische Formänderung bei einfacher Biegung / Abscheren, Schub bei Biegung, Torsion / Hauptspannungen, Vergleichsspannungen / Doppelbiegung und schiefe Biegung / Stabilität bei geraden Stäben / Ausmittiger Kraftangriff / Eingespannte Einfeldträger / Durchlaufträger / Einführung in die Fließgelenktheorie I. Ordnung / Reduktionsverfahren, Berechnung mit Übertragungsmatrizen

Teil 3
Von Gerhard Erlhof
Unter Mitwirkung von Dr.-Ing. Hans Müggenburg, Dinslaken

8., neubearbeitete und erweiterte Auflage. 1997.
384 Seiten mit 324 Bildern und 26 Tafeln. 16,2 x 22,9 cm.
Kart. DM 78,– / ÖS 569.– / SFr 70,–
ISBN 3-519-35203-6

Aus dem Inhalt: Elastische Formänderungen, Arbeitsgleichung / Zustandslinien elastischer Formänderungen / Die Sätze von der Gegenseitigkeit der elastischen Formänderungen / Einflußlinien für Formänderungen / Kinematische Untersuchungen / Statische und geometrische Bestimmt- und Unbestimmtheit, Kraftgrößen- und Drehwinkelverfahren / Kraftgrößenverfahren, einfach und mehrfach statisch unbestimmte Systeme / Weggrößenverfahren / Berechnung von Fachwerkträgern mit dem Verschiebungsgrößenverfahren in Matrizendarstellung / Das Verschiebungsgrößenverfahren in Matrizendarstellung für Stabwerke

Preisänderungen vorbehalten.

B. G. Teubner Stuttgart · Leipzig

Albrecht
Stahlbetonbau nach EC 2

Einführung in die neue Normengeneration
Anwendung auf ein Gebäude

Von Prof. Dr.-Ing.
Uwe Albrecht
Fachhochschule Nordostniedersachsen Buxtehude

1997. 172 Seiten mit 58 Bildern und 34 Tabellen.
16,2 x 22,9 cm.
Kart. DM 48,–
ÖS 350,– / SFr 43,–
ISBN 3-519-05079-X

Im Stahlbetonbau steht in der deutschen Baupraxis der Übergang zu einem neuen Regelwerk bevor, sei es der Eurocode 2 oder eine auf diesen abgestimmte Nachfolgenorm DIN 1045. Der Einstieg in die neue Normengeneration erfolgt zum gegenwärtigen Zeitpunkt zweckmäßigerweise mit dem Eurocode 2, der die Grundzüge einer neuen deutschen DIN 1045 vorwegnimmt. Der sichere Umgang mit dem Eurocode 2 ist somit bereits heute eine Voraussetzung für den planenden Ingenieur und ermöglicht den problemlosen Übergang im Falle der Einführung einer neuen DIN 1045 in der Zukunft.

Das Buch behandelt die wesentlichen Nachweise im Stahlbetonbau und stellt die Anwendung praxisbezogen vor. Alle Beispiele beziehen sich auf ein- und dasselbe mehrgeschossige Bürogebäude, so daß die Verknüpfung der einzelnen Nachweise, angefangen von der Ermittlung der Lasten und Einwirkungen, über Schnittgrößenermittlung und Bemessung bis zur baulichen Durchbildung transparent wird.

Aufgrund der Zielsetzung, nicht komplizierte Sonderfälle, sondern Standardfälle des Stahlbetonbaus mit dem Eurocode 2 zu bearbeiten, wendet sich das Buch gleichermaßen an Studierende und Praktiker.

Aus dem Inhalt
Sicherheitskonzept – Baustoffe, Dauerhaftigkeit – Schnittgrößen – Nachweise der Tragfähigkeit – Nachweise der Gebrauchstauglichkeit – Tragfähigkeit schlanker Druckglieder – Stabilitätsnachweis – Bewehrungsregeln – Konstruktionsregeln

Preisänderungen vorbehalten.

B. G. Teubner Stuttgart · Leipzig